全国高级技工学校电气自动化设备安装与维修专业教材

# 数控机床电气线路维修

人力资源和社会保障部教材办公室组织编写

中国劳动社会保障出版社

**内容简介**

本书为全国高级技工学校电气自动化设备安装与维修专业教材。主要内容包括数控机床电气维修基础、数控装置电气故障检修基础、数控机床进给伺服系统故障检修、数控机床主轴驱动系统故障检修、数控机床位置检测系统故障检修、数控机床 PLC 电气故障检修、数控机床辅助装置故障检修。

本书由李长军主编，林尔付、程沛副主编，李长城、王晓泽、陈淑君、沈东辉、鞠丕展、肖云、关开芹参加编写；丁景江审稿。

**图书在版编目(CIP)数据**

数控机床电气线路维修/人力资源和社会保障部教材办公室组织编写. —北京：中国劳动社会保障出版社，2012

全国高级技工学校电气自动化设备安装与维修专业教材

ISBN 978-7-5045-9724-3

Ⅰ.①数… Ⅱ.①人… Ⅲ.①数控机床-电路-维修-技工学校-教材 Ⅳ.①TG659

中国版本图书馆 CIP 数据核字(2012)第 141307 号

**中国劳动社会保障出版社出版发行**

(北京市惠新东街 1 号 邮政编码：100029)

出 版 人：张梦欣

*

三河市潮河印业有限公司印刷装订 新华书店经销

787 毫米×1092 毫米 16 开本 15.75 印张 363 千字

2012 年 10 月第 1 版 2025 年 8 月第 7 次印刷

**定价：29.00 元**

营销中心电话：400-606-6496

出版社网址：http://www.class.com.cn

http://jg.class.com.cn

# 前　言

为了更好地适应高级技工学校电气自动化设备安装与维修专业的教学要求，全面提升教学质量，人力资源和社会保障部教材办公室组织有关学校的一线教师和行业、企业专家，在充分调研企业生产和学校教学情况的基础上，吸收和借鉴各地高级技工学校教学改革的成功经验，在原有同类教材的基础上，重新组织编写了高级技工学校电气自动化设备安装与维修专业教材。

本次教材编写工作的目标主要体现在以下几个方面：

第一，完善教材体系，定位科学合理。

针对初中生源和高中生源培养高级工的教学要求，调整和完善了教材体系，使之更符合学校教学需求。同时，根据电气自动化设备安装与维修专业高级工从事相关岗位的实际需要，合理确定学生应具备的能力和知识结构，对教材内容的深度、难度做了适当调整，加强了实践性教学内容，以满足技能型人才培养的要求。

第二，反映技术发展，涵盖职业标准。

根据相关工种及专业领域的最新发展，更新教材内容，在教材中充实新知识、新技术、新材料、新工艺等方面的内容，体现教材的先进性。教材编写以国家职业标准为依据，涵盖相关国家职业标准中、高级的知识和技能要求，并在与教材配套的习题册中增加了相关职业技能考试的练习题。

第三，融入先进理念，引导教学改革。

专业课教材根据一体化教学模式需要编写，将工艺知识与实践操作有机融为一体，构建“做中学，学中做”的学习过程；通用专业知识教材根据所授知识的特点，注意设计各类课堂实验和实践活动，将抽象的理论知识形象化、生动化，引导教师不断创新教学方法，实现教学改革。

第四，精心设计形式，激发学习兴趣。

在教材内容的呈现形式上，较多地利用图片、实物照片和表格等形式将知识点生动地展示出来，力求让学生更直观地理解和掌握所学内容。针对不同的知识点，设计了许多贴近实际的互动栏目，在激发学生学习兴趣和自主学习积极性的同时，使教材“易教易学，易懂易用”。

第五，开发辅助产品，提供教学服务。

根据大多数学校的教学实际，部分教材还配有习题册和教学参考书，以便于教师教学和学生练习使用。此外，教材基本都配有方便教师上课使用的电子教案，并可通过中国劳动社会保障出版社网站（http：//www. class. com. cn）免费下载，其中部分教案在教学参考书中还以光盘形式附赠。

本次教材编写工作得到了河北、黑龙江、江苏、山东、河南、广东、广西等省、自治区人力资源和社会保障厅及有关学校的大力支持，在此我们表示诚挚的谢意。

人力资源和社会保障部教材办公室

2012 年 10 月

# 目　录

# 第一章

# 数控机床电气维修基础

## §1—1 数控机床概述

学习目标

1. 了解数控机床的基本概念。
2. 掌握数控机床的组成及工作原理。
3. 了解数控机床的分类。
4. 熟悉数控机床的工作过程及特点。

### 一、数控机床的概念

数控机床是采用数字控制技术的机床，即用数字化信号控制机床运动及其加工过程。它是一种技术密集度和自动化程度都很高的机电一体化加工设备，是数控技术与机床相结合的产物，能实现机械加工的高速度、高精度和高度自动化，代表了机床的发展方向。

国际信息处理联盟对数控机床的定义是：数控机床（Numerical Control Machine Tools）是一种装有程序控制系统的自动化机床，其控制系统能够逻辑地处理用控制编码或其他符号编码指令编制的程序，并将其译码，从而使机床动作并加工零件。定义中的程序控制系统即数控系统。

现代数控系统是利用计算机控制加工功能，实现数字控制，并通过接口与外围设备连接，这种系统称为计算机数控（Computer Numerical Control，简称 CNC）系统。具有 CNC 系统的机床称为 CNC 机床，人们提及数控机床，一般是指 CNC 机床。

小资料

1948 年，美国帕森斯公司接受美国空军委托，研制直升机螺旋桨叶片轮廓检验用样板的加工设备。由于样板形状复杂多样，精度要求高，一般加工设备难以适应，于是提出采用数字脉冲控制机床的设想。1949 年，该公司与美国麻省理工学院开始共同研究，并于 1952

年试制成功第一台三坐标数控铣床。

从1952年第一台数控机床问世后，数控装置已先后经历了两个阶段和六代的发展。所谓六代是指控制技术由采用电子管、晶体管、集成电路、小型计算机、微处理器到基于工控PC机的通用CNC系统的发展过程。其中前三代为第一阶段，称为硬件连接数控，简称NC系统；后三代为第二阶段，称为计算机软件数控，也称CNC系统。

## 二、数控机床的组成

数控机床一般由控制介质、数控装置、伺服系统、测量反馈装置和机床主体组成，如图1—1—1所示。

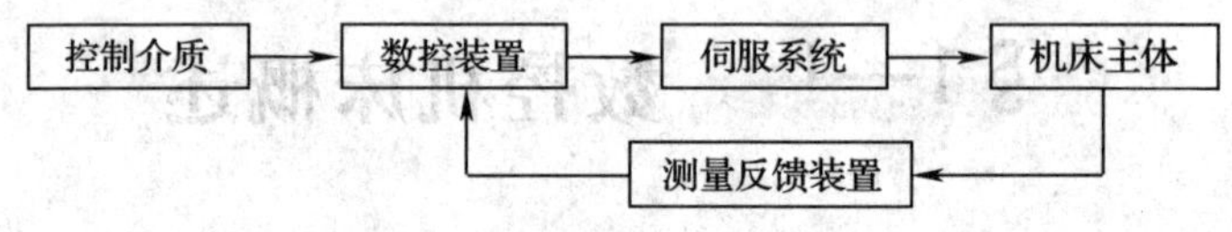


图1—1—1　数控机床的组成

### 1. 控制介质

控制介质是指将零件加工信息传送到数控装置上去的程序载体。控制介质有多种形式，随数控装置类型的不同而不同，常用的有闪存卡、移动硬盘、U盘等（见图1—1—2）。随着计算机辅助设计/计算机辅助制造（CAD/CAM）技术的发展，在某些CNC设备上，可利用CAD/CAM软件先在计算机上编程，然后通过计算机与数控系统的通信，将程序和数据直接传送给数控装置。

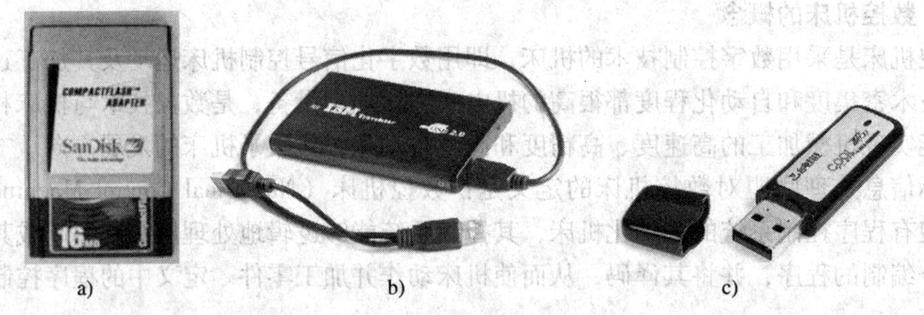


图1—1—2　控制介质

a）闪存卡　b）移动硬盘　c）U盘

### 2. 数控装置

数控装置是数控机床的核心。现代数控装置通常是一台带有专门系统软件的专用计算机。图1—1—3所示是某数控车床的数控装置。它由输入装置（如键盘）、控制运算器和输出装置（如显示器）等构成。它接受控制介质上的数字化信息，经过控制软件或逻辑电路进行编译、运算和逻辑处理后，输出各种信号和指令，控制机床的各个部分，进行规定的、有序的运动。

### 3. 伺服系统

伺服系统由驱动装置和执行部件（如伺服电动机）组成，它是数控系统的执行机构，如图 1—1—4 所示。伺服系统分为进给伺服系统和主轴伺服系统。伺服系统的作用是把来自 CNC 的指令信号转换为机床移动部件的运动，它相当于手工操作人员的手，使工作台（或溜板）精确定位或按规定的轨迹做严格的相对运动，最后加工出符合图样要求的零件。伺服系统作为数控机床的重要组成部分，其本身的性能直接影响整个数控机床的精度和速度。

图 1—1—3　数控装置

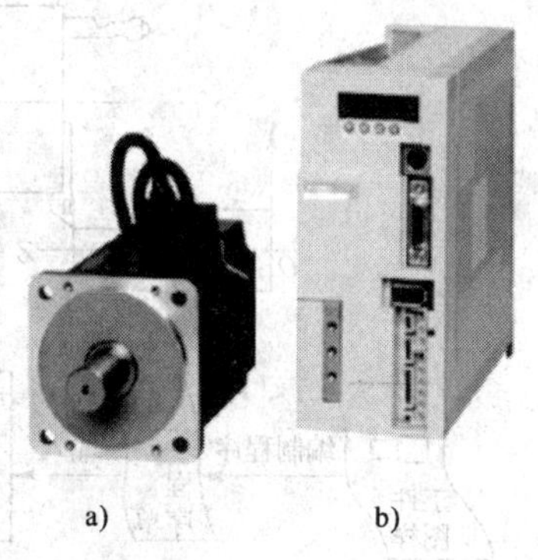

a）　b）

图 1—1—4　伺服系统

a）伺服电动机　b）驱动装置

**4. 测量反馈装置**

测量反馈装置的作用是通过测量元件将机床移动的实际位置、速度参数检测出来，转换成电信号，并反馈到 CNC 装置中，使 CNC 能随时判断机床的实际位置、速度是否与指令一致，并发出相应指令，纠正所产生的误差。测量反馈装置安装在数控机床的工作台或丝杠上，相当于普通机床的刻度盘和人的眼睛。

**5. 机床主体**

机床主体是数控机床的本体，主要包括床身、主轴、进给机构等机械部件，还有冷却、润滑、转位部件，如换刀装置、夹紧装置等辅助装置。

## 三、数控机床的工作原理

数控机床加工零件时，根据零件图样要求及加工工艺，将所用刀具、刀具运动轨迹与速度、主轴转速与旋转方向、冷却等辅助操作以及相互间的先后顺序，以规定的数控代码形式编制成程序，并输入到数控装置中，在数控装置内部控制软件的支持下，经过处理、计算后，向机床伺服系统及辅助装置发出指令，驱动机床各运动部件及辅助装置进行有序的动作与操作，实现刀具与工件的相对运动，加工出所要求的零件，如图 1—1—5 所示。

## 四、数控机床的特点

数控机床是实现柔性自动化的重要设备。与普通机床相比，数控机床具有以下特点：

**1. 适应性强**

数控机床在更换产品（生产对象）时，只需要改变数控装置内的加工程序、调整有关的数据，就能满足新产品的生产需要，不需改变机械部分和控制部分的硬件。这一特点不仅可以满足当前产品更新更快的市场竞争需要，而且较好地解决了单件、中小批量和多变产品

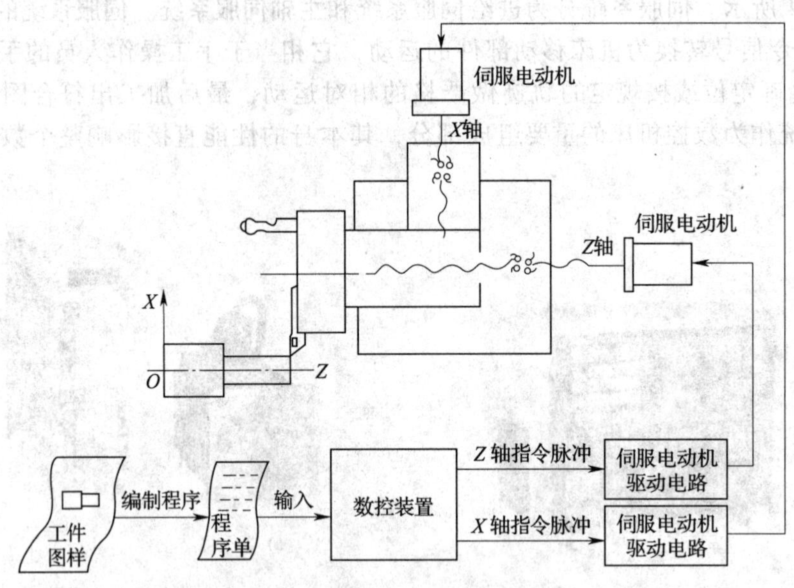


图1—1—5　数控机床的工作过程示意图

的加工问题。适应性强是数控机床最突出的优点，也是数控机床得以产生和迅速发展的主要原因。

**2. 加工精度高**

数控机床本身的精度都比较高，中小型数控机床的定位精度可达0.005 mm，重复定位精度可达0.002 mm，而且还可利用软件进行精度校正和补偿，因此可以获得比机床本身精度还要高的加工精度和重复定位精度。加之数控机床是按预定程序自动工作的，加工过程不需要人工干预，工件的加工精度全部由机床保证，消除了操作者的人为误差，因此加工出来的工件精度高、尺寸一致性好、质量稳定。

**3. 生产效率高**

数控机床具有良好的结构特性，可进行大切削用量的强力切削，有效节省了基本作业时间，还具有自动变速、自动换刀和其他辅助操作自动化等功能，使辅助作业时间大为缩短，所以一般比普通机床的生产效率高。

**4. 自动化程度高，劳动强度低**

数控机床的工作是按预先编制好的加工程序自动连续完成的，操作者除了输入加工程序或操作键盘、装卸工件、关键工序的中间检测以及观察机床运行之外，不需要进行繁杂的重复性手工操作，劳动强度与紧张程度均可大为减轻，加上数控机床一般都具有较好的安全防护、自动排屑、自动冷却和自动润滑装置，操作者的劳动条件也大为改善。

## 五、数控机床的分类

数控机床的种类很多，通常按以下几种方法进行分类。

**1. 按加工路线分类**

数控机床按其进刀与工件相对运动的方式，可以分为点位控制数控机床、直线控制数控机床和轮廓控制数控机床，见表1—1—1。

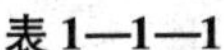

表 1—1—1　　数控机床按其进刀与工件相对运动方式分类

| 加工路线 | 图示与说明 | 应用范围 |
| --- | --- | --- |
| 点位控制数控机床 | 移动时刀具未加工<br>刀具与工件相对运动时，只控制从一点运动到另一点的准确性，而不考虑两点之间的运动路线和方向 | 多应用于数控钻床、数控冲床、数控坐标镗床和数控点焊机等 |
| 直线控制数控机床 | 刀具在加工<br>刀具与工件相对运动时，除控制从起点到终点的准确定位外，还要保证平行于坐标轴的直线切削运动 | 由于只做平行于坐标轴的直线进给运动（可以加工与坐标轴成 45° 角的直线），因此，不能加工复杂的零件轮廓，多用于简易数控车床、数控铣床、数控磨床等 |
| 轮廓控制数控机床 | 刀具在加工<br>刀具与工件相对运动时，能对两个或两个以上坐标轴的运动同时进行控制 | 可以加工平面曲线轮廓或空间曲面轮廓，多用于数控车床、数控铣床、数控磨床、加工中心等 |

**2. 按控制方式分类**

数控机床按照对被控制量有无检测装置可分为开环控制式和闭环控制式两种。在闭环控制系统中，根据检测装置安放的部位又可分为全闭环控制系统和半闭环控制系统两种。

（1）开环控制系统

如图 1—1—6 所示为典型的开环控制系统，控制系统中没有检测反馈装置。数控装置将工件加工程序处理后，发出指令脉冲（又称进给脉冲），经驱动电路功率放大后，驱动步进电动机转动，再经传动机构带动工作台移动。由图 1—1—6 可见，指令信息单方向传送，并且指令发出后不再反馈回来，故称为开环控制系统。开环控制系统广泛应用于经济型数控机床中。

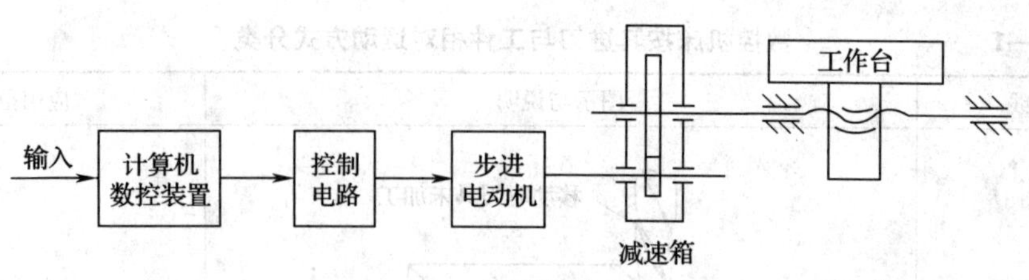

图 1—1—6　开环控制系统框图

提示

1）由于数控机床的开环控制系统不带位置检测反馈装置，不能检测出运动的实际位置，因此系统的精度比较低。其精度主要取决于步进电动机和传动机构的精度。

2）驱动元件一般采用步进电动机，改变进给脉冲的数目和频率，可改变步进电动机的转数和转速，从而改变工作台的位移量和速度。

3）开环控制系统结构简单、调试方便、容易维修、成本较低，但因其加工精度较低，目前应用已不多。

（2）全闭环控制系统

如图 1—1—7 所示为全闭环控制系统框图，通过安装在工作台上的位置检测元件，将工作台实际位移量反馈到计算机数控装置中，与所给定的位置指令进行比较，用比较后的差值进行控制，直到差值消除为止。全闭环控制系统可以消除机械传动部件的各种误差和工件加工过程中产生的干扰的影响，从而使加工精度大大提高。速度检测元件的作用是将伺服电动机的实际转速变换成电信号送到速度控制电路中，进行反馈校正，使电动机转速保持稳定。全闭环控制系统广泛应用于加工精度高的精密型数控机床中。

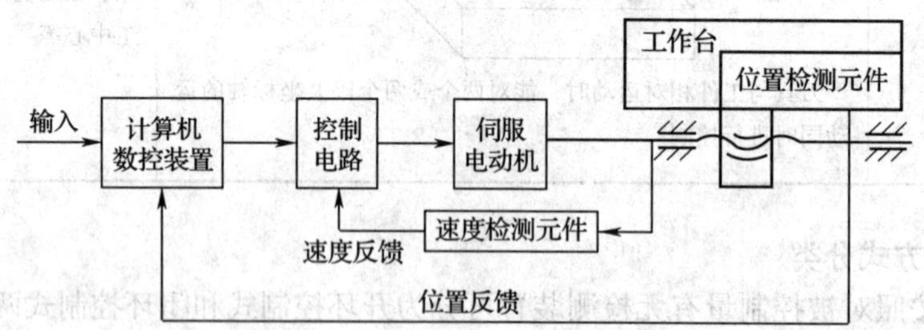

图 1—1—7　全闭环控制系统框图

提示

1）数控机床的全闭环控制系统，一般在工作台上安装位置检测反馈装置（目前，一般采用光栅尺），其控制精度很高。

2）驱动元件一般采用直流伺服电动机或交流伺服电动机，速度检测元件一般常用测速发电机。

3）全闭环控制系统调试和维修比较复杂，成本也高。如果不是精度要求很高的数控机床，一般不采用这种控制方式。

（3）半闭环控制系统

如图 1—1—8 所示为半闭环控制系统框图，位置检测元件不是直接检测工作台的位移量，而是采用转角位移检测元件，测出伺服电动机或丝杠的转角，推算出工作台的实际位移量，反馈到计算机中进行位置比较，用比较后的差值进行控制。由于此反馈环内不包括丝杠螺母副及工作台，故称为半闭环控制系统。半闭环控制系统应用比较普遍。

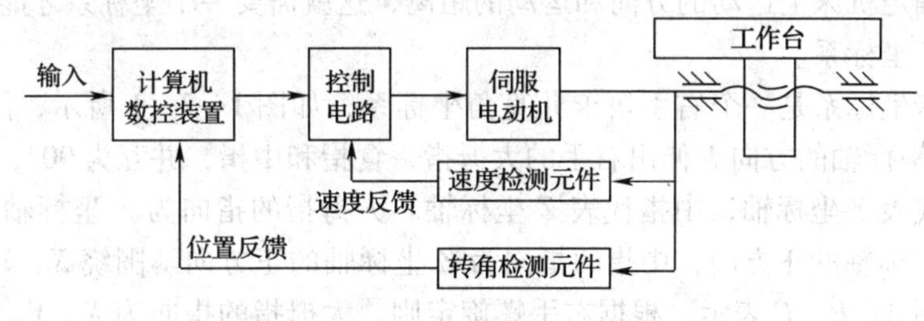


图 1—1—8　半闭环控制系统框图

1）数控机床的半闭环控制系统是在电动机的端头或丝杠的端头安装位置检测元件（目前，一般采用光电编码器）。

2）驱动元件一般采用直流伺服电动机或交流伺服电动机。

3）控制精度较全闭环控制系统差，但稳定性好，成本也较低，调试维修也比较容易，并兼顾了开环控制系统和闭环控制系统两者的特点，因此应用比较普遍。

# §1—2　数控机床编程基础

1. 掌握数控机床坐标轴的确定原则。
2. 了解数控机床的参考点和原点的确定方法。
3. 了解数控机床编程方法与步骤。

## 一、数控机床坐标系

为了便于描述数控机床的运动，数控研究人员引入了数学中的坐标系，用数控机床坐标系来描述机床的运动。为了准确地描述机床的运动，简化程序的编制方法及保证记录数据的互换性，数控机床的坐标和运动的方向均已标准化。

**1．坐标系确定原则**

国际标准化组织 2001 年颁布的 ISO 2001 标准规定的命名原则如下。

（1）刀具相对于静止工件而运动的原则

这一原则使编程人员能在不知道是刀具移近工件还是工件移近刀具的情况下，就可根据零件图样确定零件的加工过程。

（2）标准坐标（机床坐标）系的规定

在数控机床上，机床的动作是由数控装置来控制的，为了确定机床上的成形运动和辅助运动，必须先确定机床上运动的方向和运动的距离，这就需要一个坐标系才能实现，这个坐标系就称为机床坐标系。

标准的机床坐标系是一个右手笛卡儿直角坐标系，如图 1—2—1 所示，图中规定了 *X*、*Y*、*Z* 三个直角坐标轴的方向。伸出右手的大拇指、食指和中指，并互为 90°，大拇指代表 *X* 坐标轴，食指代表 *Y* 坐标轴，中指代表 *Z* 坐标轴。大拇指的指向为 *X* 坐标轴的正方向，食指的指向为 *Y* 坐标轴的正方向，中指的指向为 *Z* 坐标轴的正方向。围绕 *X*、*Y*、*Z* 坐标轴的旋转坐标分别用 *A*、*B*、*C* 表示，根据右手螺旋定则，大拇指的指向为 *X*、*Y*、*Z* 坐标轴中任意轴的正向，则其余四指的旋转方向即为旋转坐标 *A*、*B*、*C* 的正向。

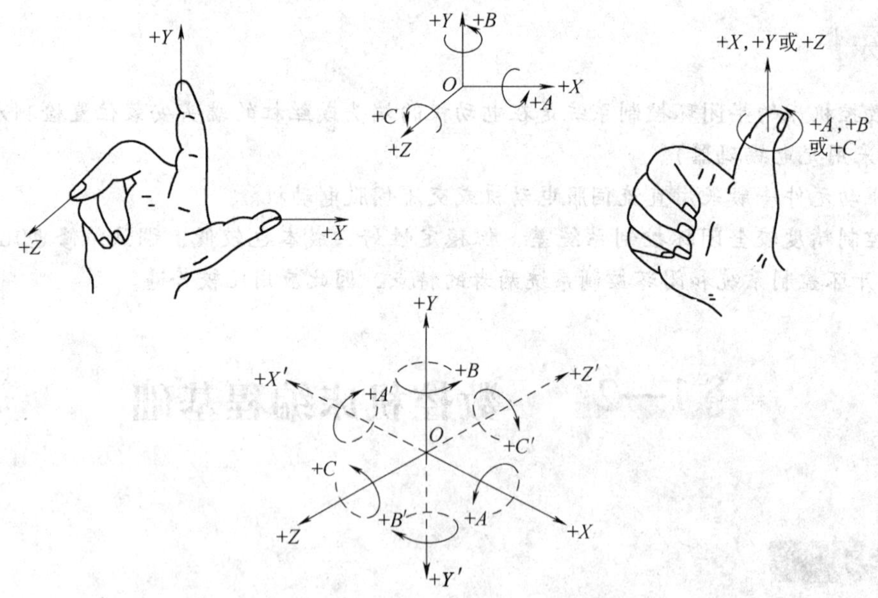


图 1—2—1　右手笛卡儿直角坐标系

（3）运动方向的规定

对于各坐标轴的运动方向，均将刀具远离工件的方向确定为各坐标轴的正方向。

**2．坐标轴的确定**

（1）*Z* 坐标轴

Z 坐标轴的运动方向是由传递切削力的主轴所决定的，与主轴轴线平行的标准坐标轴即为 Z 坐标轴，其正方向是增加刀具和工件之间距离的方向，如图 1—2—2 所示。

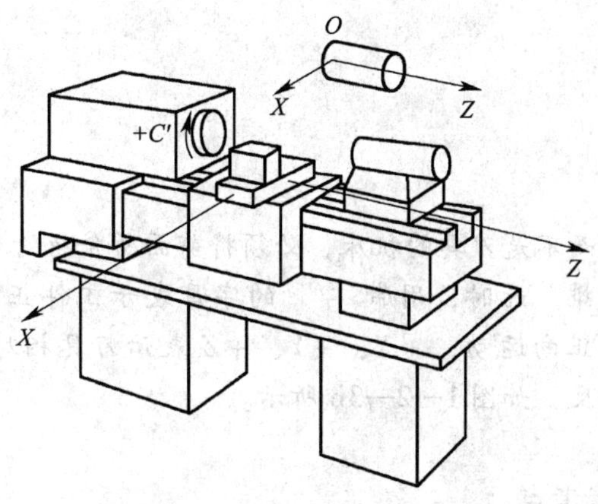


图 1—2—2　数控车床的坐标系

（2）X 坐标轴

X 坐标轴平行于工件装夹面，一般在水平面内，它是刀具或工件定位平面内运动的主要坐标。

在有工件回转的机床（如车床）上，X 坐标的运动方向是径向的，而且平行于横向滑座，X 坐标轴的正方向为刀具离开工件回转中心的方向，如图 1—2—2 所示。

在有刀具回转的机床（如铣床）上，若 Z 坐标轴是垂直的（主轴是立式的），观察者沿刀具主轴向立柱看（即观察者从机床前向立柱看）时，X 坐标轴的正方向指向右方，如图 1—2—3a 所示；若 Z 坐标轴是水平的（主轴是卧式的），观察者沿刀具主轴向工件看（即观察者从机床背面向工件看）时，X 坐标轴的正方向指向右方，如图 1—2—3b 所示。

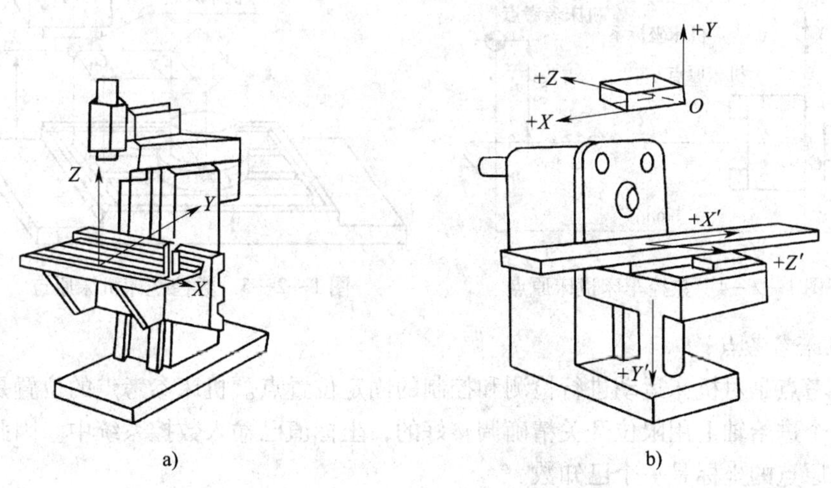


图 1—2—3　数控铣床的坐标系

a）立式数控铣床的坐标系　b）卧式数控铣床的坐标系

(3) Y 坐标轴

在确定了 X 和 Z 坐标轴后，可根据 X 和 Z 坐标轴的正方向，按照右手笛卡儿坐标系来确定 Y 坐标轴及其正方向。

对于移动部分是工件而不是刀具的机床，必须将前面所介绍的移动部分是刀具的各项规定，在理论上作相反的安排。此时，用带“′”的字母表示工件正向运动，如 +X′、+Y′、+Z′表示工件相对于刀具正向运动，+X、+Y、+Z 表示刀具相对于工件正向运动，二者所表示的运动方向恰好相反，如图 1—2—3b 所示。

**3．机床原点和机床参考点**

(1) 机床原点

机床原点是机床制造厂家设置在机床上的一个基准位置，它不仅是在机床上建立工件坐标系的基准点，而且还是机床调试和加工时的基准点。

数控车床的机床原点一般为主轴回转中心与卡盘后端面的交点，如图 1—2—4 所示。数控铣床的机床原点一般设在 X、Y、Z 坐标轴的正方向极限位置上，如图 1—2—5 所示。

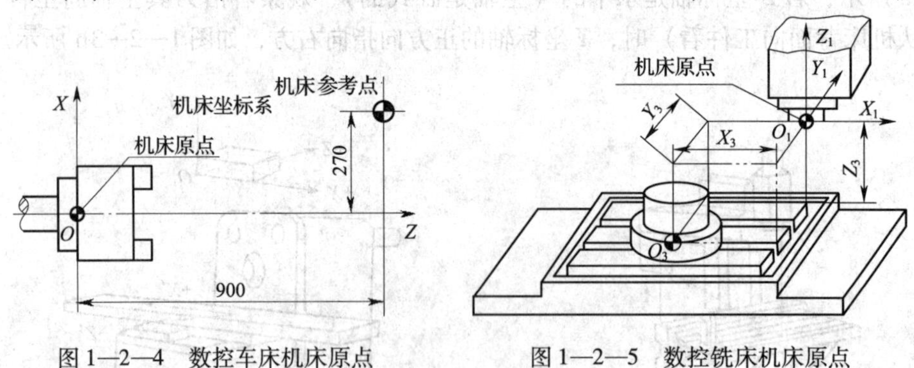


图 1—2—4　数控车床机床原点　　图 1—2—5　数控铣床机床原点

(2) 机床参考点

机床参考点是对机床运动进行检测和控制的固定位置点。机床参考点的位置是由机床制造厂家在每个进给轴上用限位开关精确调整好的，坐标值已输入数控系统中。因此，机床参考点对机床原点的坐标是一个已知数。

对于大多数数控机床，开机第一步总是先使机床返回参考点（即所谓的机床回零）。开机回参考点的目的就是建立机床坐标系，只有机床参考点被确认后，刀具（或工作台）移动才有基准。

机床参考点可以与机床原点重合，也可以不重合。通常在数控铣床上，机床原点和机床参考点是重合的；而在数控车床上，机床参考点是离机床原点最远的极限点，如图 1—2—4 所示。

## 二、数控编程

数控编程是指从零件图样到获得数控加工程序的全部工作过程。

### 1. 数控编程的方法

(1) 手工编程

手工编程是指主要由人工来完成数控编程中各个阶段的工作。一般对几何形状不太复杂的零件，所需的加工程序不长，计算比较简单，用手工编程比较合适。

(2) 计算机自动编程

计算机自动编程是指在编程过程中，除了分析零件图样和制定工艺方案由人工进行外，其余工作均由计算机辅助完成。采用计算机自动编程时，数学处理、编写程序、检验程序等工作是由计算机自动完成的，由于计算机可自动绘制出刀具中心运动轨迹，使编程人员可及时检查程序是否正确，需要时可及时修改，以获得正确的程序；又由于计算机自动编程代替程序编制人员完成了烦琐的数值计算，可提高编程效率几十倍乃至上百倍，解决了手工编程无法解决的许多复杂零件的编程难题，因而，自动编程的特点就在于编程工作效率高，可解决复杂形状零件的编程难题。

### 2. 数控编程的步骤

(1) 分析零件图样

编程人员拿到零件图样后，应准确识读零件图样表述的各种信息，通过分析，确定该零件是否适合在数控机床上加工，或适合在哪种数控机床上加工，甚至还要确定零件的哪几道工序在数控机床上加工。

(2) 确定工艺过程

在分析图样的基础上，进行工艺分析，选定机床、刀具和夹具，确定零件加工的工艺路线、工步顺序以及切削用量等工艺参数。

(3) 计算加工轨迹尺寸

根据零件图样、加工路线和零件加工允许的误差，计算出零件轮廓的坐标值。

(4) 编写程序单

加工路线、工艺参数及刀具数据确定以后，编程人员可以根据数控系统规定的功能指令代码及程序段格式，逐段编写加工程序单，并校核上述两个步骤的内容，纠正其中的错误。此外，还应填写有关的工艺文件，如数控加工工序卡片、数控刀具卡片等。

(5) 制作控制介质

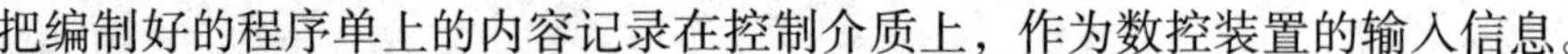

把编制好的程序单上的内容记录在控制介质上，作为数控装置的输入信息。

（6）程序校验

编制好的加工程序必须经过校验和试切后才能正式使用。校验的方法是直接将编制好的加工程序输入到数控装置中，让机床空运行，检查机床的运动轨迹是否正确。当发现有加工误差时，应分析误差产生的原因，找出问题所在，并加以修正。

每一种数控系统，根据系统本身的特点与编程的需要，都有一定的程序格式。对于不同的数控系统，其程序格式也不尽相同。因此，编程人员在按数控程序的常规格式进行编程的同时，还必须严格按照系统说明书的格式进行编程。

**三、数控程序的组成**

一个完整的数控程序由程序号、程序内容和程序结束三部分组成，如下所示：

```
O0001;                                程序号
N10 G99 G40 G21;
N20 T0101;
N30 G00 X100.0 Z100.0;
N40 M03 S800;                         程序内容
…
N200 G00 X100.0 Z100.0;
N210 M30;                             程序结束
```

**1. 程序号**

每一个存储在系统存储器中的程序都需要指定一个代号以相互区别，这种用于区别零件加工程序的代号称为程序号。因为程序号是加工程序开始部分的识别标记（又称为程序名），所以同一数控系统中的程序号（名）不能重复。程序号写在程序的最前面，必须单独占一行。

FANUC 系统程序号的书写格式为 O××××，其中“O”为地址符，其后为四位数字，数值从 0000～9999，在书写时其数字前的零可以省略不写，如 O0020 可写成 O20。

**2. 程序内容**

程序内容是整个加工程序的核心，它由许多程序段组成。程序段是程序的基本组成部分，每个程序段由若干个数据字构成，而数据字又由表示地址的英文字母、特殊文字和数字构成，如 X30.0、G50 等。

（1）程序段格式

程序段格式是指一个程序段中字、字符、数据的排列、书写方式和顺序。通常情况下，程序段格式有字—地址程序段格式、使用分隔符的程序段格式、固定程序段格式三种。这里主要介绍字—地址程序段格式：

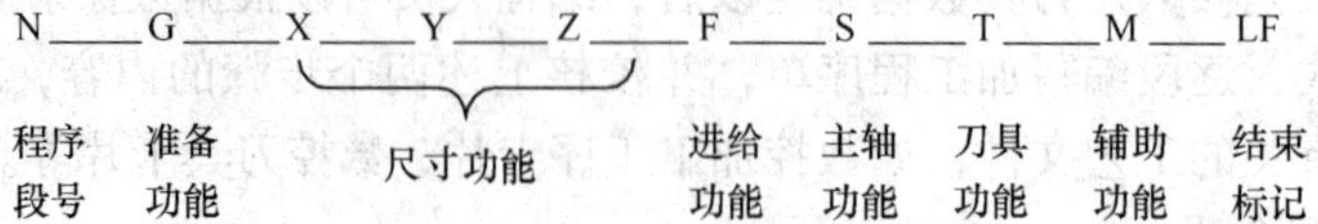

例如：N50 G01 X30.0 Z30.0 F100 S800 T01 M03；

（2）程序段的组成

1）程序段号。程序段号由地址符“N”开头，其后为若干位数字。

在大部分系统中，程序段号仅作为“跳转”或“程序检索”的目标位置指示。因此，它的大小及次序可以颠倒，也可以省略。程序段在存储器内以输入的先后顺序排列，而程序的执行是严格按信息在存储器内的先后顺序一段一段执行的，也就是说执行的先后次序与程序段号无关。但是，当程序段号省略时，该程序段将不能作为“跳转”或“程序检索”的目标程序段。

程序段号也可以由数控系统自动生成。程序段号的递增量可以通过“机床参数”进行设置，一般可设定增量值为10。

2）程序段内容。程序段的中间部分是程序段的内容，程序段内容应具备六个基本要素，即准备功能字、尺寸功能字、进给功能字、主轴功能字、刀具功能字、辅助功能字（见表1—2—1、表1—2—2），但并不是所有程序段都必须包含所有功能字，有时一个程序段内可仅包含其中一个或几个功能字。

**表1—2—1　　数控机床主要功能及其地址表**

| 功能 | 地址 | 意　义 |
|---|---|---|
| 准备功能 | G | 指定运动方向（直线、圆弧等） |
| 尺寸功能 | X，Y，Z | 坐标轴运动指令 |
| | U，V，W | |
| | A，B，C | |
| | I，J，K | 圆弧中心坐标 |
| | R | 圆弧半径 |
| 进给功能 | F | 每分钟进给速度，每转进给速度 |
| 主轴功能 | S | 主轴速度 |
| 刀具功能 | T | 刀具号 |
| 辅助功能 | M（见表1—2—2） | 机床上的开/关控制 |
| | B | 工作台分度等 |

**表1—2—2　　常用的M功能代码表**

| 代码 | 控制功能 | 代码 | 控制功能 |
|---|---|---|---|
| M00 | 程序停止 | M08 | 冷却泵开 |
| M01 | 选择程序停止 | M09 | 冷却泵关 |
| M02 | 程序段结束 | M43 | 主轴高速 |
| M03 | 主轴正转 | M42 | 主轴中速 |
| M04 | 主轴反转 | M41 | 主轴低速 |
| | | M30 | 程序结束 |

3）程序段结束。程序段以结束标记“CR（或 LF）”结束，实际使用时，常用符号“;”或“＊”表示“CR（或 LF）”。

**3. 程序结束**

结束部分由程序结束指令构成，它必须写在程序的最后。可以作为程序结束标记的 M 指令有 M02 和 M30，它们代表零件加工程序的结束。为了保证最后程序段的正常执行，通常要求 M02/M30 单独占一行。

此外，子程序结束的结束标记因不同的系统而不同，如 FANUC 系统中用 M99 表示子程序结束后返回主程序；而在 SIEMENS 系统中则通常用 M17、M02 或字符“RET”作为子程序的结束标记。

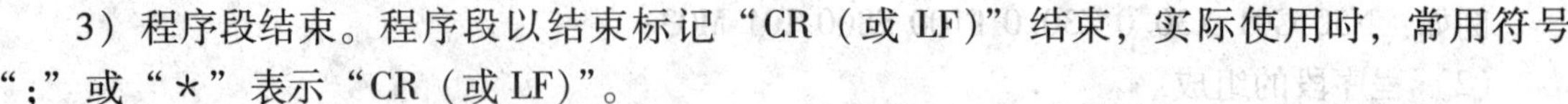

# §1—3 数控机床电气维修基础

学习目标

1. 掌握数控机床电气系统的组成及工作原理。
2. 了解数控机床电气维修人员应具备的基本要求。
3. 熟悉数控机床常见电气故障的特点、分类与诊断方法。
4. 了解数控机床电气系统的日常维护内容与要求。
5. 了解数控机床的抗干扰措施。

## 一、数控机床电气系统的组成及工作原理

数控机床电气控制系统一般由输入/输出装置、数控装置（或称 CNC 装置）、可编程序控制器（PLC）、主轴驱动系统、进给伺服驱动系统、强电控制电路、辅助装置和位置检测装置等组成，如图 1—3—1 所示。

**1. 输入/输出装置**

输入/输出装置是数控装置与外部设备进行数据或信息交换的装置。输入装置的作用是将程序载体上的数控代码变成相应的电脉冲信号，传送并存入数控装置内。目前，数控机床的输入装置有键盘、磁盘驱动器、光电阅读机等。输出装置的作用是数控系统通过显示器为操作人员提供必要的信息，显示的信息可以是正在编辑的程序、坐标值以及报警信号等。目前，输出装置主要是显示器，有 CRT 显示器或彩色液晶显示器两种。

**2. 数控装置（CNC 装置）**

数控装置是数控机床电气控制系统的核心，由硬件和软件两部分组成。它能够自动地对输入的加工程序进行解码、运算和逻辑处理，将数控加工程序信息按两类控制量分别输出：一类是连续控制量，送往伺服系统；另一类是离散的开关控制量，送往机床强电控制电路，从而协调控制机床各部分的运动，完成对数控机床所有运动的控制，实现数控机床的加工过程。

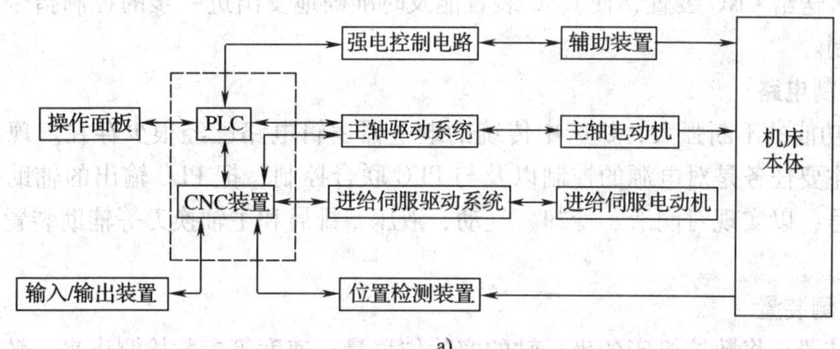


a)

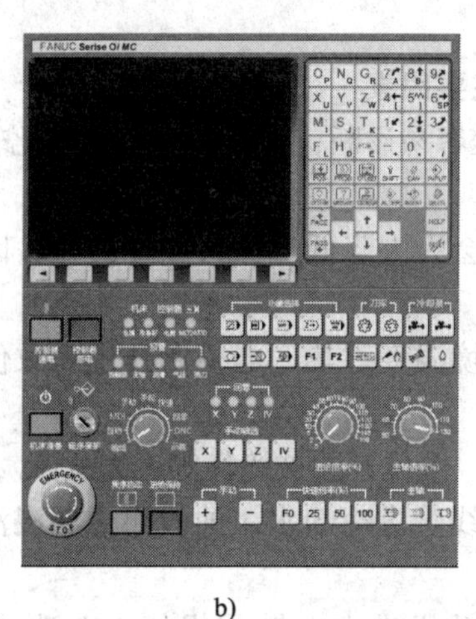


b)

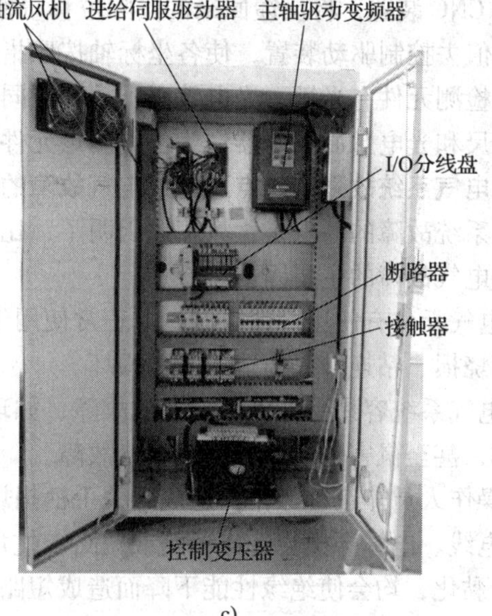


c)

图 1—3—1　数控机床电气控制系统组成框图与实物图

a）组成框图　b）数控装置（内置 PLC）面板　c）数控机床电气控制柜

**3. 主轴驱动系统**

主轴驱动系统由主轴伺服驱动装置和速度检测元件组成。主轴驱动系统接受来自数控装置的驱动指令，经过速度与转矩（功率）调节输出驱动信号驱动主轴电动机转动，同时接受速度反馈实施速度闭环控制，实现对主轴转速的调节控制。

**4. 进给伺服驱动系统**

进给伺服驱动系统由进给伺服电动机（一般内装速度和位置检测元件）和进给伺服驱动装置组成。进给伺服驱动系统接受来自数控装置的速度指令，经过速度与电流（转矩）调节输出驱动信号驱动进给伺服电动机转动，同时接受速度反馈信号实施速度闭环控制，实现机床坐标轴运动。

**5. 可编程序控制器（PLC）**

可编程序控制器是机床各项功能的逻辑控制中心。它将来自 CNC 装置的各种运动及功能指令进行逻辑排序，使它们能够准确、协调、有序地安全运行，同时将来自机床的各种信息及工作状态传送给 CNC 装置，使 CNC 装置能及时准确地发出进一步的控制指令，实现对整台机床的控制。

**6. 强电控制电路**

随着 PLC 功能的不断强大，机床中传统的继电器逻辑电路已经很少存在。现在机床强电控制电路的主要任务是对电源的控制以及与 PLC 联合控制，把 PLC 输出的辅助控制指令转换成强电信号，以实现对润滑、冷却、气动、液压、排屑和主轴换刀等辅助装置的逻辑控制。

**7. 位置检测装置**

位置检测装置是将数控机床各坐标轴的实际位移量、速度等参数检测出来，转变成电信号反馈给 CNC 装置，将反馈回来的实际位移量值与设定值进行比较，并由 CNC 装置发出相比较的差值去控制驱动装置，使各坐标轴按照指令值移动，从而实现对位置的精确控制。常用的位置检测元件有光栅、光电编码器、感应同步器、旋转变压器、磁栅尺等，现代机床多采用光栅尺和光电脉冲编码器作为位置测量元件。

## 二、电气系统故障的特点及造成电气故障的主要因素

电气系统故障的特点是：故障原因明了，比较容易诊断，但是故障率相对比较高。

造成电气故障的主要因素有：

1. 电气元件有使用寿命限制，非正常使用下会大大降低寿命，如开关触头因经常过电流使用而烧损、粘连，提前造成开关损坏。

2. 电气系统容易受外界影响造成故障，如环境温度过热，电柜温升过高致使有些电气元件损坏，甚至鼠害也会造成许多电气故障。

3. 操作人员非正常操作，造成开关手柄损坏、限位开关被撞坏等人为故障。

4. 电线、电缆磨损会造成断路或短路。蛇皮线管进冷却水、油液而长期浸泡，橡胶电线膨胀、黏化，均会使绝缘性能下降而造成短路。

5. 冷却泵、排屑器、电动刀架等的异步电动机进水、轴承损坏，会造成电动机故障。

## 三、数控机床电气故障的分类

数控机床电气故障分类方法有很多种，通常按下面几种方法进行分类。

**1. 按故障发生性质分类**

按故障发生的性质分类，分为硬件故障、软件故障和干扰故障三种，见表 1—3—1。

表 1—3—1　　按故障发生的性质分类

| 种　类 | 含　义 |
| --- | --- |
| 硬件故障 | 是指电子、电气元器件、印制电路板、电线及电缆、接插件等的不正常状态甚至损坏，需要修理或更换才可排除的故障 |
| 软件故障 | 是指由程序编制错误、机床操作失误、参数设定不正确等引起的故障 |
| 干扰故障 | 是指由于系统工艺、线路设计、电源接地线配置不当等，以及工作环境的恶劣变化而产生的故障，表现为内部干扰和外部干扰 |

**2. 按故障出现时有无报警指示分类**

按故障出现时有无报警指示，分为有诊断指示故障和无诊断指示故障。

（1）有诊断指示故障

现在的数控系统都设计有完善的自诊断程序，实时监控整个系统的软、硬件性能，一旦发现故障则会立即报警或有简要文字说明在屏幕上显示出来，结合系统配备的诊断手册，不仅可以找到故障发生的原因、部位，而且还有排除故障的方法提示。此外，机床制造者也会针对具体机床设计相关的故障指示及诊断说明书。上述这两部分有诊断指示的故障，加上各电气装置上的各类指示灯，使得绝大多数电气故障的排除较为容易。

（2）无诊断指示故障

无诊断指示故障是上述两种诊断程序的不完整性所致（如开关不闭合、接插件松动等）。这类故障需要根据发生故障前的工作过程和故障现象及后果加以分析、排除。故障分析、排除顺利与否，主要取决于维修人员对机床的熟悉程度和技术水平。

**3. 按故障出现时有无破坏性分类**

按故障出现时有无破坏性，分为破坏性故障和非破坏性故障。

（1）破坏性故障

对于破坏性故障，即有可能损坏工件或机床的故障，维修时不允许重现故障过程，这时只能根据产生故障时的现象进行相应的检查、分析并排除，技术难度较高且有一定风险。如果只会损坏工件，则可卸下工件，试着重现故障过程，但应十分小心。

（2）非破坏性故障

目前这种故障可以通过“清零”操作予以消除。当维修人员判断数控机床的故障属于此类故障后，可以重现故障，并通过故障现象进行分析和判断，以确定故障原因，并加以排除。

**4. 按故障出现的必然性与偶然性分类**

按故障出现的必然性与偶然性，分为系统性故障和随机性故障。系统性故障是指只要满足一定的条件就一定会产生的确定的故障。随机性故障是指在相同的条件下偶尔发生的故障，这类故障的分析较为困难，通常多与机床机械结构的局部松动错位、部分电气元件特性漂移或可靠性降低、电气装置内部温度过高有关，此类故障需经反复试验、综合分析判断才可能排除。

提示

了解电气故障的分类有利于故障的分析与排除，但一种故障的产生往往是多种类型的混合，这就要求维修人员在具体分析、排除故障时，可参照上述分类采取相应的分析与排除方法。

**四、数控机床电气故障的诊断方法**

**1. 常规检查法**

常规检查是指依靠人的感觉器官并借助于一些简单的仪器来寻找机床故障的原因。这种方法在维修中是常用的，也是首先采用的，维修中应遵循“先静后动、先外后内”（即先静态检查，后通电试运行检查；先检查外部故障，后检查机床内部故障）、“先一般后特殊，先软后硬”（即先按照故障一般原则查找一般原因和故障点，后查找特殊原因和故障点；先排除软件故障，后检查硬件故障）以及“先公后专”（先公用部分，后专用部分）的维修原则。

常规检查法一般常采用的检查顺序为：第一步，电源及接口电路；第二步，接线、电缆与接插器件；第三步，接地与屏蔽装置；第四步，机床数据参数。

**2. 参数检查法**

参数检查法是在显示器上调用参数设置画面，利用检查参数来判定故障的类型，确定诊断与排除故障的方法。数控机床参数是经一系列的试验和调整而获得的，是保证机床正常运行的重要参数。其参数通常存放在由电池保持供电的 RAM 中，一旦电池电压不足、系统长期不通电或受到外部干扰，都会使参数丢失或发生紊乱，导致机床不能正常工作，此时可调出机床参数进行检查、修改或传送。

在以下情况可先采用参数检查法：(1) 长期闲置不用的机床。(2) 多种报警同时存在。(3) 调试后使用的机床出现的报警停机。(4) 长期运行的老机床的各种超差故障、伺服电动机温升过高、高频振动与噪声。(5) 新工序、新材料或加工条件改变后出现故障。(6) 无缘无故出现的不正常现象。

**3. 同类交换法**

同类交换法是在疑点部位用与其型号、功能完全相同的电路板、模块、集成电路和其他零部件进行替换，观察故障转移情况，以快速确定故障部位。

采用同类交换法检测故障时需注意：(1) 替换前必须断电，并检查有无其他危险。(2) 不要损坏其他部分电路与部件。(3) 控制板和编码器等替换后，还要注意参数或程序的更改。

**4. 自诊断功能法**

自诊断功能法是在硬件模块、功能部件上各状态测试点（在系统设计制造时设置的）和相应诊断软件的支持下，利用数控系统中计算机的运算处理能力，实时监测系统的运行状态，并在预知系统故障或系统性能、系统运行品质劣变时，及时自动发出报警信息的方法。

数控系统的自诊断显示形式主要有软件报警和硬件报警，可借助于维修手册获得故障原因与故障的大致部位。(1) 软件报警主要是利用显示器显示报警号和报警信息。(2) 硬件报警主要是利用伺服单元与模块等印制电路板上的指示灯、数码管与报警灯发出报警信息。

**5. 原理分析法**

根据电气连接图与控制原理图，从逻辑上分析各点的逻辑电平和特征参数，从系统各部件的工作原理进行分析和判断，确定故障部位的维修方法，称为原理分析法。这种方法要求维修人员对整个系统或每个部件的工作原理、信号流程都有清楚的认识和深刻的理解，才可能准确定位故障部位。原理分析法的步骤为：

(1) 根据故障现象进行原理分析，并勾画出故障范围。

(2) 根据手册信息，检测怀疑部分的相关 I/O 接口的逻辑状态。

(3) 逻辑状态对比。

(4) 测量比较确定故障器件。

(5) 排除故障并试运行。

**6. 功能程序测试法**

功能程序测试法是一种脱机诊断法。针对所维修系统的 G、M、S、T、F 功能，编制一个试验程序，并在故障诊断时空运行该程序，检查系统功能执行与机床运行轨迹情况，可快速确定是哪个功能不良或失效。

在以下场合可使用功能程序测试法：(1) 加工产生废品，又无法确定是 CNC 系统功能故障还是编程问题或是操作不当时。(2) CNC 系统出现随机性或偶发性故障，无法确定 CNC 系统的稳定性时，可进行连续性循环功能程序测试。(3) 长期闲置不用的机床重新使用初期或维修后机床出现报警故障，参数检查法未能奏效，并且怀疑是 CNC 系统功能不良时。

除了上面介绍的几种常用诊断方法外，还有测量比较法、敲击诊断法、升降温法、隔离法等。在实际应用中，维修技术人员应该根据实际情况，现场分析、判断，采用有效且较简便的方法排除故障，以减少停机时间。

**五、数控机床电气系统的维护**

**1. 数控机床的维护**

(1) 日常维护

数控机床经过一段较长时间的使用，元器件总要会老化甚至损坏。为了延长元器件的使用寿命和零部件的磨损周期，防止各种故障特别是恶性事故的发生，就必须对数控系统进行日常的维护工作。具体的日常维护保养要求在数控机床的使用、维修说明书中有明确的规定。概括起来，要注意以下几个方面。

1）严格遵守操作规程和日常维护制度。数控系统的编程、操作和维修人员必须经过专门的技术培训，熟悉所用数控机床的数控装置的使用环境、条件等，能按机床和系统的使用说明书的要求正确、合理地使用，尽量避免因操作不当引起的故障。应根据操作规程要求，针对数控系统各个部件的特点确定各自的保养条例，进行日常维护工作。

2）清洁机床电气箱热交换器过滤网。每周清洁机床电气箱热交换器过滤网，车间环境较差时需要 2 ~ 3 天清洁一次，如图 1—3—2 所示。

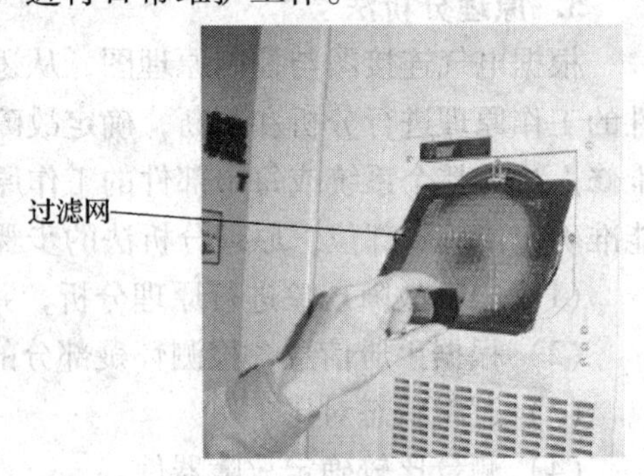

图 1—3—2　清洁过滤网

3）防止灰尘进入数控装置内。数控加工车间空气中飘浮的灰尘和金属粉末落在印制电路板和电气接插件上，容易引起元器件间绝缘电阻下降，从而出现故障甚至损坏元器件。因此，除了调整和维修时，其他时间不允许随意开启数控柜门，尤其不要在数控机床加工过程中敞开柜门。对已经受外部尘埃、油雾污染的电路板、接插件等，可采用专用电子清洁剂喷洗。

4）定时清扫数控柜的散热通风系统及各个冷却风扇的电动机。为防止数控装置过热，应经常检查数控柜、数控装置上各冷却风扇工作是否正常。应根据车间环境状况，按照数控机床使用说明书中的规定，每半年或一个季度清扫检查一次，如果环境温度过高，造成数控柜内的温度超过 55℃时，应及时加装空调装置，并定期清洁数控机床上的各种电动机，如图 1—3—3 所示。

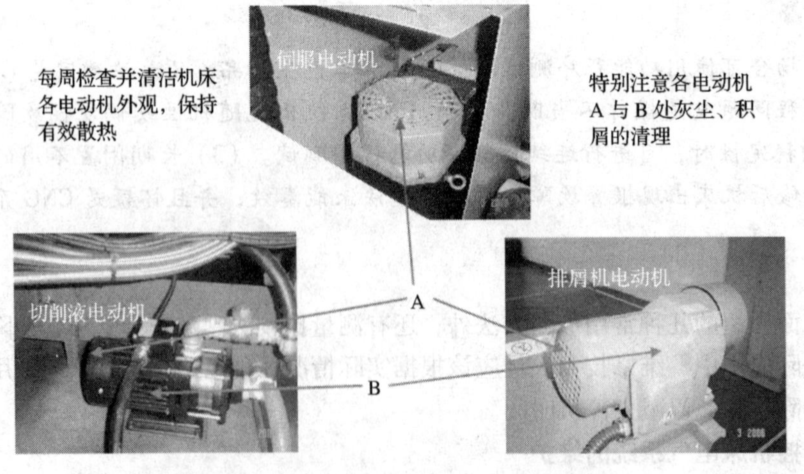

图 1—3—3　定期清洁数控机床上的各种电动机

5）经常监视数控系统的电网电压。通常，数控系统允许的电网电压范围为额定值的85%～110%，如果超出此范围，轻则使数控系统不能稳定工作，重则会造成重要电子部件的损坏。因此，要经常注意电网电压的波动。在电网质量比较差的地区，数控加工车间还应配置交流稳压装置。

6）定期更换存储器用电池。在机床关机时，数控系统中的部分CMOS存储器的存储内容，需要依靠电池（见图1—3—4）供电才能保持。数控机床一般采用锂电池或可充电的镍镉电池，当电池电压降到限定值以下时就会造成存储的参数丢失。因此，要定期检查电池电压。

当电池电压降到限定值时，机床就会报警，提示操作人员及时更换电池。更换电池一定要在数控系统通电状态下进行，这样才不会造成存储的参数丢失。另外，操作或维修人员可预先备份数控系统中的参数。一旦参数丢失，在更换新电池后，可将参数重新输入。

提示

不管机床是否产生电池报警，建议用户每年都应定期为机床更换一次电池。

（2）数控机床长期闲置时的维护

数控机床应尽量避免长期闲置。数控机床长期不用时，为了防止数控系统损坏，应定期维护保养该机床的数控系统。应经常给数控系统通电或让数控机床运行温机程序。在空气湿度大的雨季，应2～3天开机一次，并运行1～2 h，利用电气元件本身发热驱走数控柜内的潮气，以保证电子元器件的性能稳定、可靠。数控机床长期闲置时，机床中的印制电路板也容易出现故障，因此数控机床中的备用电路板（见图1—3—5）应定期安装到数控系统中通电运行一段时间，以防损坏。

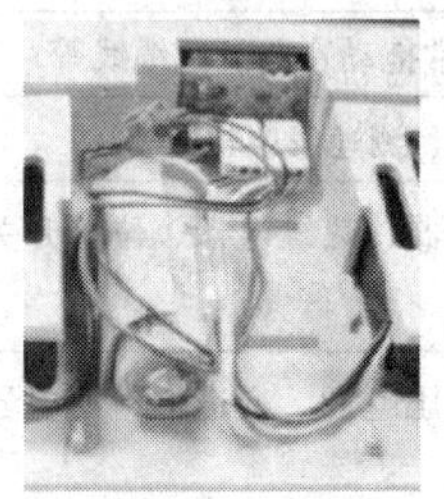

图1—3—4　数控机床用电池

图1—3—5　备用电路板

温机操作还可使油膜均匀地覆盖在丝杠、导轨等机械部件上，达到维护数控机床机械系统的目的。

**2．电气部分的维护**

电气部分包括数控机床的动力电源输入线路、继电器、接触器、控制电路等。电气部分每年检查、调整一次，其维护、保养内容主要包括以下几点：

（1）检查三相电源的电压值是否正常，有无偏相，如果输入的电压超出允许范围则应进行相应调整。

（2）检查所有电气连接是否良好。

（3）检查各类开关是否有效，可借助于数控系统屏幕显示的诊断画面及可编程机床控制器（PMC）、输入/输出模块上的 LED 指示灯检查确认，若工作状态不良应更换。

（4）检查各继电器、接触器是否工作正常，触点是否完好，可利用功能试验程序，通过运行该程序确认各控制器件是否完好、有效。

（5）检查热继电器、电弧抑制器等保护器件是否有效。

**3．数控系统维护中应特别关注的元器件或部位**

数控系统维护中，要特别关注并定期检查那些会因失修或维护不当而引发故障的元器件或部位。主要故障类型及常见元器件或部位见表 1—3—2。

**表 1—3—2　数控系统维护中特别关注的元器件或部位**

| 故障类型 | 出现故障的常见元器件或部位 |
|---|---|
| 易污染 | 传感器（如光栅、光电头、电动机整流子、编码器）、接触器的铁心截面、过滤器、风道、低压控制电器 |
| 易击穿 | 电容器、大功率管（如晶闸管） |
| 易老化及使用寿命问题 | 存储器电池及其电路、光电池、光电阅读器、继电器及高频接触器等 |
| 易氧化及易腐蚀 | 电动/电磁开关、继电器与接触器触头、接插件接头、熔断器卡座、接地点等 |
| 易磨损 | 测速发电机的炭刷、电动机的电刷、离合器的摩擦片、轴承、齿轮副、高频动作的接触器 |
| 易疲劳失效 | 低压电器中的弹簧元器件（多出现弹性失效）、常拖动弯曲的电缆线等 |
| 易松动移位 | 机械手的传感器、定位机构、位置开关、编码器、测速发电机等 |
| 易卡死 | 因润滑不良等而造成不能到位的元器件（如接触器、热继电器、位置开关、电磁开关、电磁阀等） |
| 易温升过高 | 伺服放大回路中的大功率元器件（如稳压器与稳压电源、变压器、继电器、接触器、电动机等具有线圈或绕组的元器件） |
| 易泄漏 | 切削液、润滑油、液压回路（这些部位的泄漏不仅使本身工作出现故障，泄漏的油液还会流入电气装置中引发电气故障） |

## 六、数控系统的抗干扰

数控系统由微电子电路构成，在环境较恶劣的工业现场中使用，极易受电磁干扰、电网干扰和接地干扰的影响，如图 1—3—6 所示。为保证系统在此环境中能够正常工作，必须具有相应的抗干扰措施，必须达到电磁兼容性要求。数控系统的干扰类型及抗干扰措施见表 1—3—3。

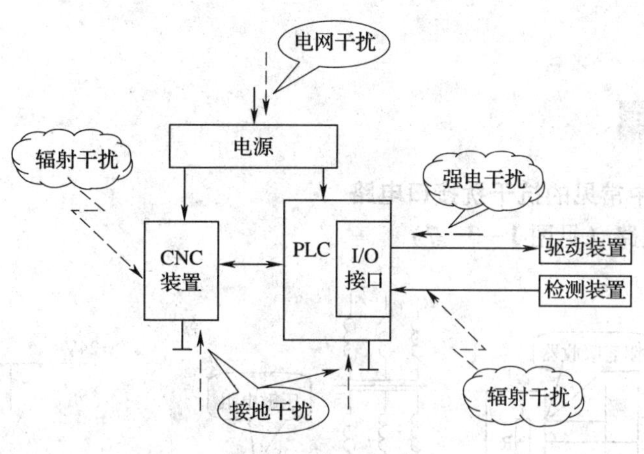


图 1—3—6　数控系统干扰构成

**表 1—3—3　　数控系统的干扰类型及抗干扰措施**

| 干扰类型 | | 传递方式 | 干扰源 | 抗干扰措施 |
|---|---|---|---|---|
| 电磁干扰 | 强电干扰 | 属于电磁干扰，具有传导性和辐射性，既可通过电缆传递，又可以电磁场辐射形式传播 | 主要来自强电箱内驱动电路中接触器、电磁铁、继电器等电磁器件动作时产生的电磁尖脉冲或浪涌噪声，不仅会干扰驱动电路自身，还会干扰其他信号电路 | 对于传导方式的强电干扰，可采取特殊接口电路来阻断干扰信号的传递（常见的抗干扰接口电路见知识链接）<br>对于辐射方式的强电干扰，可采取屏蔽与可靠接地 |
| | 辐射干扰 | 以空间感应方式传播，包括电磁波干扰和静电干扰 | 主要来自电火花、中高频电加热、电焊机等设备产生的强烈脉冲型电磁波，通过空间辐射干扰数控机床 | 抗辐射干扰有硬件措施和软件措施<br>硬件措施：可采取感应体接地；采用带屏蔽层的信号线，并将屏蔽层单端接地；不要把屏蔽层当做信号线或公共线使用<br>软件措施：采取软件滤波，即在软件中编写滤波程序 |
| 接地干扰（见知识链接） | 接地噪声干扰 | 具有传导性和辐射性，既可通过电缆传递，也可以噪声波形式在空间传播 | 主要是由过大的接地电阻与接地电位差，以及其变化造成的 | 机床接地点选择要合理；接地体的几何形状与埋设应符合技术要求，接地电阻应小于 1 Ω，接地线要粗（应大于电源线的截面积）；接地点的连接处要可靠焊接，防止虚焊 |
| | 接地噪声耦合干扰 | | 主要是由各种屏蔽地间的电位差，以及多点接地构成接地回路造成的 | 采取单端一点接地方法 |
| 电网干扰 | | 具有传导性和辐射性，既可通过电缆传递，也可以噪声波形式在空间传播 | 主要是由电力不足、电网电压（频率、幅值、相位）不稳定、电网分配不合理以及电源系统本身抗干扰能力差等因素造成的 | 抗电网内部干扰的措施：采取低通滤波器、隔离变压器、稳压电源<br>抗电网外部干扰的措施：远离电网干扰源 |

## 一、数控系统中常见的抗干扰接口电路

### 1. 吸收网络电路（见图1—3—7）

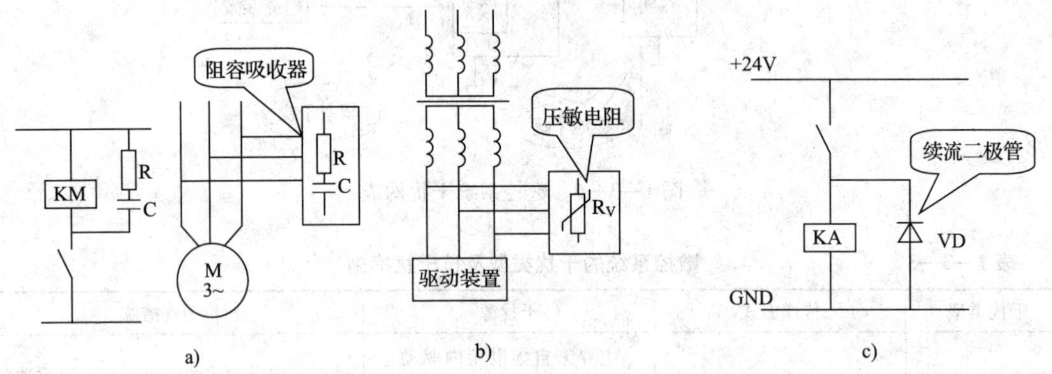


图1—3—7　吸收网络电路

a）RC阻容吸收电路　b）压敏电阻保护　c）续流二极管保护

（1）RC阻容吸收电路

在交流接触器线圈的两端和交流电动机的三相电源输入端上并联RC吸收器，可抑制、吸收干扰噪声。

（2）压敏电阻保护（浪涌吸收器）

将压敏电阻并联接在CNC系统控制电路交流电源输入端或三相输入端，或并联接在驱动装置的交流电源输入端，可对线路中的瞬变、尖峰等噪声进行有效抑制。

（3）续流二极管保护

将续流二极管反向并联接在直流电感元件两端，直流电感元件在断电时，线圈上将产生较大的感应电动势，此时由二极管提供泄流回路，可减少对控制电路的干扰。

### 2. 光电耦合隔离电路

光电耦合隔离电路常用于驱动接口，目的是隔离驱动器的强电干扰信号反馈到控制电路，如图1—3—8所示。

### 3. 隔离放大器（差动运算放大器隔离）

差动运算放大器隔离是一种变通接口的隔离，如图1—3—9所示。这是一种补偿消除法，干扰信号作用到放大器两个输入端后被互相抵消。

## 二、数控机床接地技术

### 1. 接地的意义

接地是为设备提供一个等电位点或等电位面。为了防止共地线阻抗干扰，在每个设备中可能有多种接地线，但概括起来可以分为保护地线（安全接地）、工作地线（工作接地）、屏蔽地线（屏蔽接地）三类。

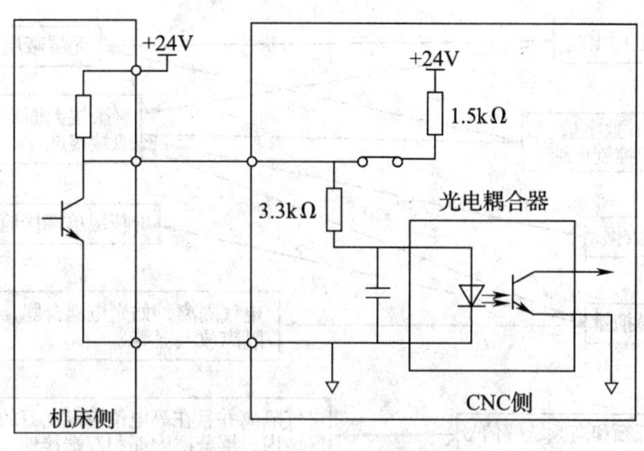

图 1—3—8　光电耦合隔离电路

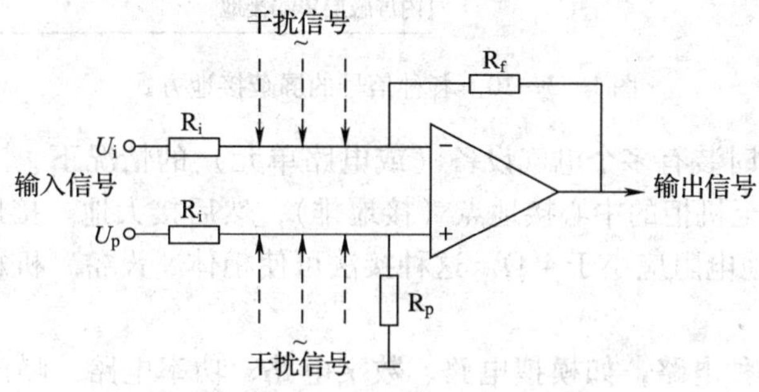

图 1—3—9　差动运算放大器隔离电路

（1）安全接地

为了保护人身和设备的安全，免遭雷击、漏电、静电等危害，设备的机壳、底盘所设的接地线称为保护地线。保护地线应与电气上的大地进行可靠连接。

（2）工作接地

为了保证设备的正常工作，直流电源通常需要有一极接地作为参考零电位，其他极与之相比较，如 ±15 V、±5 V、±24 V 等。信号传输也常需要有一根线接地作为基准电位，传输信号的大小与该基准电位相比较，这类地线称为工作地线。在系统中一定要注意工作地线的正确接法，否则不但起不到作用，反而可能产生各种干扰。工作接地有浮地、一点接地和多点接地等方式。

（3）屏蔽接地

为了防止电磁干扰，将一些设备的屏蔽层与地或干扰源的金属壳体之间所做的可靠的电气连接称为屏蔽接地，如图 1—3—10 所示为各种信号的屏蔽接地方式。

**2．数控机床接地系统**

（1）电气设备都应设计专门的保护接地端子。保护接地端子与电气设备的机壳、底盘等应实现良好的电气连接。不允许用设备外壳、底盘等的紧固螺栓来代替保护接地端子。

（2）在电气控制柜内部不允许中性线与地线相连接，也不允许共用一个端子 PEN。

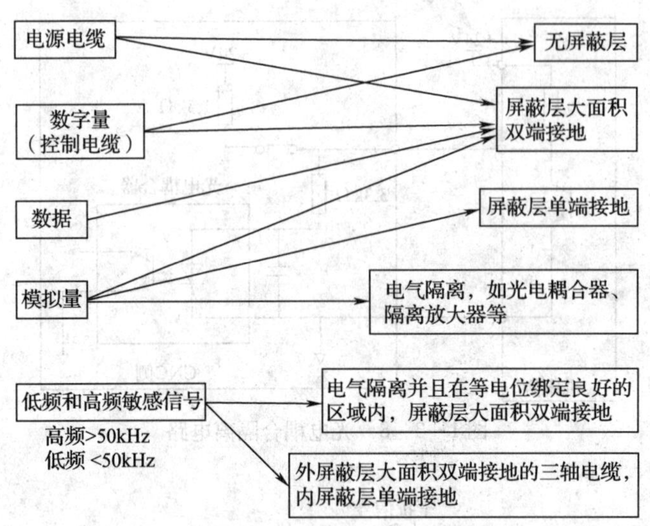


图 1—3—10　各种信号的屏蔽接地方式

（3）在机柜内同时装有多个电气设备（或电路单元）的情况下，工作地线、保护地线和屏蔽地线一般都接至机柜的中心接地点（接地排），然后接大地。接地排可采用厚度不小于 3 mm 的铜板，接地电阻应小于 4 Ω。这种接法可使柜体、设备、机箱、屏蔽和工作地都保持在同一电位上。

（4）设备内的各种电路，如模拟电路、数字电路、功率电路、噪声电路等都设置各自独立的地线（分地），最后汇总到一个总的接地点。

（5）数控系统中数控装置与伺服驱动器、变频器间的信号传输线一般推荐采用屏蔽双绞线，且屏蔽层采用双端接地方式。

图 1—3—11 和图 1—3—12 所示为数控机床一点接地系统的原理示意图和实物图。

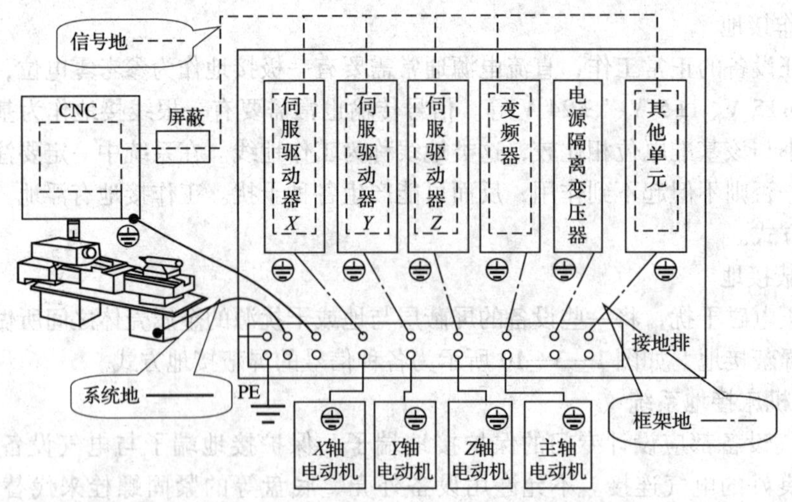


图 1—3—11　数控机床一点接地系统原理示意图

图 1—3—12　数控机床一点接地系统实物图

# §1—4　FANUC 0i Mate - TD 系统数控车床基本操作

1. 熟悉 FANUC 0i Mate - TD 系统操作面板、功能键及其含义。
2. 掌握 FANUC 0i Mate - TD 系统数控车床的基本操作。

## 一、数控车床面板介绍

在 FANUC 系统中，因其系列、型号、规格各有不同，在使用功能、操作方法和面板设置上也不尽相同。本节以 FANUC 0i Mate - TD 系统为例进行叙述。FANUC 0i Mate - TD 系统数控车床的面板主要由 MDI 键盘区、LCD 显示区、软键开关区和机床操作面板区等组成，如图 1—4—1 所示。

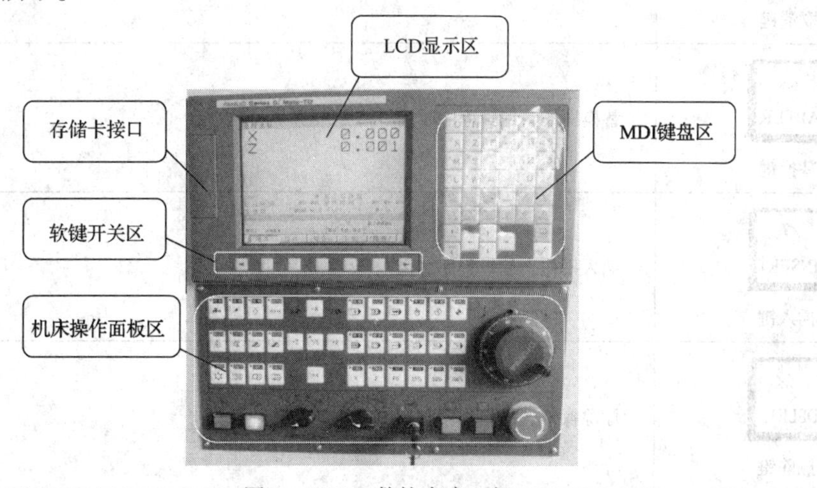


图 1—4—1　数控车床面板

**1. MDI 键盘区**

如图 1—4—1 所示的 FANUC 0i Mate－TD 系统的 MDI 键盘区中的各键，主要用于程序编辑、参数输入等，具体功能见表 1—4—1。

**表 1—4—1　　MDI 键盘按键及功能说明**

| 名　称 | 说　明 |
| --- | --- |
|  RESET<br>复位键 | 按此键，可使 CNC 复位，用于消除大部分报警 |
|  HELP<br>帮助键 | 按此键，可以显示帮助内容以提示如何操作数控车床，如 MDI 键的操作，并可在 CNC 报警时提供详细的报警信息 |
| 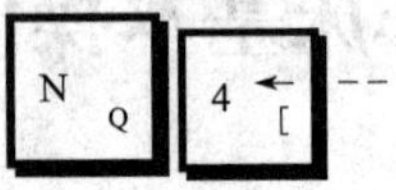 N Q　4 ← [<br>地址键和数字键 | 按此键，可以输入数字、字母和字符 |
|  SHIFT<br>上档键 | 按下此键后，部分按键（如地址键、数字键）的输入将从键原始设置的字符（中间位置的字符）改变为其右下角的字符 |
|  INPUT<br>输入键 | 按此键后，当按下数字键或地址键以后，数据输入到缓冲器，并显示在 CRT 屏幕上，键入到缓冲器上的数据可以复制到寄存器上 |
|  CAN<br>取消键 | 按此键，可删除最后输入的那个字符或符号 |
|  ALTER<br>替换键 | 替换操作，编辑程序时用 |
|  INSERT<br>插入键 | 插入操作，编辑程序时用 |
|  DELETE<br>删除键 | 删除操作，编辑程序时用 |

续表

| 名　称 | 说　明 |
| --- | --- |
| POS<br>功能键 | 按此键显示位置界面 |
| PROG<br>功能键 | 按此键显示程序界面 |
| OFS/SET<br>功能键 | 按此键显示刀偏/设定（SETTING）界面 |
| SYSTEM<br>功能键 | 按此键显示系统界面 |
| MESSAGE<br>功能键 | 按此键显示信息界面 |
| CSTM/GR<br>功能键 | 按此键显示用户宏界面（会话式宏界面）或图形界面 |
| PAGE<br>PAGE<br>翻页键 | 按此两键，屏幕显示可向前、向后翻页 |
| 光标键 | 按此四个键，可以分别使光标向左、向右、向前、向后移动 |

**2. LCD 显示器下方的软键开关区**

在 LCD 显示器的下方有一排软按键，这排软按键的功能是根据 LCD 显示器中的对应提示来指定的。

### 3. 数控车床操作面板

FANUC 0i Mate－TD 型数控车床操作面板及功能见表 1—4—2。

**表 1—4—2　　FANUC 0i Mate－TD 型数控车床操作面板及功能**

| 名称 | 图　示 | 功　能 |
| --- | --- | --- |
| NC 电源开关键 | 停止　启动 | 按下 NC“启动”键（绿色，亮），数控系统通电；按下 NC“停止”键（红色），数控系统断电 |
| 急停按钮（红） | 急停 | 出现紧急情况时应按下该按钮，在屏幕上出现“EMG”（急停报警）字样 |
| 超程释放键 | 超程释放<br>超程释放 | 当数控车床出现硬限位超程报警时，按下该按键不松开，然后用手摇脉冲发生器反向移动该轴，从而解除超程报警 |
| 模式选择键 | EDIT　MDI　自动<br>编辑　MDI　自动<br>手动　手轮　参考点<br>手动　手轮　参考点 | “编辑”模式：程序的输入及编辑操作<br>“MDI”模式：手动数据（如参数）输入操作<br>“自动”模式：自动运行加工操作<br>“手动”模式：手动切削进给或手动快速进给<br>“手轮”模式：手摇进给操作<br>“参考点”模式：回参考点操作<br>（注：以上模式选择按键为单选按键，只能选择其中的一个） |
| 自动模式下的键 | 单步　跳步　机床锁定<br>单步　跳步　机床锁定<br>选择停　空运行　程序重启<br>选择停　空运行　程序重启 | 单步：该模式下，每按一次“循环启动”按键，数控车床将执行一步程序后暂停<br>跳步：当该按键按下时，程序段前加“/”符号的程序段将被跳过执行<br>机床锁定：用于检查程序编制的正确性，该模式下刀具在自动运行过程中的移动功能将被限制<br>选择停：该模式下，指令 M01 的功能与指令 M00 的功能相同<br>空运行：用于检查刀具运行轨迹的正确性，该模式下自动运行过程中的刀具进给始终为快速进给<br>程序重启：用于实现程序中断后的返回中断点操作 |

续表

| 名称 | 图　　示 | 功　　能 |
| --- | --- | --- |
| 手动进给及其进给方向键 | 手动进给 | 手动模式下，按下指定轴的方向键不松开，即可使刀具沿指定的方向进行手动连续慢速进给，进给速率可通过进给速度倍率旋钮进行调节<br>按下指定轴的方向键不松开，同时按下中间位置的快速移动按钮，即可实现自动快速进给 |
| | 0 5 10 20 30 40 50 60 70 80 90 100 110 120 130 140 150<br>进给速度倍率 | |
| 手摇操作及其进给方向键 | X　Z<br>X 轴进　Z 轴进 | 选择手摇操作的进给轴 |
| | ×1　×10　×100　×1000<br>F0　25%　50%　100%<br>快速进给倍率 | 键的上一排表示为手摇操作模式下的四种不同增量步长，键的下一排表示为四种不同的快速进给倍率 |
| 回参考点指示灯 | X　Z | 当相应轴返回参考点后，对应轴的返回参考点指示灯变亮 |
| 润滑键 | 润滑<br>润滑 | 按下该键后，将立即对数控车床进行间隙性润滑 |
| 冷却键 | 冷却<br>冷却 | 按下该键后，执行切削液开闭功能 |

续表

| 名称 | 图　示 | 功　能 |
| --- | --- | --- |
| 主轴手动键（开关） | 主轴正转<br>主轴正转 | 手动方式；按下该键，电动机正向旋转 |
| | 主轴停止<br>主轴停止 | 手动方式；按下该键，电动机停止旋转 |
| | 主轴反转<br>主轴反转 | 手动方式；按下该键，电动机反向旋转 |
| | 主轴倍率<br>50 60 70 80 90 100 110 120<br>主轴倍率 | 旋转开关选择主轴倍率，主轴速度相应改变 |
| 液压系统键 | 液压启动<br>液压启动 | 按下该键，液压系统启动 |
| | 卡盘卡紧<br>卡盘卡紧 | 按下该键，主轴液压系统带动卡盘完成卡紧动作 |
| 其他按键（开关） | 手动选刀<br>手动选刀 | 每按一次键，刀架将转过一个刀位 |

续表

| 名称 | 图　示 | 功　能 |
| --- | --- | --- |
| 其他按键（开关） | 照明<br>照明 | 按下此按键，数控车床照明灯亮 |
|  | 程序保护 | 当开关处于“ON”（绿色）位置时，即使在“编辑”状态下也不能对NC程序进行编辑操作 |
| 加工控制按键 | 循环启动　进给保持 | 循环启动：用于启动自动运行<br>进给保持：用于使自动运行加工暂时停止 |

## 二、数控车床的基本操作

### 1. 电源接通和关闭的操作

（1）接通电源

接通数控车床电源的操作流程如图1—4—2a所示。

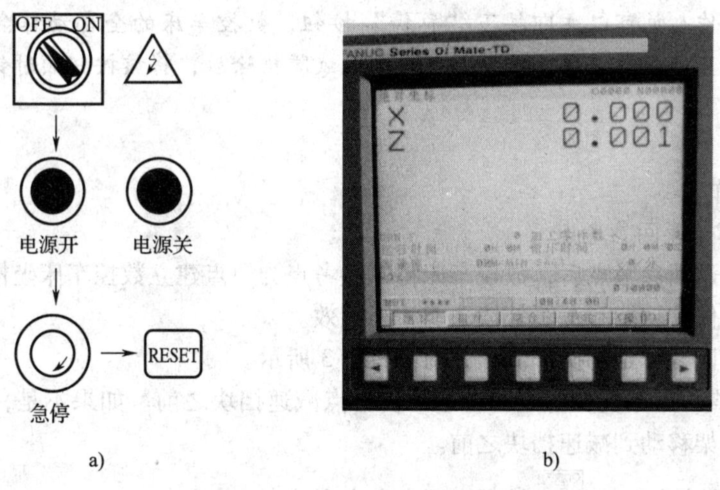


图1—4—2　接通数控车床电源的操作流程与开机后的显示屏画面

a）操作流程　b）显示屏画面

1）检查数控车床状态是否正常。

2）检查电气柜内、外的所有电气元器件、模块插件、连接器和连接线有无松动和脱落。

3）关好电气柜门，接通数控车床电气柜总电源。

4）按下数控车床操作面板上 NC“启动”键，数秒后显示屏亮，显示有关位置和信息，如图 1—4—2b 所示。

如果 LCD 画面显示“急停”报警画面，可松开“急停”按钮 

并按下“RESET”键 RESET 数秒后，系统将复位。

5）检查散热风机等是否正常运转。

（2）关闭电源

1）检查操作面板上的循环启动灯是否关闭。

2）检查 CNC 数控车床的移动部件是否都已经停止移动。

3）如有外部输入/输出设备接到数控车床上，应先关闭外部设备的电源。

4）按下“急停”按钮后，按下 NC“停止”键，然后关闭数控车床总电源。

### 紧急停止操作

在数控车床操作面板的左下角，有一个红色蘑菇头形状的“急停”按钮 急停。如果发生危险情况，操作人员可以立即按下“急停”按钮，数控车床的全部动作会立即停止，该按钮同时自锁，显示屏出现急停报警。当险情或故障排除后，将该按钮顺时针旋转一个角度即可复位。

**2. 手动操作**

（1）数控车床返回参考点

当各坐标轴返回参考点后，数控车床将以参考点为原点建立数控车床坐标系。此时，数控车床的软超程保护功能和螺距补偿功能才能有效。

数控车床返回参考点的操作流程如图 1—4—3 所示。

1）首先检查刀架当前位置是否在返回参考点减速挡块之前。如果不是，首先转到手动操作方式，将刀架移动到减速挡块之前。

2）按下“参考点”键 参考点 转到返回参考点方式。

3）按住“↓”键，直到 X 轴移动到减速后，方可释放该键。经过一段时间，操作数字键上方对应的 X 参考点的灯亮，X 轴随即停止运动。此时，X 轴返回参考点操作完成。

4）按住“→”键，直到 Z 轴移动到减速后，方可释放该键。经过一段时间，操作数字键上方对应的 Z 参考点的灯亮，Z 轴随即停止运动。此时，Z 轴返回参考点操作完成。

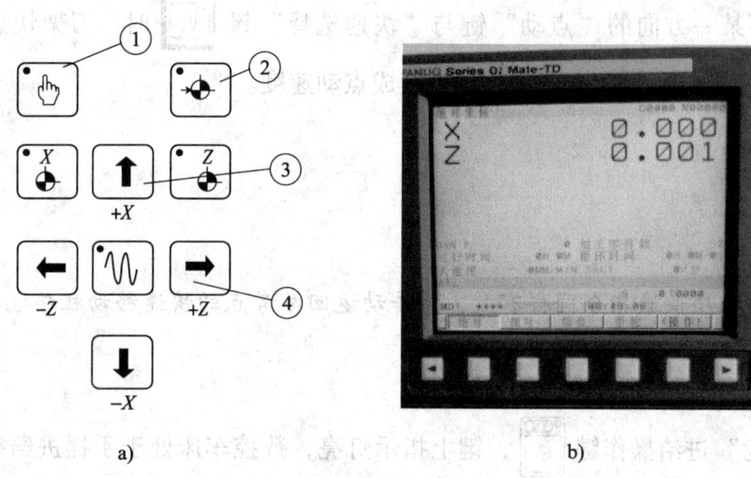


图 1—4—3　返回参考点的操作流程与显示屏画面

## 数控车床返回参考点的操作注意事项

①在返回参考点过程中，为了保证刀具及数控车床的安全，数控车床的动作一般应按“先 X 轴，后 Z 轴”的顺序进行。

②在采用增量编码器的数控车床上，只要数控系统断电后重启，就必须执行返回参考点操作。返回参考点操作可以通过自动、MDI 方式，用 G28 指令来完成。

（2）坐标轴移动

1）X 轴和 Z 轴点动。操作流程如下：

①按下手动键，数控车床进入手动操作方式。

②选择刀架的移动速率，由“进给速度倍率”转换开关选定。对应进给速度倍率为 0% ~150%，对应进给速度为 0 ~ 1 260 r/min。

③按住“↑”键，刀架向 X 轴负方向移动，抬手则停止移动。

④按住“↓”键，刀架向 X 轴正方向移动，抬手则停止移动。

⑤按住“←”键，刀架向 Z 轴负方向移动，抬手则停止移动。

⑥按住“→”键，刀架向 Z 轴正方向移动，抬手则停止移动。

2）快速点动。操作流程如下：

①按下“手动”键，数控车床进入手动操作方式。

②选择刀架的快速移动速率，由“快速进给倍率”键 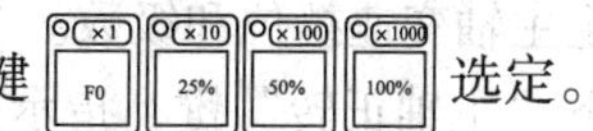 选定。

③同时按下某一方向的“点动”键与“快速选择”键 时，刀架快速移动。放开“快速选择”键，其指示灯灭，刀架移动恢复成点动速度。

提示

快速倍率对程序快速指令同样有效，对手动返回参考点的快速移动程序也有效。

（3）手摇脉冲进给操作

按下“手轮”进给操作键 ，键上指示灯亮，数控车床处于手摇进给操作方式。操作者可以摇动手摇脉冲发生器令刀架前后、左右运动，其速度快慢可随意调节，非常适合于近距离对刀等操作。操作步骤如下：

1）选择手摇脉冲进给轴按键 。按下 $X$ 键，选择 $X$ 轴；按下 $Z$ 键，选择 $Z$ 轴。

2）选择手摇进给倍率 。

手摇脉冲倍率有 0.001 mm、0.01 mm、0.1 mm、1 mm 四种，应根据快慢精粗要求选择其一，手摇轮每刻度当量值就得以确定。

3）用“进给速度倍率”选择开关选择任意一个速度。

4）顺时针方向或逆时针方向旋转手摇脉冲发生器，向相应的方向移动刀具。

提示

手摇进给方式可以执行手动主轴启停、手动切削液开闭、手动选刀操作。

（4）主轴控制

主轴手动控制由数控车床控制面板上的主轴手动键 来完成。

1）主轴正转。操作流程如下：

①选择手动方式。

②选择主轴变速挡位和级数。

用数控车床的主轴变速手柄和操作面板上的“主轴倍率”开关，按照组成的变速组合图表来选定主轴变速挡位和级数。

③按下“主轴正转”键，指示灯亮，主轴电动机以数控车床设定的转速正转，直到按

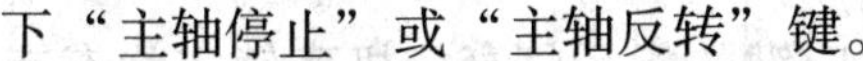

下“主轴停止”或“主轴反转”键。

2）主轴反转。操作流程如下：

①选择手动方式。

②选择主轴变速挡位和级数。

用数控车床的主轴变速手柄和操作面板上的“主轴倍率”开关，按照组成的变速组合图表来选定主轴变速挡位和级数。

③按下“主轴反转”键，指示灯亮，主轴电动机以数控车床设定的转速反转，直到按下“主轴停止”或“主轴正转”键。

3）主轴停止。在手动方式下，按下“主轴停止”键，主轴电动机停止运转。

提示

“主轴正转”“主轴反转”和“主轴停止”键互锁，即按下其中一个键，该键的指示灯亮，其余两个键会失效，并且该两个键的指示灯灭。

（5）切削液开闭操作

按下“冷却”键，切削液泵通电工作。打开切削液阀门，切削液喷出。若再按一下此键，切削液泵断电，切削液关闭。

（6）手动选刀操作

在手动方式下，按住“手动选刀”键，刀架自动松开，然后逆时针方向转位，并且通过刀架上的无触点开关搜索出需求的刀位。释放选刀键后，刀架自动反转，然后紧锁在邻近的刀位上。显示器的右下角显示出当前的刀位号 T×××。

轻点选刀键，可以实现一次选一个刀位。按住选刀键，直到刀架转过所要的刀位后再释放，就可以一次选到任意刀位。

提示

如果数控车床的刀架紧锁延时不足，会影响刀架锁紧刚度；刀架锁紧延时过长，会引起刀架电动机过热损坏。刀架锁紧延时时间是由参数 T08 来设定的。数控车床出厂时这个参数值已设定好，不要轻易改动。如果发现刀架锁紧程度不足，影响加工精度，允许适当增大时间设定值。调好后将时间数据记录在参数表内。

（7）机床锁定操作

1）按下“机床锁定”键 ，操作数字键上方对应键的指示灯亮，机床锁定状态有效。再按一次，指示灯灭，机床锁定状态解除。

2）在机床锁定状态下，手动方式下操纵各进给轴时，数控车床各进给轴实际并不运动，只是在操作面板的显示屏上显示各轴坐标的变化值。但主轴、冷却、刀架照常工作（M、S、T都能执行）。

3）在机床锁定状态下，在自动和MDI方式下，数控车床各进给轴实际并不运动，只是在操作面板的显示屏上的程序照常运行，各轴坐标显示值也变化。但主轴、冷却、刀架照常工作。

此功能用于程序校验。

（8）数控车床导轨润滑操作

数控车床有导轨润滑功能。每当数控车床送电后，在手动方式下按一下导轨“润滑”键 ，润滑系统开始运行。若再按一下导轨润滑键，润滑停止。

FANUC 0i Mate－TD型数控车床要求每天必须给导轨及滑板泵油润滑不能少于两次，其间一定要使数控车床的两轴往复运动。

（9）数控车床超程限位和解除

1）储存软限位。在操作过程中，由于某种原因可能会使数控车床伺服驱动轴在某一方向的移动位置超出由参数PRM1320、PRM1321设定的安全区域，数控系统会发出报警，并停止伺服轴的移动。此时，按下超程轴的反向进给键，伺服驱动轴沿着反方向移动进入安全区后，报警解除，数控车床才可正常操作。

只有在数控车床通电后，执行完手动返回参考点的操作，建立起数控车床坐标系，软限位功能方能有效。

2）开关硬限位。FANUC 0i Mate－TD 型数控车床在 $X$ 轴和 $Z$ 轴的正负方向上均装有超程限位开关。限位开关挡块的位置可以由操作者调节。在操作过程中，数控车床刀架由于某种原因在某一方向上的移动块压到了限位开关，数控系统会发出急停报警，并停止伺服轴的移动，如图 1—4—4 所示。此时按住超程释放键，同时用手轮反方向移动超程轴，该轴进入安全区后，按“复位”键，报警解除。

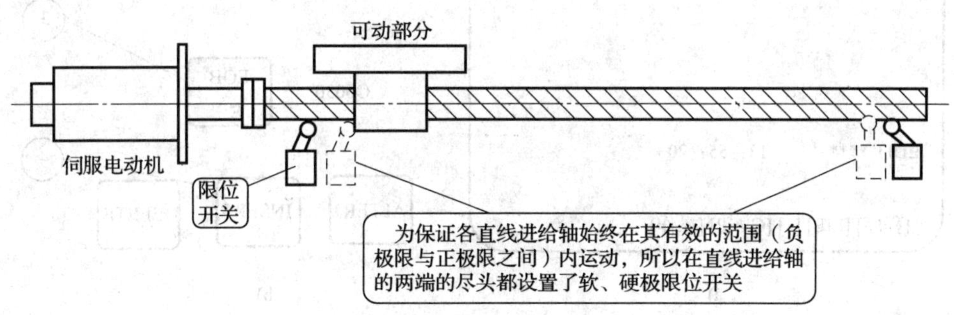


图 1—4—4 数控车床开关硬限位示意图

①硬限位开关是数控车床上十分重要的安全装置，操作者应当定期检查其有效性，防止出现意外。

②硬限位规定的安全区应当大于软限位规定的安全区。数控车床应尽可能保证软限位先动作。

**3. 程序编辑的操作**

(1) 程序的操作

1）建立一个新程序。流程如图 1—4—5 所示。

按下编辑模式键“EDIT”，按下 MDI 功能键，输入地址符“O”，输入程序号（如“O030;”），按下键，按下键即可完成新程序“O0030”的输入。

注意：建立新程序时，程序号应为新号，不能与内存储器中的程序号重复，否则会将已有程序覆盖。

2）调用内存储器中储存的程序。选择编辑模式键“EDIT”，按下 MDI 功能键，输入地址符“O”，输入程序号（如“123”），按下“CORSOR”（向下移动）软键，即可完成对程序“O123”的调用。

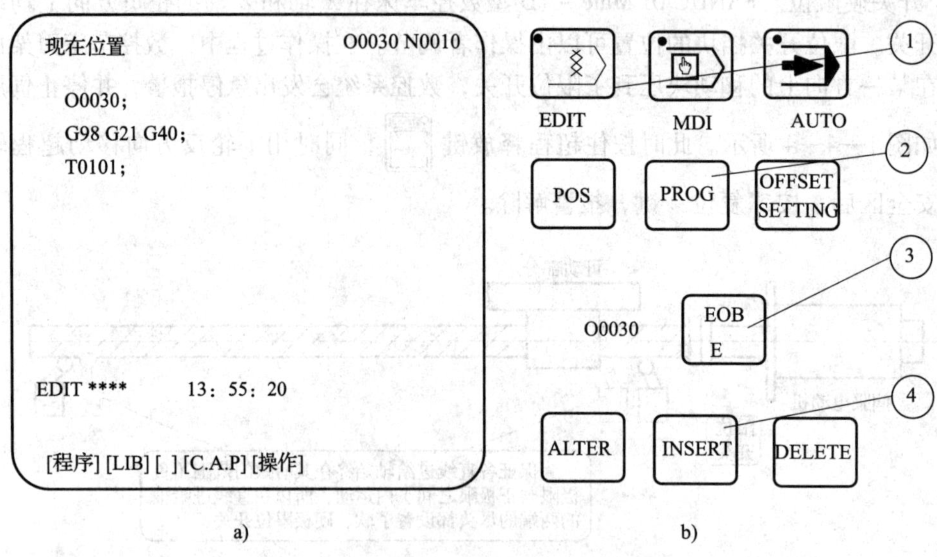


图 1—4—5 建立新程序流程图

a）显示屏显示画面 b）操作流程

在调用程序时，一定要调用内存储器中已存入的程序。

3）删除程序。选择编辑模式键“EDIT”〔EDIT〕，按下 MDI 功能键〔PROG〕，输入地址符“O”，输入程序号（如“123”），按下〔DELETE〕键即可完成单个程序“O123”的删除。

如果要删除内存储器中的所有程序，只要在输入“O－9999”后按下〔DELETE〕键，即可完成内存储器中所有程序的删除。

如果要删除指定范围内的程序，只要在输入“OXXXX，OYYYY”后按下〔DELETE〕键，即可将内存储器中“OXXXX～OYYYY”范围内的所有程序删除。

（2）程序段的操作

1）删除程序段。选择编辑模式键“EDIT”〔EDIT〕，用“CORSOR”软键〔CORSOR〕检索或扫描到将要删除的程序段 N××××处，按下〔EOB〕键，按下〔DELETE〕键即可将光标所在的程序段删除。

如果要删除多个程序段，则用“CORSOR”软键〔CORSOR〕检索或扫描到将要删除的程序段的开始地址（如 N0010），键入地址符 N 和最后一个程序段号（如 N1000），按下〔DELETE〕键，即可将 N0010～N1000 的所有程序段删除。

2）程序段的检索。程序段的检索功能主要用于自动运行模式中。其检索过程如下：按下“自动”模式键，按下 PROG 键显示程序屏幕，输入地址“N”及要检索的程序段号，按下显示屏下的“N SRH”软键，即可找到所要检索的程序段。

（3）程序字的操作

1）扫描程序字。按下编辑模式键“EDIT”，按下光标向左或向右移动键←→，光标将在屏幕上向左或向右移动一个地址字。按下光标向上或向下移动键↑↓，光标将移动到上一个或下一个程序段的开始段。按下 PAGE↑ 键或 PAGE↓ 键，光标将向前或向后翻页显示。

2）跳到程序开始段。在编辑模式下，按下 RESET 键即可使光标跳到程序开始段。

3）插入一个程序字。在编辑模式下，扫描到要插入位置前的字，键入要插入的地址字和数据，按下 INSERT 键。

4）字的替换。在编辑模式下，扫描到将要替换的字，键入要替换的地址字和数据，按下 ALTER 键。

5）字的删除。在编辑模式下，扫描到将要删除的字，按下 DELETE 键。

6）输入过程中字的取消。在程序字符的输入过程中，如发现当前字符输入错误，则按下一次 CAN 键，删除一个当前输入的字符。

（4）程序输入与编辑实例

**例**　将下列加工程序输入到 CNC 系统中。

```
O0030;
G40 G21 G99;
T0101;
S600 M03;
G00 X52.0 Z52.0;
G01 X30.0 F0.1;
    Z-20.0;
    X40.0 Z-30.0;
    X52.0;
G28U0 W0;
M30;
```

1）程序的输入过程。按下编辑模式键“EDIT”，按下 PROG 键，将“程序保护”置于“OFF”位置。

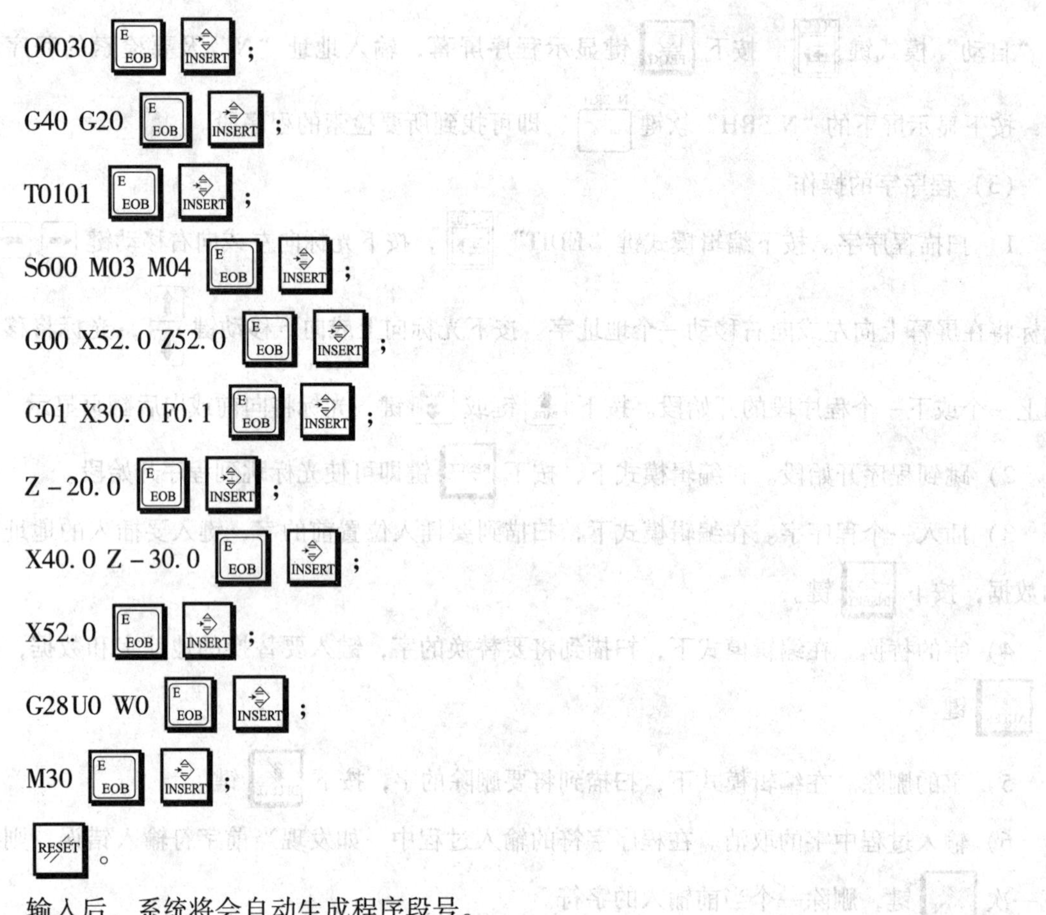

输入后，系统将会自动生成程序段号。

2）程序修改。当程序输入完成后，经检查发现：第二行中 G20 应改成 G21，并且少输了 G99；第四行中多输了 M04。则应做如下修改：

①将光标移动到 G20 上，输入 G21，按下 ALTER 键。

②将光标移动到 G21 上，输入 G99，按下 INSERT 键。

③将光标移动到 M04 上，按下 DELETE 键。

**4. 数控车床自动运行**

当上述工作完成后，即可进入自动加工操作。

（1）数控车床空运行

数控车床空运行是在不切削的条件下试验、检查新输入的工件加工程序的操作。为了缩短调试时间，在空运行期间进给速率被系统强制在最大值上。

空运行操作步骤如下：

1）选择自动模式。

2）按下“空运行”键，此时数控车床操作数字键上方对应键上指示灯亮，表示空运行状态有效。

3）按下“循环启动”键，空运行操作开始执行。

（2）单程序段操作

在自动或MDI方式下，按一下“单步”键（单程序段功能键），数控车床操作数字键上方对应键指示灯亮，单程序段功能有效。再按一下键，指示灯灭，单程序段功能取消。在自动操作方式下，单程序段功能有效期间，每按一次“循环启动”键，仅执行一段程序，执行完就停下来；再按下“循环启动”键，又执行下一段程序。

此功能主要用于测试程序。可根据实际情况，同时将“跳步”键（程序段跳过功能键）和“机床锁定”键组合使用。

（3）数控车床的自动运行

1）循环启动。自动操作方式是按照程序的指令控制数控车床连续自动加工的操作方式，其操作基本步骤如下：

选择自动操作方式，选择要执行的程序，按下“循环启动”键，自动加工循环开始。

程序执行完毕，“循环启动”键的指示灯灭，加工循环结束，程序返回到开头，准备下一次执行。

在操作过程中，如果显示屏上有“PS000”信息提示，说明程序或者设定数据有误。

2）进给暂停。在自动操作方式和手动数据输入方式（MDI）下，程序正执行期间按下“进给保持”键，程序的执行指令被暂停；再按下循环启动键，程序继续执行。

# 技能实训1　FANUC 0i Mate－TD系统数控车床的基本操作与程序输入

## 一、实训目的

掌握FANUC 0i Mate－TD系统数控车床的基本操作与程序输入。

## 二、设备与工具清单

常用设备与工具清单见表1—4—3。

**表1—4—3　常用设备与工具清单**

| 序号 | 设备与工具 | 型号与名称 | 数量 |
| --- | --- | --- | --- |
| 1 | CAK4085di数控车床或天煌数控车床综合实训装置（试验台） | CAK4085di数控车床<br>天煌THWLDF－1 | 1台 |
| 2 | FANUC 0i Mate－TD使用说明书 | — | 1套 |
| 3 | 实训设备说明书 | — | 1本 |

## 三、实训内容

1．由教师演示数控车床的基本操作：包括数控车床接通和关闭电源、回参考点、手动操作、手动数据输入与程序编制和数控车床自动运行等。

2．在教师的指导下，学生练习数控车床的基本操作。

## 四、操作步骤

1．合上数控车床电源总开关，数控车床正常送电。

2．按下NC电源“启动”键，使数控系统通电。

提示

（1）学生应严格遵守操作规程。

（2）学生必须在教师的指导下进行操作练习，严禁乱动数控设备。

3．选择返回参考点的方式，完成*X*轴和*Z*轴回参考点操作。此时，参考点指示灯亮。

4．在手动模式下，完成主轴启动与停止、数控车床切削液的开闭操作和手动换刀操作。

5．选择编辑方式，按下 PROG 键，进入程序界面。

6．输入新程序编号地址（如“O0001”），然后按下 INSERT 键，进入程序编辑界面。

程序编号地址必须以英文字母“O”表示。输入程序时，要在坐标值后面加点（.）。因为 FANUC 系统默认单位为微米，通过加点可以把微米转化成编程时的毫米。

7. 输入一行程序，按 EOB 键，再按 INSERT 键，让程序编号单行显示，在下一行输入程序内容，在每句程序结尾加上分号并换行。

8. 程序输入完毕，可进行单段程序操作。

9. 练习完毕，切断电源，清扫场地。

**五、评分标准**

完成操作任务后，学生先按照表 1—4—4 进行自我测评，再由指导教师评价审核。

**表 1—4—4　　测评表**

| 序号 | 项目 | 考核内容及要求 | 配分 | 评分标准 | 扣分 | 得分 |
|---|---|---|---|---|---|---|
| 1 | 电源启关操作 | 正确掌握开启电源、关闭电源的操作步骤 | 10 | 1. 开启电源步骤不正确，扣 5 分<br>2. 关闭电源步骤不正确，扣 5 分 | | |
| 2 | 回参考点操作 | 1. 正确掌握 $X$ 轴回参考点的操作步骤（10 分）<br>2. 正确掌握 $Z$ 轴回参考点的操作步骤（10 分） | 20 | 1. $X$ 轴回参考点不正确，扣 10 分<br>2. $Z$ 轴回参考点不正确，扣 10 分 | | |
| 3 | 手动操作 | 正确掌握手动方式下的功能操作 | 20 | 1. 不能正确启动和停止主轴，扣 10 分<br>2. 不能正确打开和关闭切削液，扣 10 分 | | |
| 4 | 程序输入 | 正确输入程序 | 20 | 1. 不熟悉各编辑键，扣 5 分<br>2. 不能正确输入程序，扣 15 分 | | |
| 5 | 单段程序校验 | 能进行单段程序校验 | 20 | 1. 不能正确进行单段程序的运行，扣 10 分<br>2. 调试结果不正确，扣 10 分 | | |
| 6 | 安全文明生产 | 应符合国家安全文明生产的有关规定 | 10 | 违反安全文明生产有关规定不得分 | | |
| 指导教师评价 | | | | | 总得分 | |

# §1—5　SIEMENS 802D 系统立式数控加工中心的基本操作

1. 熟悉 SIEMENS 802D 系统操作面板、功能键及含义。
2. 掌握 SIEMENS 802D 系统立式数控加工中心的基本操作。

## 一、立式数控加工中心的面板介绍

SIEMENS 802D 立式数控加工中心的面板主要由 LCD 显示区、数控系统面板区和机床操作面板区等组成，如图 1—5—1 所示。

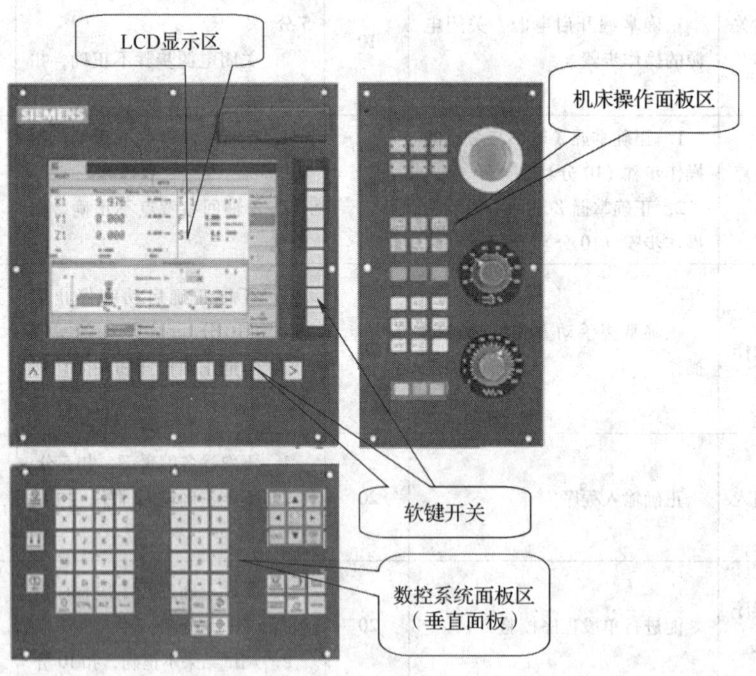


图 1—5—1　立式数控加工中心面板

### 1. 数控系统面板

如图 1—5—2 所示，SIEMENS 802D 系统面板中的各个功能键主要用于程序编辑、参数输入等，具体功能见表 1—5—1。

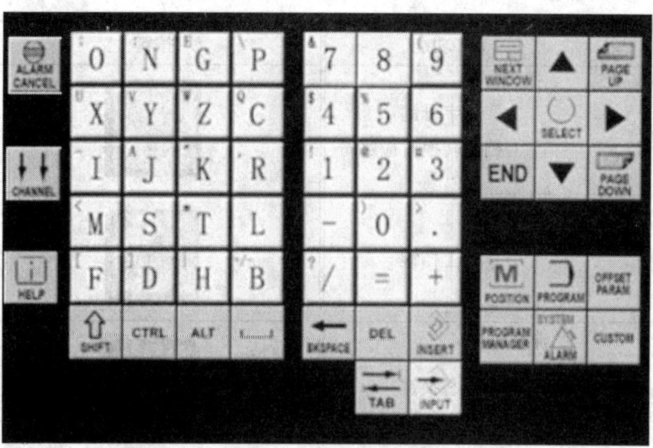


图 1—5—2　SIEMENS 802D 系统面板

**表 1—5—1　　　　系统面板区的各键功能**

| 按键 | 功能 | 按键 | 功能 |
|---|---|---|---|
| ALARM CANCEL | 报警应答键 | CHANNEL | 通道转换键 |
| HELP | 信息帮助键 | NEXT WINDOW | 下一个窗口 |
| PAGE UP | 向上翻页键 | PAGE DOWN | 向下翻页键 |
| ◀ ▲ ▶ ▼ | 光标键 | SELECT | 选择/转换键 |
| POSITION | 加工操作区域键 | PROGRAM | 程序操作区域键 |
| OFFSET PARAM | 参数操作区域键 | PROGRAM MANAGER | 程序管理操作区域键 |
| SYSTEM ALARM | 报警/系统操作区域键 | 7 | 数字键<br>上档键转换对应字符 |

续表

| 按键 | 功能 | 按键 | 功能 |
|---|---|---|---|
| W Z | 字母键<br>上档键转换对应字符 | CUSTOM | 用户自定义 |
| SHIFT | 上档键 | CTRL | 控制键<br>（辅助键） |
| ALT | 替换键 | ␣ | 空格键 |
| ← BACKSPACE | 退格删除键 | DEL | 删除键 |
| INSERT | 插入键 | TAB | 制表键 |
| INPUT | 回车/输入键（黄） | END | 结束键 |

**2. LCD 显示区**

在 LCD 显示区的下方和右侧，有一排灰色方块为菜单软键，如图 1—5—1 所示，按下软键，可以进入软键上方或左侧对应的 LCD 显示区菜单。有些菜单下有多级子菜单，当进入子菜单后，可以通过按下“返回”软键，返回上一级菜单。

**3. 机床操作面板**

图 1—5—3 所示为机床操作面板示意图。机床操作面板的各按键功能见表 1—5—2。

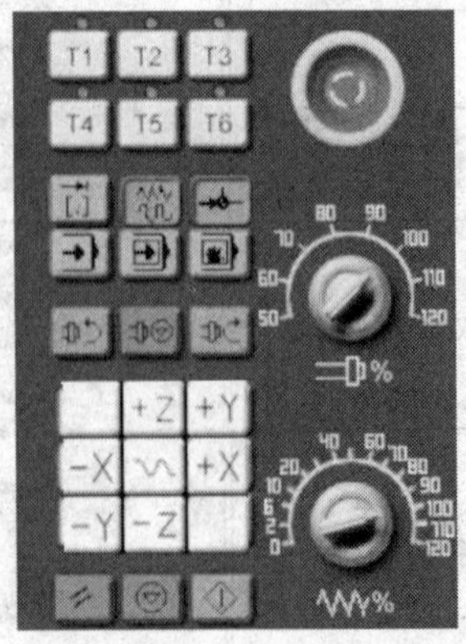


图 1—5—3　机床操作面板

表 1—5—2　　机床操作面板的各按键功能

| 按键 | 功能 | 按键 | 功能 |
| --- | --- | --- | --- |
|  | 自动方式 |  | 单段方式 |
| 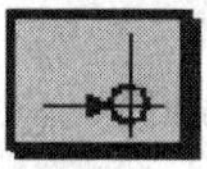 | 返回参考点方式 |  | 手动方式 |
| 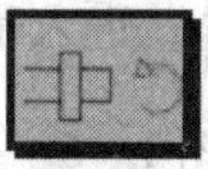 | 主轴正转（绿） | 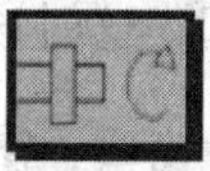 | 主轴反转（绿） |
| 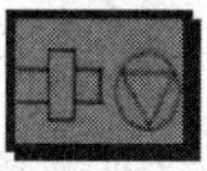 | 主轴停止（红） |  | 快速运动键 |
|  +X　−X | X 轴移动 |  +Z　−Z | Z 轴移动 |
|  +Y　−Y | Y 轴移动 |  | 程序暂停（红） |
|  | 复位（红） | 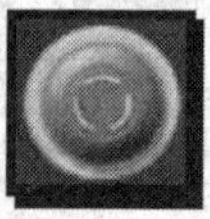 | 急停键（红） |
|  | 程序启动（绿） | 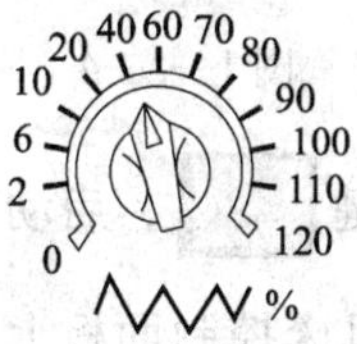 0 2 6 10 20 40 60 70 80 90 100 110 120 % | 进给速度修调 |
| 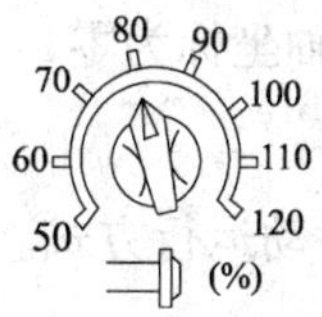 50 60 70 80 90 100 110 120 (%) | 主轴速度修调 | — | — |

## 二、立式数控加工中心的基本操作

### 1. 电源的接通与关闭操作

（1）接通电源

与数控车床的操作相似，在接通加工中心电源前，首先要检查加工中心的状态及外部情况，然后按照“先机床电源，后系统电源”的顺序进行通电。电源接通后，对显示器显示的内容做进一步的检查，方可进行下一步操作。

（2）关闭电源

加工中心有较多的辅助装置（如刀库、排屑器等），因此在关闭加工中心电源时，必须按照“先系统电源，后机床电源”的顺序操作。在关闭电源前，操作人员必须确认加工中心处于非运行状态。

**2. 手动操作**

（1）加工中心开机和返回参考点

加工中心开机与返回参考点的操作步骤如下。

1）接通系统和加工中心电源。系统启动后，显示屏上方显示文字“3000：急停”。按下急停键使急停键抬起，这时该行文字消失。按下手动方式键，进入手动进给运行模式，出现“回参考点”窗口，窗口中显示各坐标轴是否回参考点，如图1—5—4所示。

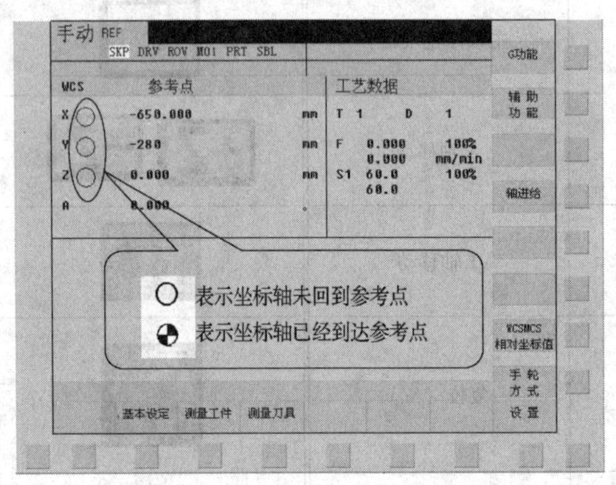


图1—5—4　回参考点窗口及坐标轴状态

2）按下“参考点”键，启动“返回参考点”。

3）逐一地持续按住机床控制面板上的 +X、+Y、+Z 键（同为负或同为正），机床开始回零。当机床回零后，机床控制面板上的显示屏显示 *X*、*Y*、*Z* 轴坐标为零。

（2）手动进给方式

1）按下机床控制面板上的“手动进给方式”键，选择机床手动运行方式。

2）按下机床控制面板上的“点动”键。

3）选择进给速度。

4）分别按下坐标轴方向键 +X、−X、+Y、−Y、+Z、−Z，分别可以移动 *X*、*Y*、*Z* 三个轴。只要按住坐标轴方向键不放，进给轴就会以设定数据中的速度连续移动。如果设定数据中此值为“零”，则按照机床数据中储存的值运行。需要时，可以使用进给速度修调开关来调节进给速度。

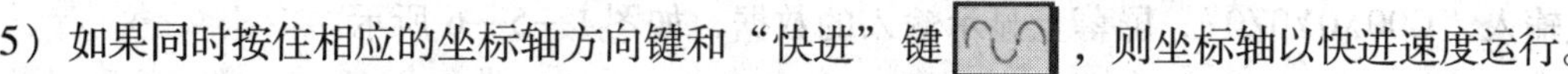

5）如果同时按住相应的坐标轴方向键和“快进”键，则坐标轴以快进速度运行。

（3）增量进给

1）按下机床控制面板上的“增量选择”按键，系统处于增量进给运行方式。

2）设定增量值

①按下 LCD 显示屏幕下侧“设置”对应的软键 。

②屏幕显示增量进给设置界面，如图 1—5—5 所示。在该界面中，可以设定手动进给率、增量值等。

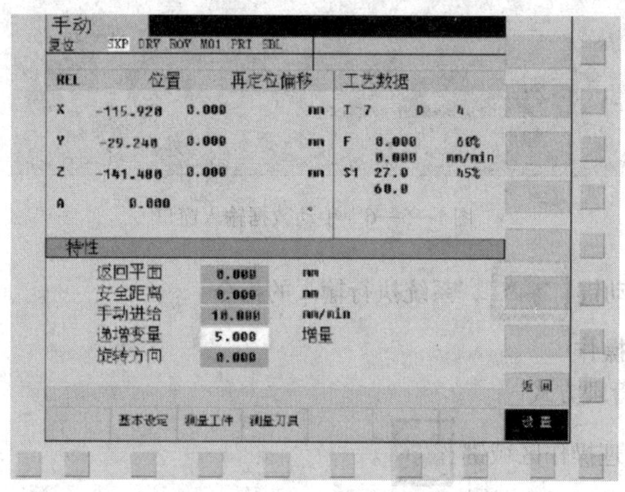


图 1—5—5　增量进给设置窗口

③移动光标键，将光标定位到需要输入数据的位置。光标所在区域为白色高亮显示，如图 1—5—5 所示“递增变量”栏。如果刀具清单多于一页，可以使用翻页键翻页。

④按数控系统面板上的数字键，输入数值。

⑤按输入键确认。

3）按下“+*X*”或“-*X*”键，*X* 轴将向正向或负向移动一个增量值。

4）依照同样方法，按下“+*Y*”“-*Y*”，“+*Z*”“-*Z*”键，使 *Y*、*Z* 轴向正向或负向移动一个增量值。

5）再按一下“点动”键可以去除步进增量方式。

（4）手动数据输入（MDA）方式

1）按下机床控制面板上的键，系统进入手动数据输入模式。

2）使用数控系统面板上的字母键、数字键输入程序段。例如，按字母键、数字键，依次输入“G00X0Y0Z0”，屏幕上显示输入的数据，如图1—5—6所示。

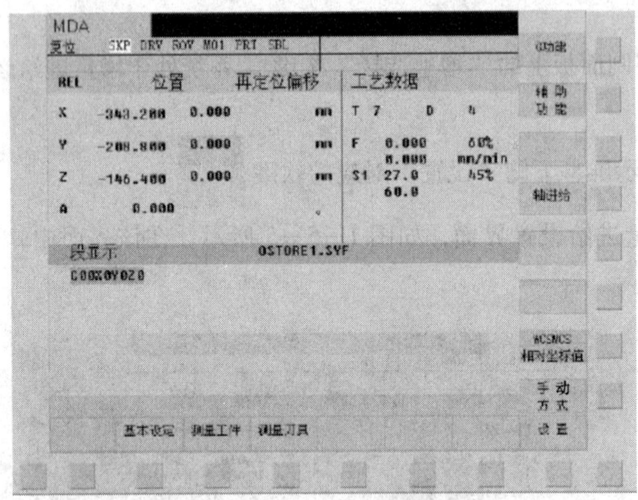


图1—5—6　手动数据输入窗口

3）按下数控启动键 ，系统执行输入的指令。

**3. 程序的编辑操作**

（1）进入程序管理方式

1）按下程序管理操作区域键。

2）按下LCD显示屏幕下侧“程序”命令对应的软键 。

3）屏幕显示零件程序列表，如图1—5—7所示。

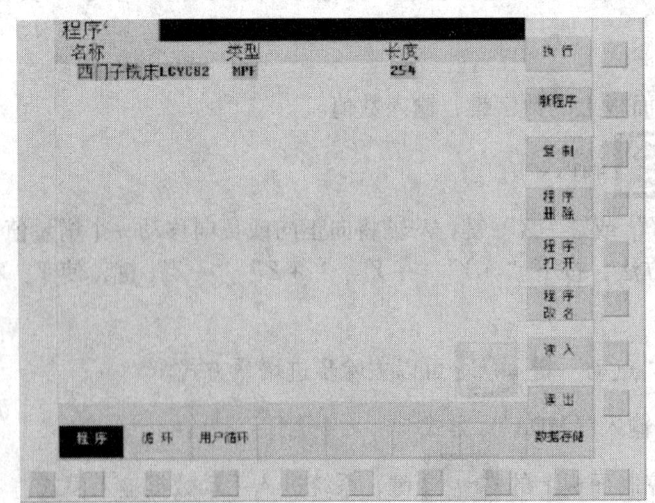


图1—5—7　程序列表窗口

（2）输入新程序

1）按下图 1—5—7 所示程序列表窗口右侧“新程序”所对应的软键 ，出现如图 1—5—8 所示对话窗口，输入新的程序名。

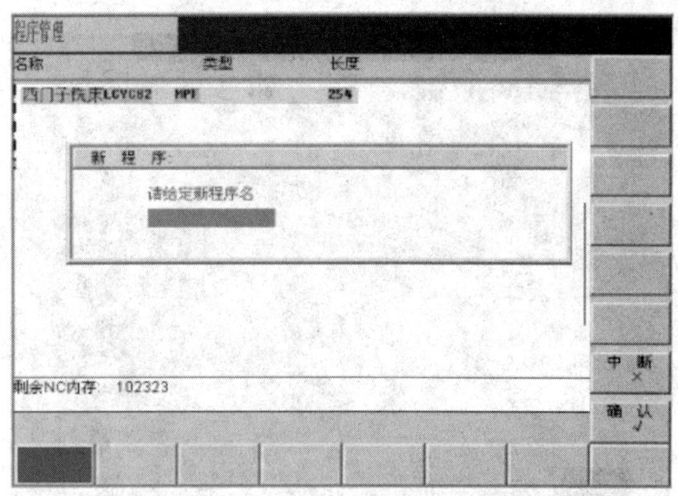


图 1—5—8　输入新程序名对话窗口

2）使用字母键输入程序名，如输入字母“JI”。

3）按下“确认”软键 （如果按下“中断”软键 ，则刚输入的程序名无效）。

4）此时，零件程序清单中显示新建立的程序，如图 1—5—9 所示。

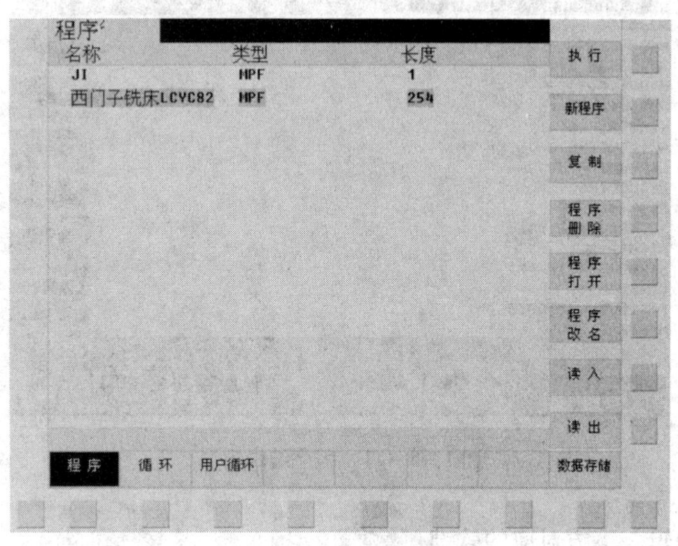


图 1—5—9　新建程序窗口

(3) 编辑当前程序

当零件程序不处于执行状态时，操作人员可以对程序进行编辑。

1）按下程序操作区域键 ，出现如图 1—5—10 所示程序列表窗口。

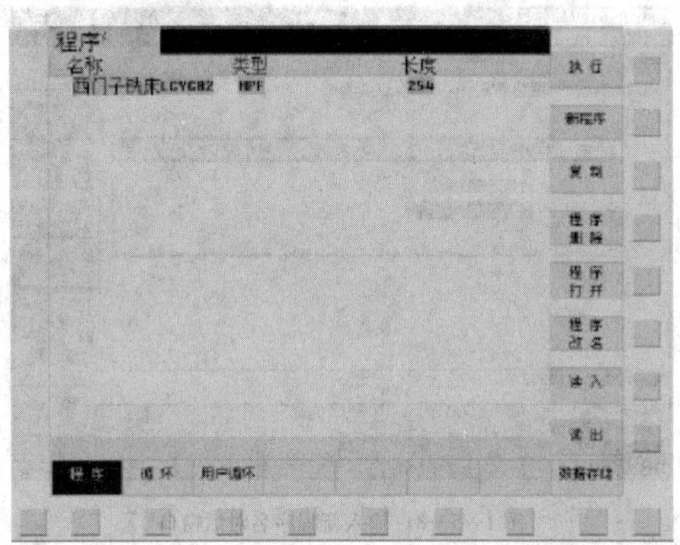


图 1—5—10　程序列表窗口

2）打开当前程序，如图 1—5—11 所示。

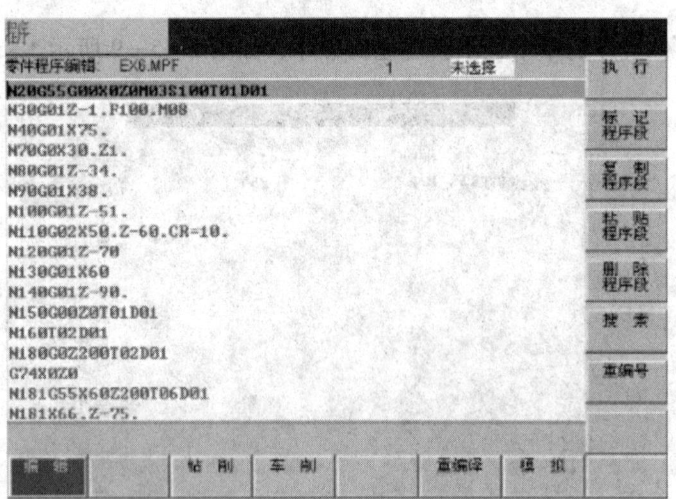


图 1—5—11　程序编辑窗口

3）按下“编辑”下方对应的软键 。

4）使用面板上的光标键和功能键进行编辑。

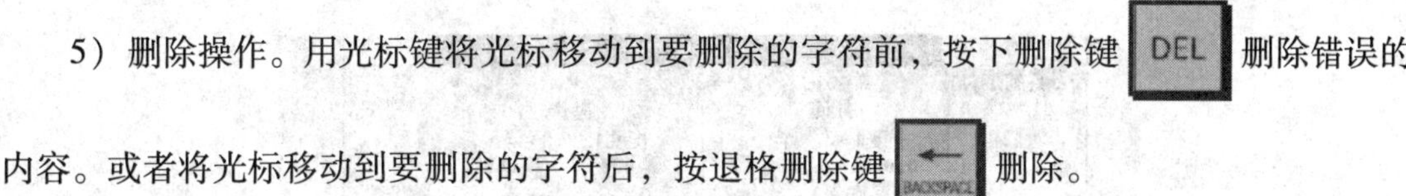

5）删除操作。用光标键将光标移动到要删除的字符前，按下删除键 DEL 删除错误的内容。或者将光标移动到要删除的字符后，按退格删除键 BACKSPACE 删除。

（4）刀具数据的设定

1）进入参数设定窗口

①按下系统控制面板区的参数操作区域键 OFFSET PARAM ，屏幕显示刀具参数设定窗口，如图1—5—12 所示。

图 1—5—12　刀具参数设定窗口

②按下参数设定窗口右侧或下侧命令所对应的软键，可以进入相应的菜单进行设置。操作人员可以在该设置窗口中设定刀具参数、零点偏置等参数。

2）设置刀具参数

①按下“刀具表”下方对应的软键 刀具表 ，并打开刀具补偿设置窗口，窗口显示所使用的刀具清单，如图 1—5—13 所示。

②使用光标键移动光标，将光标定位到需要输入数据的位置，光标所在区域显示为白色高亮。如果刀具清单多于一页，可以使用翻页键翻页。

③按下数控系统面板上的数字键，输入数值。

④按下输入键 INPUT 确认。

3）建立新刀具。举例说明操作步骤。

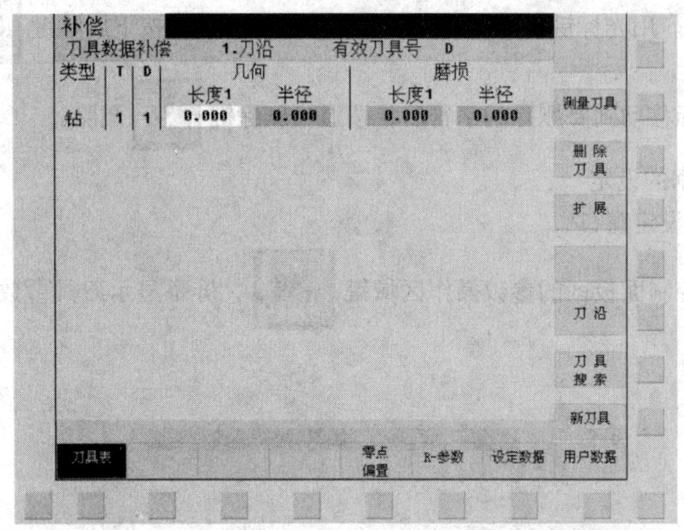


图 1—5—13　刀具补偿设置窗口

**例**　建立刀具号为 6 的铣刀。

具体操作步骤如下：

① 按下显示屏右侧“新刀具”命令对应的软键 新刀具 。

② 在弹出的菜单项中按下“铣刀”菜单项对应的软键 铣 刀 ，显示内容如图 1—5—14 所示。

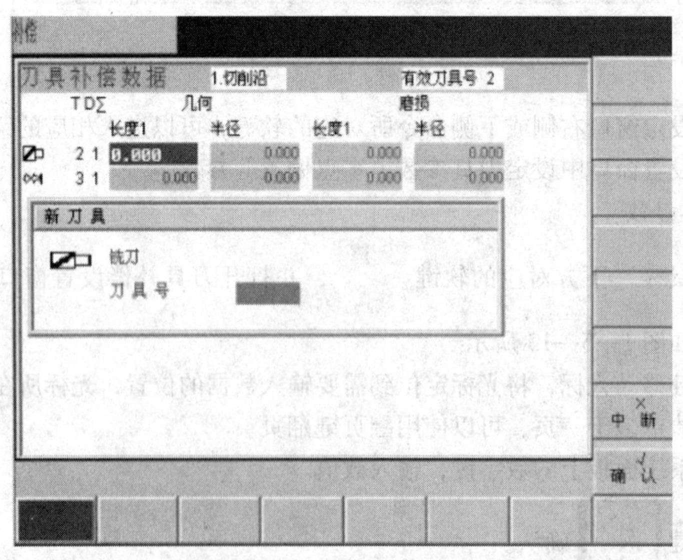


图 1—5—14　刀具补偿窗口

③ 使用数控系统面板上的数字键，输入数字“6”。

④ 按下屏幕右下方的“确认”软键，完成建立。这时刀具清单里会出现刚刚新建立的刀具，如图 1—5—15 所示。

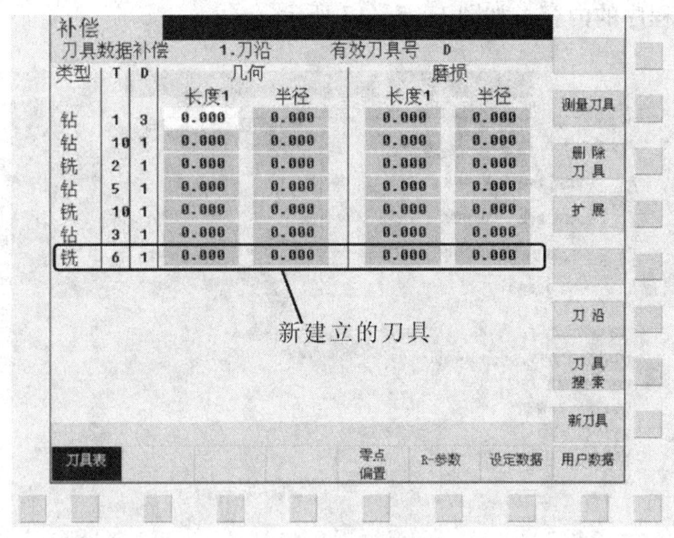


图 1—5—15　建立刀具窗口

**4. 机床自动运行操作**

加工中心在完成机床启动、工件装夹、程序编辑、刀具安装与数据设定等一系列操作后，便可进入自动运行状态。

（1）进入自动运行方式

1）按下系统控制面板上的自动方式键 [自动方式键图标]，系统进入自动运行方式，如图 1—5—16 所示。

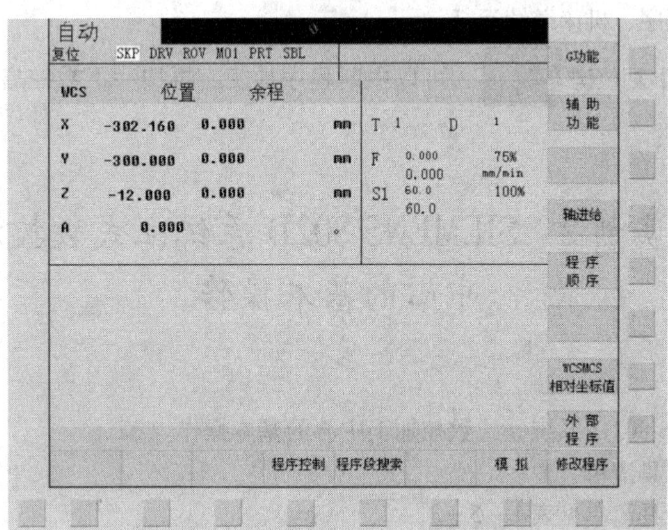


图 1—5—16　系统自动运行界面

2）自动方式窗口显示当前的坐标轴位置、主轴值、刀具值以及当前的程序段。

3）选择系统主窗口菜单栏“数控加工”/“加工代码”/“读取代码”，弹出 Windows 窗口，在计算机中选择事先编制好的程序文件，选中并按下窗口中的“打开”键将其打开，这时窗口会显示该程序的内容，如图 1—5—17 所示。

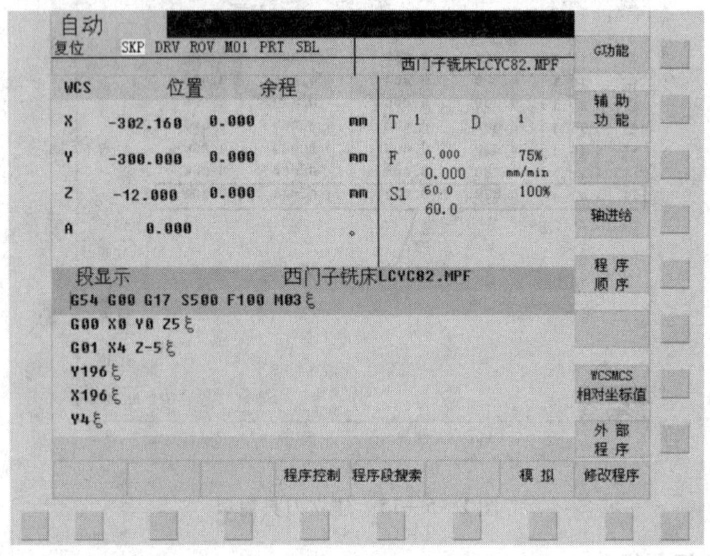


图 1—5—17　系统显示的程序运行界面

4）按下数控启动键，系统执行程序。

（2）暂停与中断零件程序

1）暂停。按下程序暂停键，可以暂停正在加工的程序。再按一下该键，系统就会恢复被停止的程序，机床继续运行。

2）中断。按下复位键，可以中断程序加工。再按一下数控启动键，程序将从头开始执行。

# 技能实训 2　SIEMENS 802D 系统立式数控加工中心的基本操作

## 一、实训目的

掌握 SIEMENS 802D 系统立式数控加工中心的基本操作。

## 二、设备与工具清单

常用设备与工具清单见表 1—5—3。

表 1—5—3　　常用设备与工具清单

| 序号 | 设备与工具 | 型号与名称 | 数量 |
| --- | --- | --- | --- |
| 1 | 立式数控加工中心 | SIEMENS 802D 系统 | 1 台 |
| 2 | SIEMENS 802D 使用说明书 | — | 1 套 |
| 3 | 机床操作说明书 | — | 1 本 |

## 三、实训内容

1. 由教师演示立式数控加工中心的基本操作，包括接通和关闭电源、回参考点、手动操作、手动数据输入等。

2. 在教师的指导下，学生练习数控加工中心的基本操作。

## 四、操作步骤

1. 合上数控加工中心的电源总开关，机床正确送电。

2. 接通数控系统电源。

提示

（1）学生应严格遵守操作规程。

（2）学生必须在教师的指导下进行操作练习，严禁乱动数控设备。

3. 选择返回参考点的方式，完成 $X$ 轴、$Y$ 轴和 $Z$ 轴回参考点操作，参考点指示灯亮。

4. 在手动模式下，进行主轴启动与停止、切削液开闭操作。

5. 在手动数据输入模式下，输入“G00 X－5 Y0 Z5 M03 S800 F100”。

6. 程序输入完毕，可进行单段程序操作。

7. 练习完毕，切断电源，清扫场地。

## 五、评分标准

完成任务后，学生先按照表 1—5—4 进行自我测评，再由指导教师评价审核。

表 1—5—4　　测评表

| 序号 | 项目 | 考核内容及要求 | 配分 | 评分标准 | 扣分 | 得分 |
| --- | --- | --- | --- | --- | --- | --- |
| 1 | 停送电操作 | 正确掌握开启电源、关闭电源的操作步骤 | 10 | （1）开启电源步骤不正确，扣 5 分<br>（2）关闭电源步骤不正确，扣 5 分 | | |
| 2 | 回参考点操作 | 1. 正确掌握 $X$ 轴回参考点方法与步骤（5 分）<br>2. 正确掌握 $Z$ 轴回参考点方法与步骤（5 分）<br>3. 正确掌握 $Y$ 轴回参考点方法与步骤（5 分） | 15 | （1）$X$ 轴回参考点不正确，扣 5 分<br>（2）$Z$ 轴回参考点不正确，扣 5 分<br>（3）$Y$ 轴回参考点不正确，扣 5 分 | | |

续表

| 序号 | 项目 | 考核内容及要求 | 配分 | 评分标准 | 扣分 | 得分 |
|---|---|---|---|---|---|---|
| 3 | 手动操作 | 正确掌握手动方式下的功能操作 | 20 | （1）不能正确启动和停止主轴，扣10分<br>（2）不能正确打开和关闭切削液，扣10分 | | |
| 4 | 程序输入 | 能进行程序的输入 | 25 | （1）不熟悉各编辑键，扣10分<br>（2）不能正确输入程序，扣15分 | | |
| 5 | 单段程序校验 | 能进行单段程序校验 | 20 | （1）不能正确进行单段程序的运行，扣10分<br>（2）调试结果不正确，扣10分 | | |
| 6 | 安全文明生产 | 应符合国家安全文明生产的有关规定 | 10 | 违反安全文明生产有关规定不得分 | | |
| 指导教师评价 | | | | | 总得分 | |

# 第二章

# 数控装置电气故障检修基础

## §2—1 数控装置概述

1. 了解数控装置在数控机床中的作用。
2. 掌握数控装置的硬件和软件的结构及工作过程。
3. 掌握数控装置的信号接口及定义。
4. 熟悉典型数控装置及其特点。

20 世纪 70 年代初，新一代数控系统——计算机数控系统（简称 CNC 系统）发展起来。它是用一台专用计算机代替以往的硬件数控系统（NC 系统）实现数字控制的系统，其核心是 CNC 装置。自 20 世纪 70 年代中期开始，大规模集成电路和超大规模集成电路有了迅速的发展，计算机数控系统跨入了微处理器阶段。随着微处理器和微型计算机的发展，CNC 数控装置的性能和可靠性不断提高，成本不断下降，极大地推动了数控机床的发展。

**一、数控装置的结构与原理**

数控装置（简称 CNC 装置）是接受来自信息载体的控制信息，并将其转换成数控设备的指令信号的计算机。其结构由硬件和软件两部分组成，硬件为软件的运行提供支持环境，软件必须在硬件的支持下才能运行。

**1. 数控装置的硬件结构及工作原理**

按 CNC 装置中各电路板的插接方式分类，CNC 装置的硬件结构分为大板式结构和模块化结构；按 CNC 装置总体安装结构形式分类，CNC 装置分为整体式结构和分体式结构；按微处理器的个数分类，CNC 装置分为单微处理器结构和多微处理器结构；按 CNC 装置的开放程度分类，CNC 装置可分为 PC 嵌入式 NC、NC 嵌入式 PC、软件型 CNC 和基于现场总线的 PC 控制等。

（1）单微处理器结构

1）组成。这种结构的 CNC 装置中只有一个微处理器，采用集中控制、分时处理数控的各个任务。有的 CNC 装置虽有两个以上的微处理器，但只有其中一个微处理器能够控制系统总线，占有总线资源，而其他微处理器则作为专用的智能部件，不能访问主存储器。它们组成了主从结构，这类结构也属于单微处理器结构，如图 2—1—1 所示。从图中可看到，CNC 装置的硬件组成部分主要有 CPU 及总线、存储器、输入/输出设备接口（I/O 接口）、位置控制器、显示设备接口、数控机床用可编程控制器 PLC 接口和通信及网络接口等。

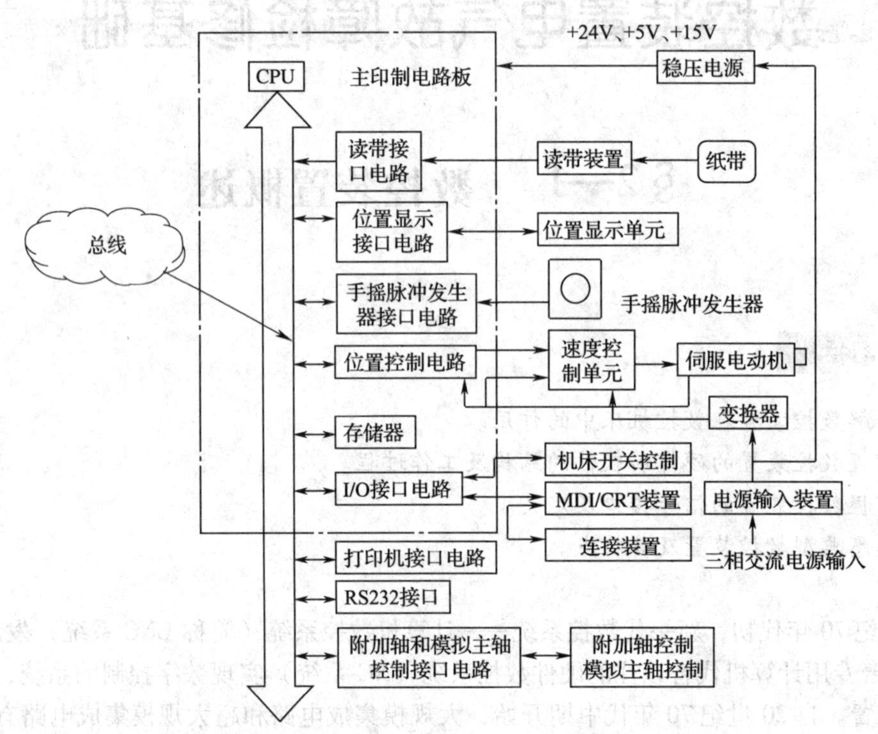


图 2—1—1　单微处理器 CNC 系统结构框图

2）特点

①CNC 系统中只有一个微处理器，对各种任务实现集中控制、分时处理。

②微处理器通过总线与存储器、输入/输出控制等接口电路相连，构成 CNC 系统。

③结构简单，容易实现。

（2）多微处理器结构

多微处理器结构是由两个或两个以上的微处理器来构成处理部件，各处理部件之间通过一组公用地址和数据总线进行连接，每个微处理器共享系统公用存储器或 I/O 接口，每个微处理器分担系统的一部分工作，从而将在单微处理器的 CNC 装置中顺序完成的工作转为多微处理器的并行、同时完成的工作，因而大大提高了整个系统的处理速度。多微处理器结构的 CNC 装置大都采用模块化结构，根据设备要求选用功能模块构成 CNC 装置，常见的有六种基本功能模块，如果希望扩充功能，则可以再增加相应的模块。表 2—1—1 所列为多微处理器结构 CNC 装置的基本功能模块。如果某个模块出了故障，其他模块仍能工作，可靠性高。由于硬件一般是通用的，容易配置，因此只要开发新的软件就可以构成不同的CNC装置，这样便于组织规模生产，能够形成批量生产并保证质量。

表2—1—1　　CNC装置的基本功能模块

| 基本功能模块 | 功　能 |
| --- | --- |
| CNC管理模块 | 具有管理和组织整个CNC系统工作过程的职能，如系统初始化、中断管理、总线裁决、系统出错识别和处理、系统软/硬件诊断等 |
| 存储器模块 | 是存放程序和数据的主存储器，也可以是各功能模块间传送数据用的共享存储器 |
| CNC插补模块 | 能够对工件加工程序进行译码、刀具补偿、坐标位移量计算和进给速度处理等插补前的预处理工作，然后按给定的插补类型和轨迹坐标进行插补计算，并向各个坐标轴发出位置指令值 |
| 位置控制模块 | 能够自动比较插补后的坐标位置指令值与位置检测单元反馈回来的实际位置值，并进行自动加减速、回基准点、伺服系统滞后量的监视和漂移补偿，最后得到速度控制的模拟电压，去驱动进给电动机 |
| PLC模块 | 能够对加工程序中的开关功能和来自机床的信号进行逻辑处理，以实现各功能与操作方式之间的联锁。例如，机床电气设备的启动与停止、刀具交换、回转台分度、工件数量和运行时间的计算等 |
| 数据输入、输出和显示模块 | 它包括加工程序、参数、数据和各种操作命令的输入/输出以及显示所需要的各种接口电路 |

1）结构类型

①共享存储器结构。多微处理器共享存储器的结构框图如图2—1—2所示。其中包括4个微处理器，分别承担输入/输出、插补、伺服功能、零件程序编辑和CRT显示功能，适用于两坐标轴的车床，三坐标、四坐标、五坐标轴的加工中心。该系统主要有4个子系统和1个公共数据存储器，每个子系统按照各自存储器所存储的程序执行相应的控制功能（如插补、轴控制、输入/输出等）。这种分布式微处理器系统的子系统之间不能直接进行通信，都要与公共数据存储器通信。在公共数据存储器板上有优先级编码器，规定伺服功能微处理器级别最高，其次是插补微处理器，再次是I/O微处理器等。当两个以上的微处理器同时请求时，优先编码器决定先接受的请求，对该请求发出承认信号；相应的微处理器接到信号后，便把数据存到公共数据存储器的规定地址中，其他子系统则从该地址读取数据。

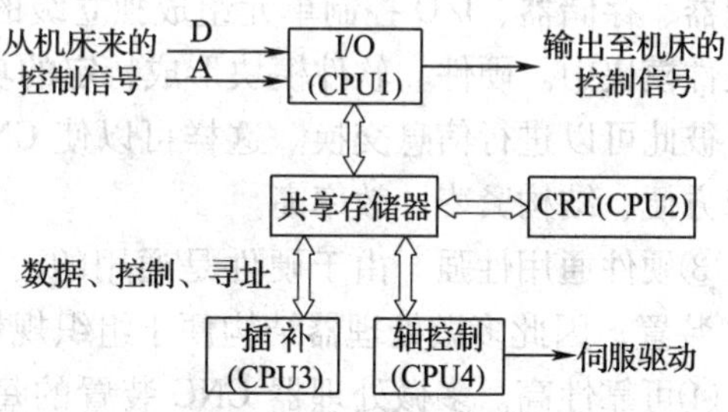

图2—1—2　多微处理器共享存储器的结构框图

②共享总线结构。以系统总线为中心的多微处理器结构，称为多微处理器共享总线结

构。CNC 装置中的各功能模块分为带有 CPU 的主模块和不带 CPU 的各种（RAM/ROM，I/O）从模块两大类。所有主、从模块都插在配有总线插座的机柜内，共享标准系统总线。系统总线的作用是把各个模块有效地连接在一起，依靠公共存储器来实现各模块之间的通信，按要求交换数据和控制信息，构成一个完整的系统，实现各种预定的功能。公共存储器直接插在系统总线上，有总线使用权的主模块都能访问，可供任意两个模块交换信息。多微处理器共享总线结构框图如图 2—1—3 所示。

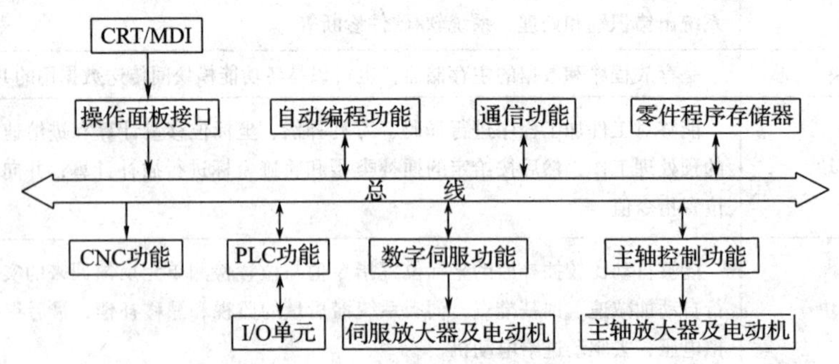


图 2—1—3　多微处理器共享总线结构框图

2）特点

①性能价格比高。多微处理器结构中的每个微处理器完成系统中指定的一部分功能，独立执行程序。它比单微处理器提高了计算的处理速度，适于多轴控制、高进给速度、高精度、高效率的控制要求。由于系统采用共享资源式结构形式，而单个微处理器的价格又比较便宜，从而使 CNC 装置的性能价格比大为提高。

②具有良好的适应性和扩展性。多微处理器的 CNC 装置大都采用模块化结构，可将微处理器、存储器、I/O 控制单元组成独立级的硬件模块，相应的软件也采用模块结构，固化在硬件模块中。硬件、软件模块形成特定的功能模块，模块间接口是固定的，并有明确的定义，彼此可以进行信息交换。这样可以使 CNC 装置设计简单、适应性强、扩展性好、调整维修方便、结构紧凑、效率高。

③硬件通用性强。由于硬件是通用的，容易配置，只要开发新的软件就可构成不同的 CNC 装置，因此多微处理器结构便于组织规模生产，且容易保证质量。

④可靠性高。多微处理器 CNC 装置的每个微处理器分管各自的任务，形成若干模块。如果某个模块出了故障，其他模块仍能照常工作；而单微处理器的 CNC 装置，一旦出了故障就会造成整个系统瘫痪。另外，多微处理器的 CNC 装置可实现资源共享，省去了一些重复机构，不但降低了成本，也提高了系统的可靠性。

**2. 数控装置的软件组成、结构及工作过程**

（1）软件组成

数控装置的软件主要分为管理软件和控制软件。管理软件包括零件数控加工程序或其他辅助软件，存放在 RAM 存储器中。控制软件是为实现 CNC 系统各项功能所编制的专用软件，存放在 EPROM 存储器中，一般包括系统管理程序、输入数据处理程序、插补运算程序、速度控制程序和诊断程序等。数控装置软件的组成如图 2—1—4 所示。

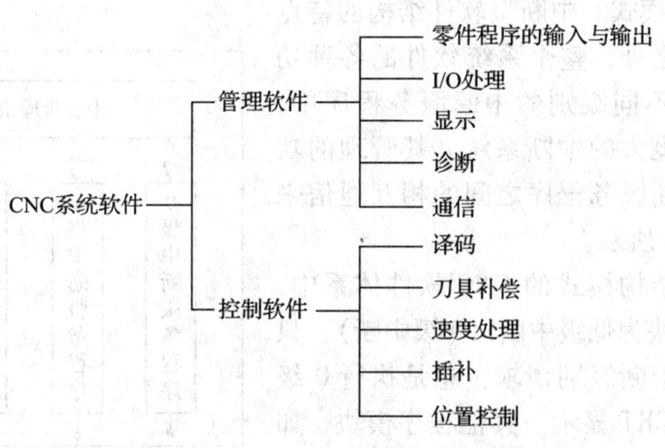


图 2—1—4　数控装置的软件组成

（2）软件结构

CNC 装置是在同一时间或同一时间间隔内完成两种以上性质相同或不同的工作，因此需要对装置软件的各功能模块实现多任务并行处理。在 CNC 软件设计中，常采用资源分时共享并行处理和资源重叠流水并行处理技术。资源分时共享并行处理适用于单微处理器系统，主要采用对 CPU 的分时共享来解决多任务的并行处理。资源重叠流水并行处理适用于多微处理器系统。资源重叠流水并行处理是指在一段时间间隔内处理两个或多个任务，即时间重叠。由于两种技术处理方式不同，相应的 CNC 软件也可设计成不同的结构形式。不同的软件结构，对各项任务的安排方式不同，管理方式也不同。常见的 CNC 软件结构形式有前、后台型软件结构和中断型软件结构。

1）前、后台型结构模式。将整个 CNC 软件分为前台程序和后台程序。前台程序为实时中断程序，承担几乎全部实时任务，实现插补、位置控制和数控机床开关逻辑控制等实时功能。后台程序，也称为背景程序，是一个循环运行程序，实现数控加工程序的输入、预处理和管理等任务。在后台程序的循环运行过程中，前台实时中断程序不断地定时插入，两者密切配合，共同完成零件的加工任务。图 2—1—5 所示为前、后台程序运行关系图。

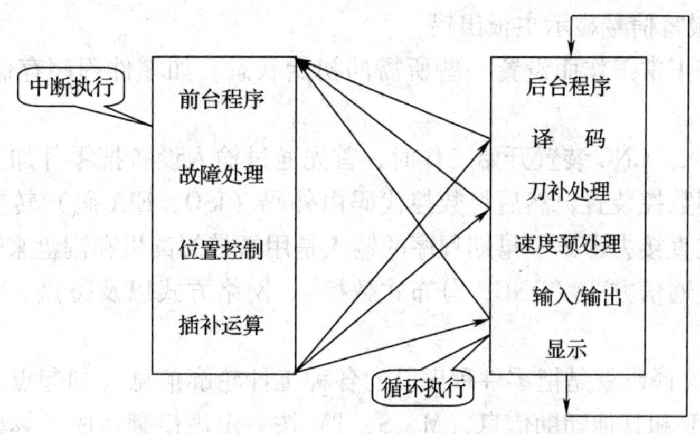


图 2—1—5　前、后台程序运行关系图

2）中断型结构模式。中断型软件结构的特点是除了初始化程序之外，整个系统软件的各种功能模块分别安排在不同级别的中断服务程序中，整个软件就是一个庞大的中断系统。其管理的功能主要通过各级中断服务程序之间的相互通信来解决，如图2—1—6所示。

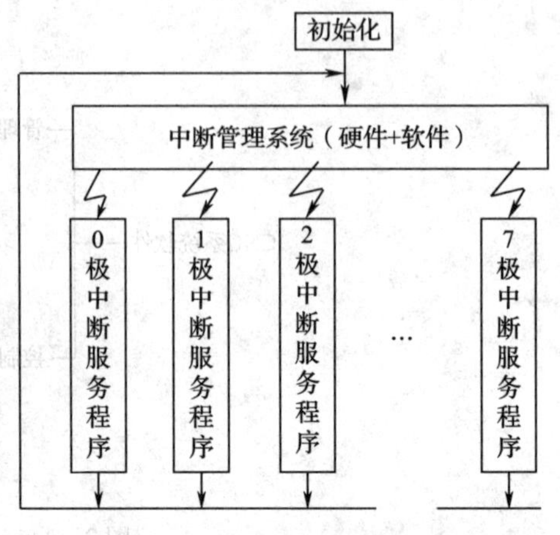


图2—1—6　中断型软件结构

一般在中断型结构模式的CNC软件体系中，控制CRT显示的模块为低级中断（0级中断），只要系统中没有其他中断级别请求，总是执行0级中断，即系统进行CRT显示。其他程序模块，如译码处理、刀具中心轨迹计算、键盘控制、I/O信号处理、插补运算、终点判别、伺服系统位置控制等处理，分别具有不同的中断优先级别。开机后，系统程序首先进入初始化程序，进行初始化状态的设置、ROM检查等工作。初始化后，系统转入0级中断CRT显示处理。然后，系统就进入各种中断的处理，整个系统的管理是通过每个中断服务程序之间的通信方式来实现的。

（3）软件的工作过程

CNC装置软件是一系列能够完成各种功能的程序的集合，它在硬件环境的支持下，按照系统监控软件的控制逻辑，对系统初始化、程序的输入、译码处理、刀具补偿、进给速度处理、插补运算、位置控制、显示、I/O接口处理、诊断处理等进行控制。

1）系统初始化。数控系统接通电源以后，首先运行初始化程序，为整个数控装置正常工作做准备。系统初始化程序主要完成以下任务。

①对RAM作为工作寄存器的单元设置初始状态，一般的单元就是清零；对一些特殊的单元（如各级中断的保护区的返回地址寄存单元），置为该中断服务程序入口地址及设置堆栈栈底地址等。

②对ROM进行奇偶校验。如果检查发现奇偶有错，则初始化停止进行，程序直接转入ROM出错处理，报警信号显示主板出错。

③为数控系统正常工作而设置一些所需的初始状态。如零件程序存储器区域设置，AS区域设置初始位等。

2）程序的输入。CNC装置开始工作时，首先通过输入设备把零件加工程序、控制参数和补偿数据输入到数控装置，然后将数控代码由外码（ISO、EIA码）转换为数控内码，送入存储器中存储或直接去译码。早期程序的输入是用纸带阅读机和键盘来进行的，现代程序的输入还可以通过通信方式（DNC，分布式数控）、网络方式以及磁盘、磁带、U盘等其他方式进行。

3）译码处理。译码就是把零件程序段的各种工件轮廓信息（如起点、终点、直线或圆弧等）、加工速度F和其他辅助信息（M、S、T）按一定规律翻译成计算机系统能识别的数据形式，并按系统规定的格式存放在译码结果缓冲器中。在译码过程中，还要完成对程序段的语法检查，若发现语法错误立即报警。

4）刀具补偿。根据刀具参数，确定刀具长度补偿和刀具半径补偿量。通常情况下，零件程序以零件轮廓轨迹编程，但是 CNC 装置实际控制的是刀具中心轨迹，而不是刀尖轨迹。刀具补偿的作用是把零件轮廓轨迹转换成刀具中心轨迹，以保证零件加工的精度。

5）进给速度处理。编程所给的刀具移动速度，是在各坐标的合成方向上的速度，根据合成速度计算各运动坐标的分速度，同时按机床允许的最低速度、最高速度、最大加速度和最佳升降速规划进行速度处理。

6）插补运算。插补是指数控机床能够实现的线性加工能力，就是在工件轮廓的某起始点和终止点之间进行"数据密化"，并求取中间点的过程。插补精度直接影响工件的加工精度，而插补速度决定了工件的表面粗糙度和加工速度，所以差补功能越强，说明数控系统越能够加工更多更复杂的轮廓。大多数数控系统都具有直线和圆弧的插补功能，而一些高档数控系统能够插补椭圆、抛物线、螺旋线等复杂曲线。

7）位置控制。数控系统中，伺服系统把数控装置给的位移指令转换成机床移动部件的位移，然后再经过位置检测元件把实际位移量反馈给数控装置，数控装置通过软件对位置进行调整，再一次向伺服系统输出实际需要的进给量。同时，还要完成位置回路的增益调整、各坐标的螺距误差补偿和反向间隙补偿，以提高机床的定位精度。

8）显示。CNC 装置的显示主要是为操作者提供方便，通常用于零件程序的显示、参数显示、刀具位置显示、机床状态显示、报警显示等。有些 CNC 装置中还有刀具加工轨迹的静态和动态图形显示。

9）I/O 接口处理。主要处理 CNC 装置面板开关信号、机床电气信号的输入、输出和控制，如换刀、换挡、冷却等。

10）诊断处理。在程序运行中，由诊断程序及时发现系统故障，并指出故障类型。也可在运行前或故障发生后，根据诊断程序及时检查 CPU、存储器、接口、开关、伺服系统等主要部件的功能是否正常，并指出故障发生的部位。

**3. 数控装置的特点及功能**

（1）特点

1）灵活通用。硬件系统采用模块化结构，易于扩展，通过变换软件还可以满足被控设备的各种不同要求。接口电路的标准化大大方便了生产厂家和用户。用同一种 CNC 系统就可以满足多种数控设备的要求。

2）控制功能的多样化。CNC 装置利用计算机强大的运算能力，可实现许多复杂的控制功能，如在线自动编程、加工过程的图形模拟、故障诊断、机器人控制以及网络化控制等。

3）使用可靠、维修方便。由于目前普遍采用大容量存储器存储零件程序，无须读带机直接参加工作，大大减少了故障率。另外，因为许多功能由软件实现，硬件所需元器件大为减少，从而提高了系统的性能和可靠性。CNC 装置的诊断程序可以提示故障部位，减少了维修的停机时间。其编辑功能对编制程序十分方便，零件程序编好后可以显示程序，甚至可通过空运行显示刀具轨迹，检验程序的正确性。

4）易于实现机电一体化。由于 CNC 系统具有很强的通信功能，便于与 DNC、FMS 和

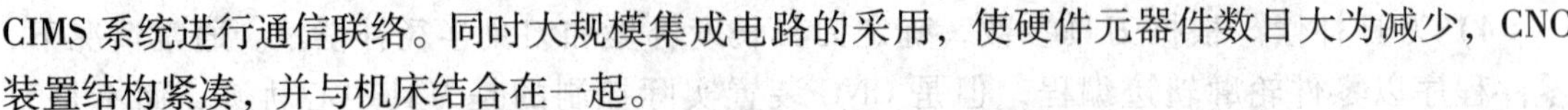


CIMS 系统进行通信联络。同时大规模集成电路的采用，使硬件元器件数目大为减少，CNC 装置结构紧凑，并与机床结合在一起。

（2）功能

CNC 装置的功能通常包括基本功能和选择功能。其中，基本功能是数控系统必备的功能；选择功能是可供用户根据机床特点和工作用途进行选择的功能。CNC 装置的功能见表 2—1—2。

**表 2—1—2　　CNC 装置的功能**

| 功能 | | 功能说明 |
|---|---|---|
| 基本功能 | 控制功能 | 主要反映 CNC 装置能够控制以及能够同时控制的轴数（即联动轴数）。控制的轴数越多，特别是联动轴数越多，CNC 装置就越复杂 |
| | 准备功能 | 是指机床动作方式的功能，主要有移动、坐标设定、坐标平面选择、刀具补偿、固定循环等，其功能指令代码用 G 表示。G 代码的使用有模态（续效）和非模态（一次性）两种 |
| | 插补功能 | 是指 CNC 装置可实现的插补加工线型的能力，如直线插补、圆弧插补和其他二次曲线与多坐标插补能力 |
| | 进给功能 | 是指切削进给、同步进给、快速进给、进给倍率等。它反映刀具进给速度，一般用 F 代码直接指定各轴的进给速度 |
| | 刀具功能 | 用来选择刀具，用 T 和它后面的 2 位或 4 位数字表示 |
| | 主轴功能 | 是指定主轴转速的功能，用 S 代码表示。主轴的转向用指令 M03（正转）、M04（反转）指定。机床面板上设有主轴倍率开关，可以不修改程序就改变主轴转速 |
| | 辅助功能 | 也称 M 功能，用来规定主轴的启停和转向、切削液的接通和断开、刀库的启停、刀具的更换、工件的夹紧或松开 |
| | 字符显示功能 | CNC 装置可通过软件和接口在 CRT 显示器上实现字符显示，如显示程序、参数、坐标位置和故障信息等 |
| | 自诊断功能 | CNC 装置有各种诊断程序，可以防止故障的发生和扩大 |
| 选择功能 | 补偿功能 | CNC 装置可以对加工过程中由于刀具磨损、更换刀具、机械传动的丝杠螺距误差和反向间隙所引起的加工误差给予补偿 |
| | 固定循环功能 | 是指 CNC 装置为常见的加工工艺所编制的、可以多次循环加工的功能。该固定程序使用前，要由用户选择合适的切削用量和重复次数等参数，然后按固定循环约定的功能进行加工。用户若需编制适于自己的固定循环，可借助用户宏程序功能实现 |
| | 固定显示功能 | CNC 装置一般可配置 14 英寸彩色 CRT 显示器，能显示人机对话编程菜单、零件图形、动态刀具轨迹等 |
| | 通信功能 | CNC 装置通常备有 RS－232C 接口，有的还备有 DNC 接口，设有缓冲存储器，可以按数控格式输入，也可以按二进制格式输入，进行高速传输。有的 CNC 装置还能与制造自动协议 MAP 相连，进入工厂通信网络，以适应 FMS、CIMS 的要求 |
| | 人机对话编程功能 | 不但有助于编制复杂零件的程序，而且可以方便编程 |

## 二、典型数控装置及其特点

### 1. 日本 FANUC（法那科）数控装置

日本 FANUC 公司自 20 世纪 50 年代末期生产数控系统以来，已开发出 40 多种系列的数控系统。20 世纪 70 年代中期，FANUC 公司生产的 CNC 系统大量进入中国市场，在中国 CNC 市场上处于举足轻重的地位。目前，应用较为广泛的 FANUC 数控系统包括 FANUC 0i/16i、18i 及 160i / 180i / 210i / 160is / 180is / 210is – MODEL B、180is – M MODEL B5。下面介绍部分数控装置。

（1）高性能价格比的 0i 系列

如图 2—1—7 所示，该系统具有整体软件功能包，可实现高速、高精度加工，并有网络功能。0i 系列分为两大类：M 类用于数控加工中心与数控铣床；T 类用于数控车床。例如，0i – MB/MA 用于数控加工中心和数控铣床，四轴四联动；0i – TB/TA 用于数控车床，四轴两联动；0i – Mate 系列主要有 0i – Mate MA/MC，用于数控铣床，三轴三联动；0i – Mate TA/TB/TD，用于数控车床。

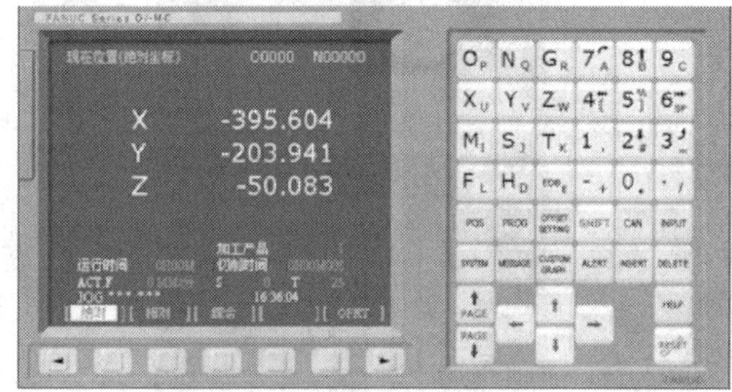


a)

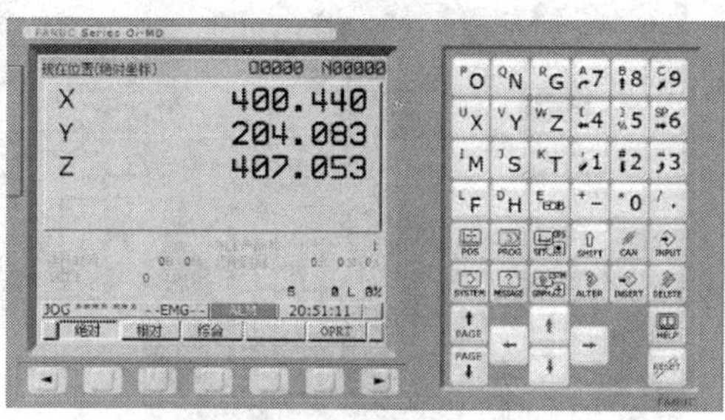


b)

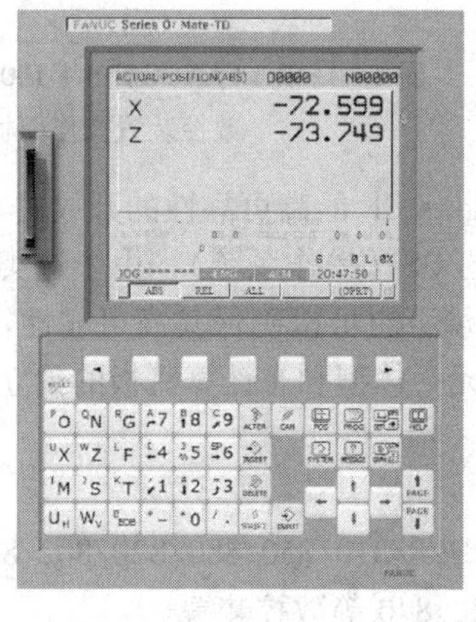


c)

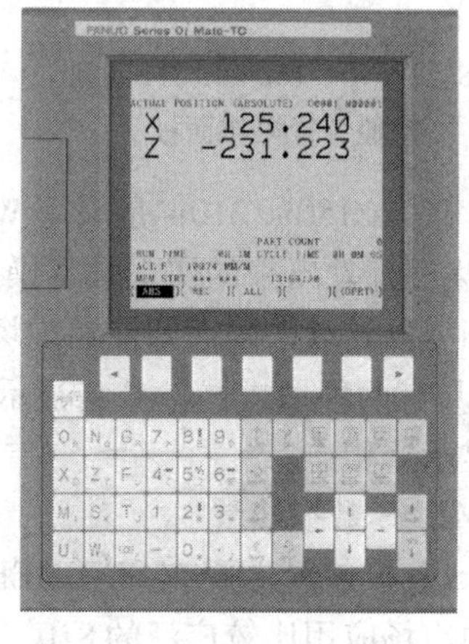


d)

图 2—1—7 FANUC 0i/0i – Mate 系列数控装置操作面板

a）FANUC 0i – MC b）FANUC 0i – MD c）FANUC 0i Mate – TD d）FANUC 0i Mate – TC

（2）具有网络功能的超小型、超薄型 CNC 16i/18i/21i 系列

如图 2—1—8 所示，该系统的控制单元与 LCD 集成于一体，具有网络功能，可进行超

高速串行数据通信。其中，FS16i－MB 的插补、位置检测和伺服控制以纳米为单位。16i 最大可控制八轴，六轴联动；18i 最大可控制六轴，四轴联动；21i 最大可控制四轴，四轴联动。

（3）开放式 CNC 160i / 180i / 210i 系列

如图 2—1—9 所示，这种开放式 CNC 将 CNC 与 PC 功能融合为一体，CNC 和计算机之间通过高速网络连接，高速传送大批量数据，并实现机床的智能化。例如，CNC 机床的图形操作界面利用网络功能的信息交换、利用数据库的刀具文件管理等。其中，FANUC Series 160i/180i/210i 是使用 Windows 2000/XP 的高性能开放式 CNC，是一台独立的 CNC，内部具有运行于 Windows 2000/XP 的计算机板，经高速串行总线接口与 CNC 显示单元连接。

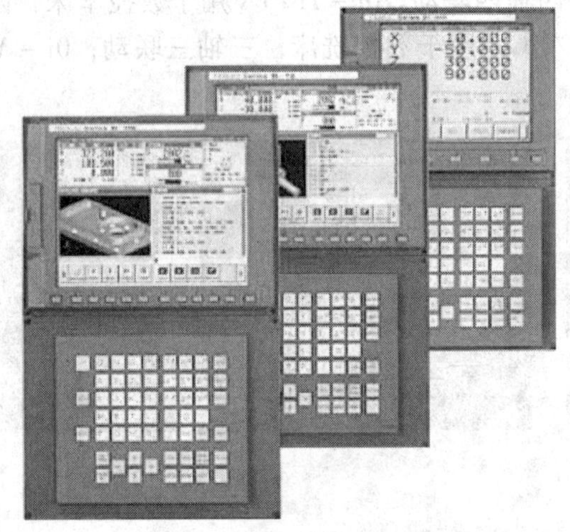

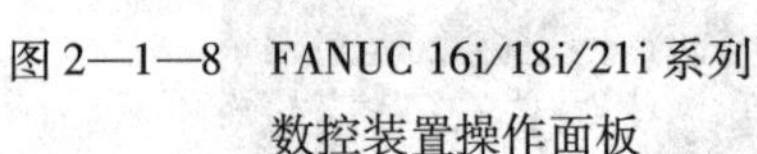

图 2—1—8　FANUC 16i/18i/21i 系列数控装置操作面板

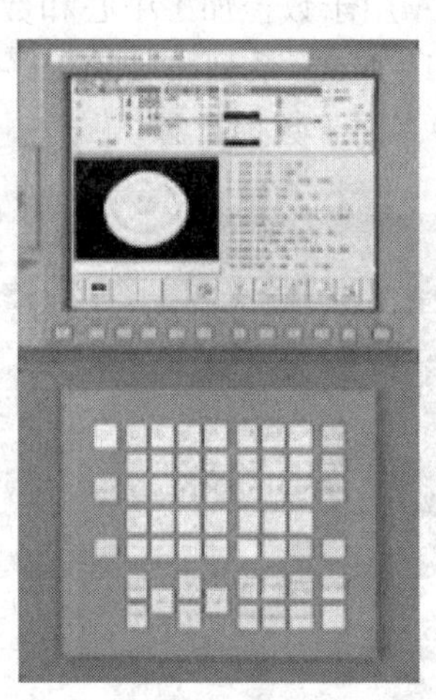

图 2—1—9　FANUC Series 160i/180i/210i 数控装置操作面板

FANUC Series 160is/180is/210is 是采用 Windows CE 的高可靠性的开放式 CNC。Windows CE 是面向内嵌用途而开发出来的实现紧凑操作的 OS（操作系统），由于这类操作系统采用半导体存储器而不需要硬盘，因而即使在现场环境下也可以确保其高可靠性。FANUC Series 160is/180is/210is 具有两种形式：CNC 与显示单元一体型和有计算机板的独立 CNC，后者经高速串行总线与显示器相连。

**2．德国 SIEMENS 数控装置**

德国 SIEMENS 数控装置主要有 SINUMERIK 3/8/810/850/880/820/802/840 等。下面主要介绍目前在国内市场应用比较广泛的 810、802、840 等数控装置。

（1）SINUMERIK 802S/C 系列

如图 2—1—10 所示，该系列数控装置是专为低端数控机床市场而开发的经济型 CNC 控制装置。SINUMERIK 802S 和 SINUMERIK 802C 具有相同的显示器、操作面板、数控功能、PLC 编程方法等。这两个数控装置的差别在于：SINUMERIK 802S 配备有步进驱动系统，控制步进电动机，可带三个步进驱动轴及一个 ±10 V 模拟伺服主轴；而 SINUMERIK 802C 配备有伺服驱动系统，采用传统的模拟伺服 ±10 V 接口，最多可带三个伺服驱动轴及一个伺服主轴。

（2）SINUMERIK 802D

该装置属于中低档数控装置。其特点是全数字驱动；中文系统，结构简单（通过 PROFIBUS 连接系统面板、I/O 模块和伺服驱动系统）；调试方便。SINUMERIK 802D 系统具有免维护的特性。该数控装置的核心部件——控制面板单元（PCU）具有 CNC、PLC、人机界面（HMI）和通信等功能。

（3）SINUMERIK 802D SL

如图 2—1—11 所示，该数控装置是一种将数控系统（NC、PLC、HMI）与驱动控制系统集成在一起的控制装置。它可连接全数控键盘（垂直型或水平型），支持最多三个 PP72/48 I/O 模块（输入/输出模块）、两个 ADI4 模块（电源模块），支持 MCPA 模块（多载波功放基站），支持通过 PP72/48 I/O 模块连接的机床控制面板 MCP，或通过 MCPA 模块连接的机床控制面板 MCP 802D SL，通过 PROFIBUS 总线与 PLC I/O 连接通信和通过 Drive - CliQ 总线连接驱动控制系统 SINAMICS S120 。SINUMERIK 802D SL 数控装置适用于进行车削、铣削、磨削、冲压等加工的标准机床。

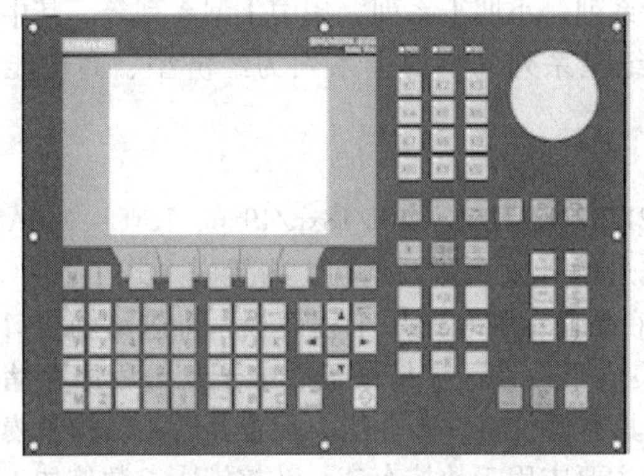

图 2—1—10　SINUMERIK 802S/C 数控装置操作面板

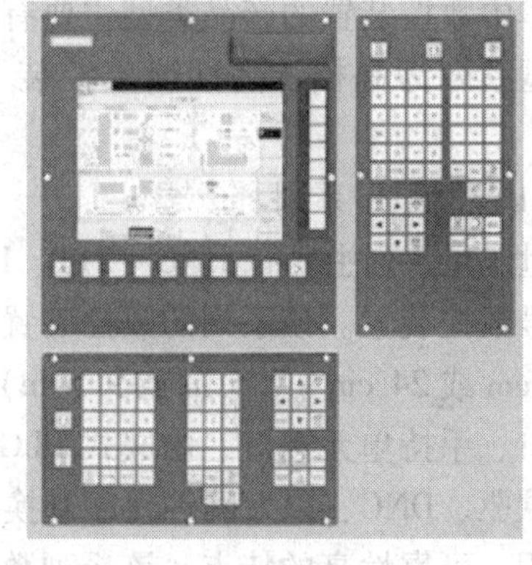

图 2—1—11　SINUMERIK 802D SL 数控装置操作面板

（4）SINUMERIK 840C

SINUMERIK 840C 数控装置内装功能强大的 PLC 135WB2，可以控制 SIMODRIVE 611A/D 模拟式或数字式交流驱动系统，适合于高复杂度的数控机床。

（5）SINUMERIK 840D/810D/840Di

SINUMERIK 840D/810D/840Di 系列数控装置是 20 世纪 90 年代中期推出的全数字化数控装置。它具有高度模块化及规范化的结构，将 CNC 和驱动控制系统集成在一块板上，将闭环控制系统所用的全部软件集成，便于操作、编程的监控。该系统具有较高的系统一致性，即显示/操作面板、机床操作面板、S7 - 300PLC、输入/输出模块、PLC 编程语言、数控系统操作、工件程序编制、参数设定、诊断、伺服驱动等部件均相同。图 2—1—12 所示为 SINUMERIK 810D/840D 数控装置操作面板。

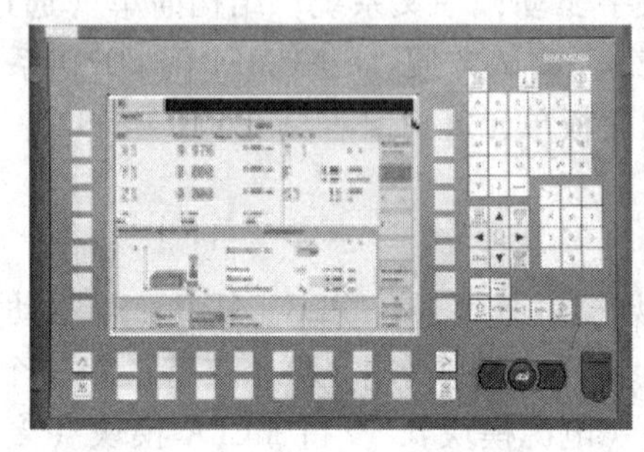

a)

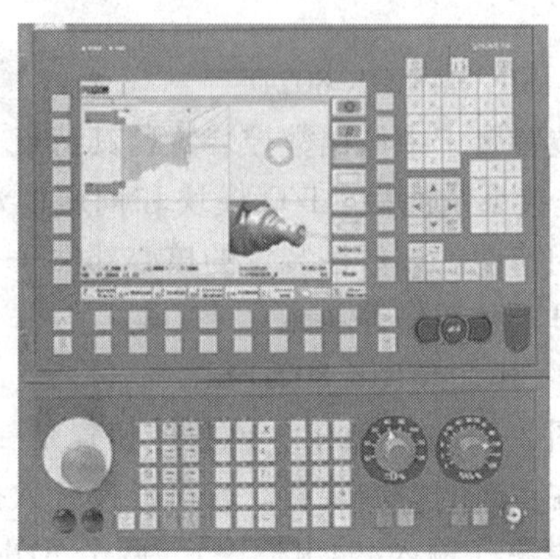

b)

图 2—1—12　SINUMERIK 810D/840D 数控装置操作面板
a）SINUMERIK 810D　b）SINUMERIK 840D

**3. 华中数控装置**

华中数控装置的产品类型主要有世纪星系列、小博士系列、华中Ⅰ型系列等。其中，华中Ⅰ型系列为高档、高性能数控装置；世纪星系列、小博士系列为经济型、高性能数控装置。

（1）世纪星系列

世纪星系列主要有 HNC－21T、HNC－21/22M、HNC－18i/18xp/19xp、HNC－210A/B/C 等型号数控装置。该系列的数控装置采用先进的开放式体系结构，内置嵌入式工业 PC，配置 19 cm 或 24 cm（7.5 in 或 9.5 in）彩色液晶显示屏和通用工程面板，将进给轴接口、主轴接口、手持单元接口、内嵌式 PLC 接口集成于一体，支持硬盘、电子盘等程序存储方式以及软驱、DNC、以太网等程序交换功能，具有低价格、高性能、配置灵活、结构紧凑、易于使用、可靠性高的特点。该系列数控装置主要应用于数控车床、数控铣床、数控加工中心等。图 2—1—13 所示为华中 HNC－22M 数控装置操作面板。

（2）华中Ⅰ型（HNC－1）系列

该系列属于高性能数控装置。采用基于通用 32 位工业控制机和 DOS 平台的开放式体系结构，配置灵活。具有先进的曲面直接插补算法和数控软件技术，可实现高速、高效和高精度的复杂曲面加工。其采用汉字用户界面，提供完善的在线帮助功能，具有三维仿真校验和加工过程图形动态跟踪功能，图形显示形象直观。常用的 HNC－1T 是车床数控系统，HNC－1M 是铣床、加工中心数控系统。

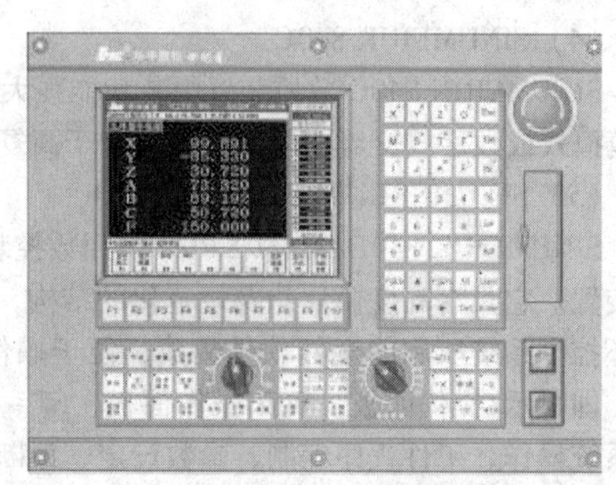

图 2—1—13　华中 HNC－22M 数控装置操作面板

（3）华中－2000 型

华中－2000 型数控装置是在华中 I 型（HNC－1）高性能数控装置的基础上开发的高档数控装置。该系统采用通用工业 PC 机、TFT 真彩色液晶显示器，具有多轴多通道控制能力和内装式 PLC，可与多种伺服驱动单元配套使用。它具有开放性好、结构紧凑、集成度高、可靠性好、性能价格比高、操作维护方便等优点，是适合中国国情的新一代高档、高性能数控装置。

**4. 广州数控（GSK）装置**

广州数控（GSK）装置的产品类型主要有 GSK 928 系列、GSK 980 系列、GSK 218 系列和 GSK 983 系列等。

（1）GSK 928 系列

该系列数控装置为经济型数控装置，采用大规模门阵列（CPLD）进行硬件插补，实现高速控制；采用液晶显示器（LCD）、中文菜单及刀具轨迹图形显示，界面友好；加速、减速时间可调；可适配反应式步进系统、混合式步进系统或交流伺服系统，构成不同档次的数控系统。图 2—1—14 所示为 GSK 928TEII 数控装置操作面板。

（2）GSK 980 系列

1998 年推出普及型 GSK 980 系列数控装置后，随后出现升级换代产品——GSK 980TDa、928TEII、980TB1、980TA2、980TB2 数控装置，用于数控车床控制系统。该数控装置采用了 32 位嵌入式 CPU 和超大规模可编程器件 FPGA，运用实时多任务控制技术和硬件插补技术，实现了微米级精度的运动控制，确保加工的高速和高效。在保持 GSK 980 系列外形尺寸及接口一致的前提下，采用了 18 cm（7 in）彩色宽屏 LCD 及更友好的显示界面；加工轨迹能实时跟踪显示；增加了系统时钟及报警日志。在编程方面，采用 ISO 国际标准数控 G 代码，同时兼容日本 FANUC 数控系统。图 2—1—15 所示为 GSK 980TB2 数控装置操作面板。

图 2—1—14　GSK 928TEII 数控装置操作面板

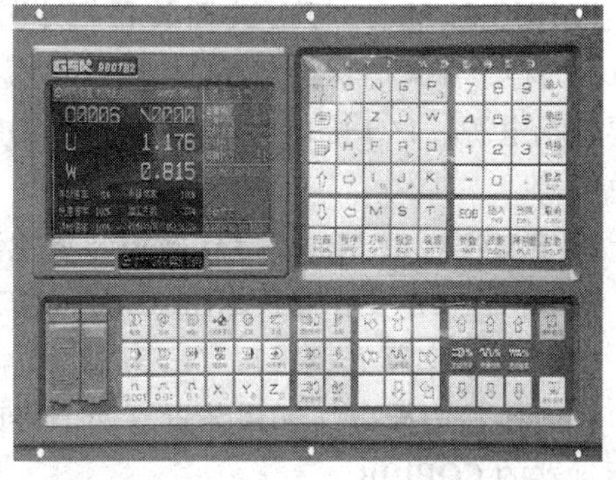


图 2—1—15　GSK 980TB2 数控装置操作面板

（3）GSK 983 系列

该系列采用最新的高集成 FPGA、CPLD 芯片和表面贴装技术，使控制单元的尺寸大大减小。它采用了 LCD 显示器，实现了显示单元的薄型化；可以实现五个进给轴和一个主轴的控制；内置强大的 PLC、高速缓冲串行 DNC 接口，以高达 38 400 波特率连接计算机或 U 盘，从而实现了高速度、高精度的 DNC 加工，适用于数控铣床、数控加工中心等。图 2—1—16 所示为 GSK 983 系列数控装置操作面板。

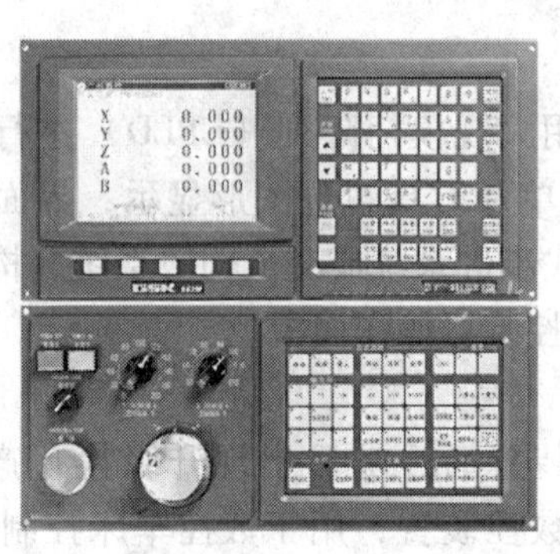

a)

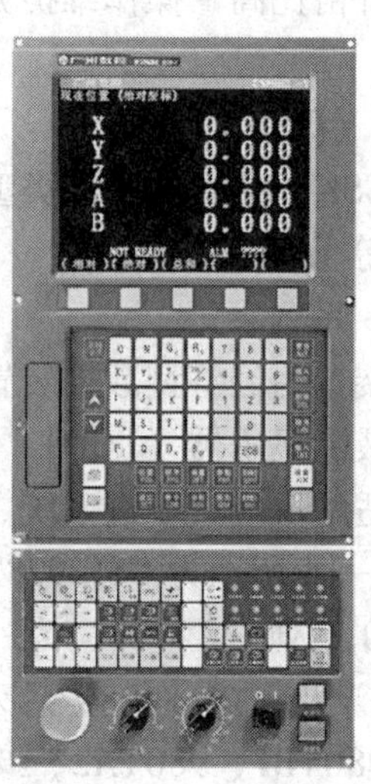


b)

图 2—1—16　GSK 983 系列数控装置操作面板

a) GSK 983M－S　b) GSK 983M－V

## 三、数控装置的组成及接口定义

本节以 FANUC 0i Mate－TD 为实例，介绍数控装置的组成及接口定义。

### 1. FANUC 0i Mate－TD 数控装置的组成

FANUC 0i Mate－TD 数控装置把主控单元和 I/O 单元合二为一。主控单元主要包括 CPU、内存、PMC、I/O－Link 控制、伺服控制、主轴控制、内存卡、LED 显示等。I/O 单元主要包括电源、I/O 接口、通信接口、MDI 控制、显示控制、手摇脉冲发生器控制和高速串行总线等。

### 2. FANUC 0i Mate－TD 数控装置主要接口定义

图 2—1—17 所示为 FANUC 0i Mate－TD 数控装置背面的接口。

(1) 伺服串行光缆接口（FSSB）

一般接左边插口（如果装置有两个接口），本数控装置应由左边的 COP10A 连接到第一轴驱动器的 COP10B。

(2) 风扇、电池、软键、MDI 等

这些在数控装置出厂时均已连接好，不用改动。但要检查是否在运输的过程中有松动的地方。如果连接出现松动，则需要重新连接牢固，以免出现异常现象。

(3) 电源线接口

电源线接口一般有两个接口，一个为＋24 V 输入（左），另一个＋24 V 输出（右），每根电源线有三个管脚，电源的正负极不能接错。具体接线如下：1 脚为 24 V，2 脚为 0 V，3 脚为保护地。

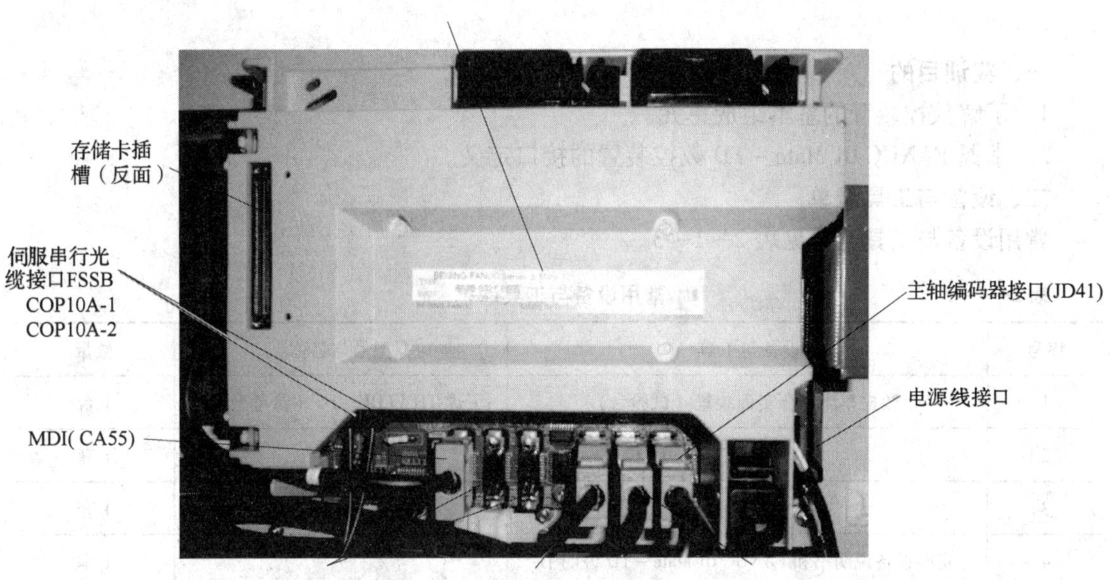


图 2—1—17　FANUC 0i Mate－TD 数控装置背面的接口

（4）RS232 接口

它是与计算机通信的连接口。接口共有两个，一般接左边接口，右边为备用接口。如果数控装置不与计算机连接，则不用连接此线（推荐使用存储卡代替 RS232 接口，传输速度及安全性都比串口优越）。

（5）模拟主轴接口

变频模拟主轴信号指令由 JA40 模拟主轴接口引出，控制主轴转速。

（6）主轴编码器接口

数控车床的数控装置一般都装有主轴编码器，反馈主轴转速，以保证螺纹切削的准确性。

（7）I/O Link（JD51A）接口

本接口连接到 I/O 模块（I/O Link）。

（8）存储卡插槽（系统的反面）

该插槽用于连接存储卡，可对参数、程序及梯形图等数据进行输入/输出操作，也可以用于 DNC 加工。

另外，部分数控机床还有伺服检测口（CA69）（FANUC 0i Mate－TD 数控装置没有 CA69 接口）。

# 技能实训3　认识 FANUC 0i Mate - TD 数控装置的组成及接口定义

## 一、实训目的

1. 了解数控装置的基本组成单元。
2. 掌握 FANUC 0i Mate - TD 数控装置的接口定义。

## 二、设备与工具清单

常用设备与工具清单见表 2—1—3。

**表 2—1—3　　常用设备与工具清单**

| 序号 | 设备与工具 | 型号与名称 | 数量 |
|---|---|---|---|
| 1 | 数控车床综合实训装置（试验台） | 天煌 THWLDF - 1C（参考型号） | 1 台 |
| 2 | 电工常用工具 | — | 1 套 |
| 3 | 仪器仪表 | 自定 | 1 套 |
| 4 | 实验设备说明书和 FANUC 0i Mate - TD 说明书 | — | 1 本 |

## 三、实训内容与步骤

1. 认识 THWLDF - 1C 型数控车床维修实训台（见图 2—1—18）。

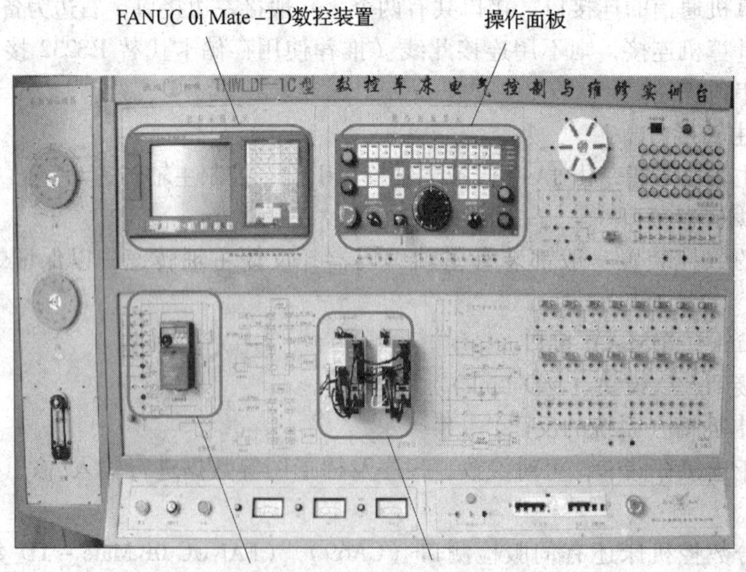


图 2—1—18　天煌 THWLDF - 1C 型数控车床维修实训台

2．认识 FANUC 0i Mate－TD 数控装置的主面板，并正确填写表 2—1—4 的内容。

表 2—1—4　　接口与面板基本知识填写

| 序号 | 键与接口 | 定　义 |
|---|---|---|
| 1 | INPUT | |
| 2 | POS | |
| 3 | RESET | |
| 4 | CAN | |
| 5 | EOB | |
| 6 | JA40 | |
| 7 | JA7A | |
| 8 | JD1A | |

3．认识 FANUC 0i Mate－TD 数控装置的接口（见图 2—1—17）及定义，并正确填写表 2—1—4 的内容。

4．认识操作面板上的各按键功能（见图 2—1—19）。参考 §1—4，正确填写表 2—1—5 的内容。

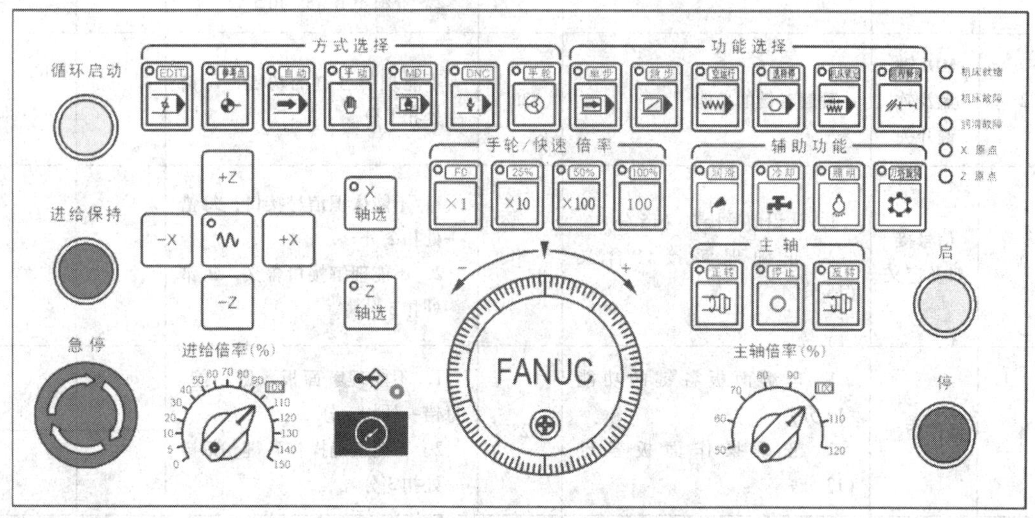


图 2—1—19　操作面板

表 2—1—5　　操作面板知识填写

| 序号 | 操作键 | 功　能 |
|---|---|---|
| 1 | EDIT | |
| 2 | 参考点 | |
| 3 | 自动 | |

续表

| 序号 | 操作键 | 功　能 |
| --- | --- | --- |
| 4 | 手动 | |
| 5 | MDI | |
| 6 | +Z、-Z | |
| 7 | 进给倍率 | |
| 8 | 主轴倍率 | |
| 9 | 手轮 | |

## 四、评分标准

完成任务后，学生先按照表2—1—6进行自我测评，再由指导教师评价审核。

表2—1—6　　测评表

| 序号 | 项目 | 考核内容及要求 | 配分 | 评分标准 | 扣分 | 得分 |
| --- | --- | --- | --- | --- | --- | --- |
| 1 | 材料准备 | 检查工具（5分）、资料（5分）是否准备齐全 | 10 | 1. 工具不齐全，每少一件扣1分<br>2. 资料不齐全，扣5分 | | |
| 2 | MDI键盘及软键开关 | 理解各键的功能 | 25 | 不能理解各键的功能，每错一处扣1分 | | |
| 3 | 信号接口及定义 | 1. 认识信号接口（15分）<br>2. 正确理解接口含义（15分） | 30 | 1. 不能认识信号接口，每错一处扣2分<br>2. 不能理解接口含义，每错一处扣5分 | | |
| 4 | 操作面板 | 1. 理解面板各键的功能（12分）<br>2. 正确操作面板各键（13分） | 25 | 1. 不能理解面板各键功能，每错一处扣1分<br>2. 不能正确操作各键，每错一处扣3分 | | |
| 5 | 安全文明生产 | 应符合国家安全文明生产的有关规定 | 10 | 违反安全文明生产有关规定不得分 | | |
| 指导教师评价 | | | | | 总得分 | |

# §2—2　数控装置电气线路的故障分析与检修方法

1. 掌握数控装置电气线路的硬件故障的诊断与处理方法，掌握有关故障信息及含义。

2. 掌握数控装置电气线路的软件故障的诊断与处理方法，掌握 FANUC 0i Mate - TD 数控系统与存储卡进行数据备份和恢复的方法。

3. 掌握数控装置电气线路的故障检修流程。

数控装置是高新技术密集型产品，是数控机床的核心。数控装置运行的可靠程度，直接关系到整个设备能否正常运行。当数控装置发生故障时，维修人员首先应根据故障现象来综合判断故障发生的部位，初步确定是电气线路的硬件故障还是软件故障，然后通过必要的检测与实验，达到确认和最终排除故障的目的。

## 一、硬件故障的诊断与处理方法

数控装置系统中的硬件故障泛指所有电子器件故障、接插件故障、线路板（模块）故障和线缆故障。当硬件故障发生时，可通过常规检查，利用自诊断功能报警号和信号状态指示灯，检测关键点的信号波形、电压值及调整相关的参数，并参考相关的技术手册，来进一步查找故障原因，以便准确高效地排除故障。

### 1. 常规检查

（1）外观检查

当数控装置发生故障时，首先进行外观检查。从总体上，要查看数控机床各部分（如各坐标轴位置、主轴状态、刀库、机械手位置等）的工作状态是否处于正常状态，各电控装置（如数控系统、温控装置、润滑装置等）有无报警指示。查看局部有无下列现象发生：熔丝熔断，电线、电缆绝缘损坏或脱落，操作元件位置不正确，冷却风扇转动不正常等。

（2）装置内部接线、电缆与接插件检查

针对故障相关部分，用一些简单的维修工具（如一字旋具、尖嘴钳、电烙铁等）及仪器（如万用表、示波器等）检查：电缆与模块接插件是否牢固，线路板连接是否正确，所有集成电路上的元器件是否正常而无变形等。对于长期闲置或缺少维护的数控机床，应重点检查电缆的疲劳破损、接线点的氧化与腐蚀等，这些均会造成信号传递中的各种故障。

（3）电源电压检查

电源电压正常是机床控制系统正常工作的必要条件。如果电源电压不正常，一般会造成故障停机，有时还会造成控制系统动作紊乱。因此硬件出现故障后，检查电源电压不可忽视。

（4）应定期保养的易损部件及元器件的检查

有些部件、元器件应按规定及时清理、维护，如冷却风扇的清理维护等。否则容易出现故障。

**2．指示灯报警显示及含义**

数控装置主体上安装有一个7段LED数码管（见图2—2—1），可以显示数控装置的动作状态变化。

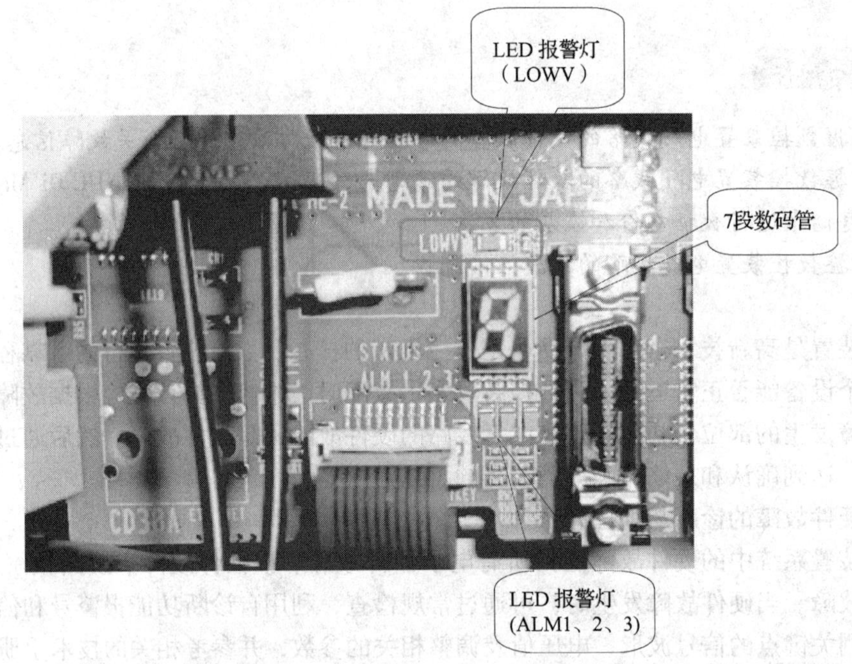


图2—2—1　FANUC 0i Mate－TD数控装置的LED报警灯及7段LED数码管

（1）数控机床从接通电源到进入可以动作的状态之前的7段LED数码管显示及其含义见表2—2—1。

**表2—2—1　　正常状态下LED数码管显示及含义**

| LED显示 | 含义 | LED显示 | 含义 |
|---|---|---|---|
|  | 尚未通电的状态（全熄灭） | b | 内装软件的加载 |
| 0 | 初始化结束、可以动作 | C | 用于可选板的软件的加载 |
| 1 | CPU开始启动（BOOT系统） | c | IPL监控执行中 |
| 2 | 各类G/A初始化（BOOT系统） | d | DRAM测试错误（BOOT系统、NC系统） |
| 3 | 各类功能初始化 | E | BOOT系统错误（BOOT系统） |

续表

| LED 显示 | 含义 | LED 显示 | 含义 |
|---|---|---|---|
| 4 | 任务初始化 | F | 文件清零可选板等待 1 |
| 5 | 系统配置参数的检查可选板等待 2 | H | BASIC 系统软件的加载（BOOT 系统） |
| 6 | 各类驱动程序的安装文件全部清零 | J | 可选板等待 3<br>可选板等待 4 |
| 7 | 标头显示系统 ROM 测试 | L | 系统操作最后检查 |
| 8 | 通电后，CPU 尚未启动的状态（BOOT 系统） | P | 显示器初始化（BOOT 系统） |
| 9 | BOOT 系统退出，NC 系统启动（BOOT 系统） | U | FROM 初始化（BOOT 系统） |
| A | FROM 初始化 | u | BOOT 监控执行中（BOOT 系统） |

（2）当数控装置异常时，系统停止程序运行，但是不显示系统报警界面。此时应按照表 2—2—2 所列的 7 段 LED 数码管显示及含义采取对策。

（3）当数控装置异常时，系统停止程序运行并报警。如果 7 段 LED 数码管上、下方的报警灯亮，说明硬件发生故障，具体显示及含义见表 2—2—3；如果 7 段 LED 数码管上、下方的报警灯均不亮，说明发生系统错误，7 段 LED 数码管显示含义见表 2—2—4。

**表 2—2—2　　异常状态下不报警时 LED 显示与不良部位及确认事项**

| LED 显示 | 不良部位及确认事项 |
|---|---|
|  | 可能是由于电源（24 V）、电源模块的故障所致 |
| 2 | 可能是由于主板、显示器的故障所致 |
| 8 | 检查主板上的报警 LED“LOW”<br>“LOW”点亮的情形：可能是由于 CPU 卡的故障所致<br>“LOW”熄灭的情形：可能是由于主板、CPU 卡的故障所致 |
| 9 | 可能是由于主板的故障所致 |
| E | 可能是由于 CPU 卡的故障所致 |

续表

| LED 显示 | 不良部位及确认事项 |
| --- | --- |
| H | 可能是由于 SRAM/FROM 模块、主板的故障所致 |
| P | 可能是由于主板、显示器的故障所致 |
| L | 可能是由于 CPU 卡的故障所致 |

**表 2—2—3　　异常状态下系统报警时的 LED 显示及含义（硬件故障）**

| No. | 报警 LED<br>1　2　3 | LED 的含义 |
| --- | --- | --- |
| 1 | □ ■ □ | 电池电压下降<br>可能是因为电池使用寿命已尽 |
| 2 | ■ ■ □ | 软件检测出错误而使得系统停止运行 |
| 3 | □ □ ■ | 硬件检测出系统内故障 |
| 4 | ■ □ ■ | 轴卡上发生了报警<br>可能是由于轴卡不良、伺服放大器不良、FSSB 断线等原因所致 |
| 5 | □ ■ ■ | FROM /SRAM 模块上的 SRAM 的数据中检测出错误<br>可能是由于 FROM/SRAM 模块不良、电池电压下降、主板不良所致 |
| 6 | □ ■ ■ | 电源异常<br>可能是由于噪声的影响或电源单元不良所致 |

■：点亮　□：熄灭

| LED 名称 | LED 的含义 |
| --- | --- |
| LOWV | 可能是由于主板不良所致 |

**表 2—2—4　　异常状态下系统报警时的 LED 显示及含义（系统错误）**

| LED 显示 | 含　义<br>不良部位及处理方法 |
| --- | --- |
| 0 | ROM PARITY 错误<br>可能是由于 SRAM/FROM 模块的故障所致 |
| 2 | 不能创建用于程序存储器的 FROM<br>通过 BOOT 确认 FROM 上的用于程序存储器的文件的状态， |

续表

| LED 显示 | 含　义 | 不良部位及处理方法 |
|---|---|---|
| 2 | 执行 FROM 的整理 | 确认 FROM 的容量 |
| 3 | 软件检测的系数报警 | 启动时发生的情形；通过 BOOT 确认 FROM 上的内装软件的状态和 DRAM 的大小<br>其他情形；通过报警界面确认错误并采取对策 |
| 4 | DRAM/SRAM/FROM 的 ID 非法<br>（BOOT 系统、NC 系统） | 可能是由于 CPU 卡、SRAM/FROM 模块的故障所致 |
| 5 | 发生伺服 CPU 超时 | 通过 BOOT 确认 FROM 中的伺服软件的状态<br>可能是由于伺服卡的故障所致 |
| 6 | 在安装内装软件时发生错误 | 通过 BOOT 确认 FROM 上的内装软件的状态 |
| 7 | 显示器没有能够识别 | 可能是由于显示器的故障所致 |
| 8 | 硬件检测的系统报警 | 通过报警界面确认错误并采取对策 |
| 9 | 没有能够加载可选板的软件 | 通过 BOOT 确认 FROM 上的用于可选板的软件的状态 |
| A | 在与可选板进行等待的过程中发生了错误 | 可能是由于可选板、PMC 模块的故障所致 |
| b | BOOT FROM 被更新<br>（BOOT 系统） | 重新接通电路 |
| d | DRAM 测试错误 | 可能是由于 CPU 卡的故障所致 |
| c | 显示器的 ID 非法 | 确认显示器 |
| u | BASIC 系统软件和硬件的 ID 不一致 | 确认 BASIC 系统软件和硬件的组合 |

### 3. 屏幕报警代码及故障信息

（1）报警识别

当发生报警时，系统屏幕将出现相应的报警界面并显示出报警原因。报警原因按照报警号码进行分类，数控装置最多可存储、显示 50 个报警信息（报警履历显示）。当发生报警时，屏幕显示如图 2—2—2 所示。在某些场合不出现报警界面，但是当前界面底部会显示“ALM”并且闪烁，提示机床已经出现了报警，界面如图 2—2—3 所示。此时可按下功能键“MESSAGE”，然后在出现的画面中按下［报警］软键，就可以显示报警界面。

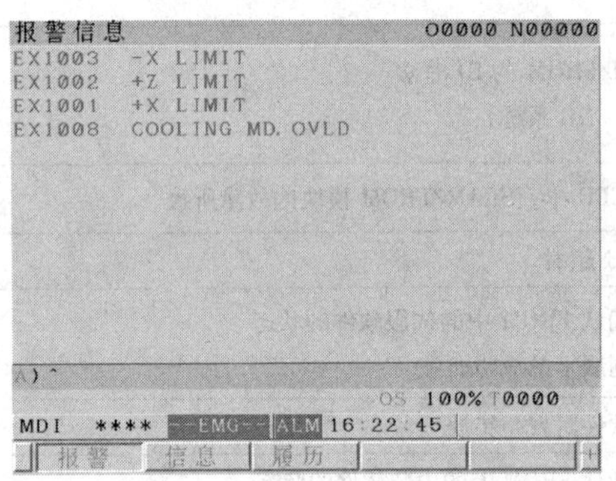


图 2—2—2　报警显示界面

图 2—2—3　ALM 报警闪烁界面

（2）报警代码与故障信息（见表 2—2—5）

**表 2—2—5　报警代码的分类及故障信息**

| 报警代码 | 故障信息 | 报警代码 | 故障信息 |
|---|---|---|---|
| No. 000 ~ No. 255 | P/S 报警（程序错误） | No. 700 ~ No. 748 | 过热报警 |
| No. 300 ~ No. 349 | 绝对脉冲编码器（APC）报警 | No. 749 ~ No. 799 | 主轴报警 |
| No. 350 ~ No. 399 | 串行脉冲编码器（SPC）报警 | No. 900 ~ No. 999 | 系统报警 |
| No. 400 ~ No. 499 | 伺服报警 | No. 5000 以上 | P/S 报警（程序错误） |
| No. 500 ~ No. 599 | 超程报警 | | |

提示

①报警号 No. 000 ~ No. 255 是与后台编辑操作有关的报警，报警界面中由“×××BP/Salarm”表示（其中的×××为报警号）。只有 No. 140 显示 BP/S 报警。报警号的详细信息解释可以查看《操作说明书》附录中的报警表。

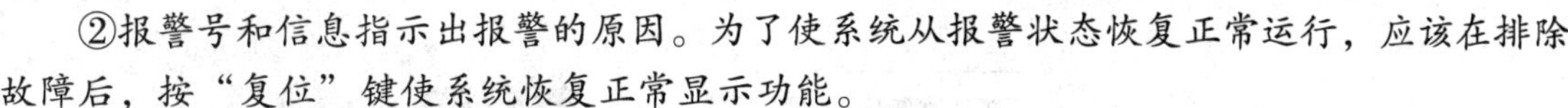


②报警号和信息指示出报警的原因。为了使系统从报警状态恢复正常运行，应该在排除故障后，按“复位”键使系统恢复正常显示功能。

（3）报警履历显示

按下功能键“MESSAGE”，在出现的界面中按下“履历”软键，出现报警履历界面，如图2—2—4所示。显示界面的主要信息有：报警发生日期、报警号、报警信息（有些报警没有信息显示）、页号。页面转换可以用翻页键“▲”和“▼”来转换。要删除记录的信息，按下“操作”软键，然后再按下“清除”软键，即可删除当前的报警信息。

**4. 硬件的更换**

在机床实际维修时，需要对数控装置的硬件进行更换，更换的部件有主板、各模块、显示器、电池和风扇等。其中主板、各模块和显示器的损坏概率较小，因此这些部件的拆装不做介绍。

（1）更换控制单元的熔丝

在进行熔丝的更换之前，先要排除熔丝熔断的原因，然后再更换同规格的熔丝。如图2—2—5所示为熔丝的安装位置。

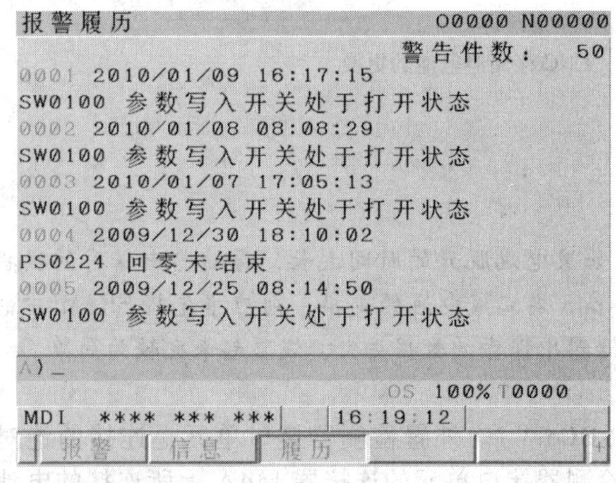


图2—2—4　报警履历界面

熔丝

图2—2—5　熔丝的安装位置

（2）更换电池

1）CNC存储器电池的更换。控制单元的SRAM存储器中存储着数控系统参数和偏置数据，SRAM的电源由安装在控制单元上的锂电池供电，保证数据不丢失。如果电池电压下降，屏幕显示报警，应及时更换电池。更换电池操作如图2—2—6所示。

①准备好新的电池单元，接通数控机床（CNC）的电源大约30 s，然后断开电源。

②需要更换的电池单元位于CNC单元背面右下方。更换时，抓住电池单元的闩锁部分，一边拆除壳体上附带的卡爪，一边将其向上拉出。

③将准备好的新电池单元向下推压，直到电池单元的卡爪进入壳体。安装后，应确认闩锁已经切实挂住。

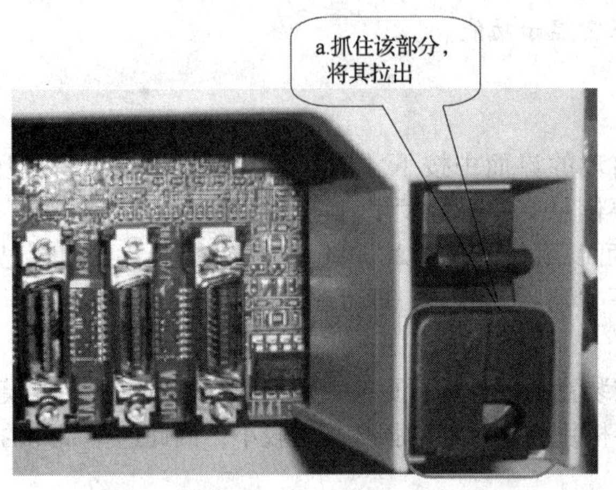


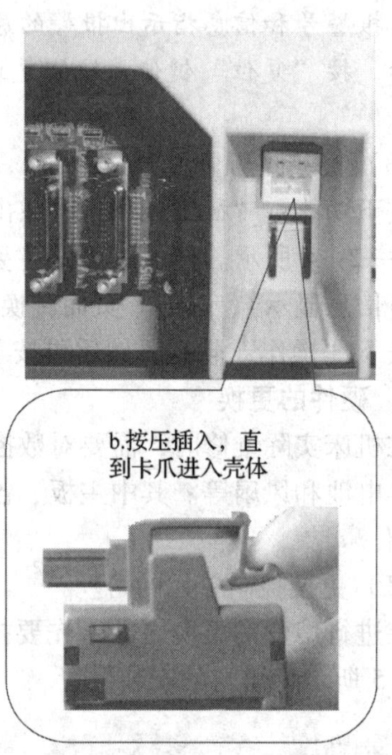


图 2—2—6　CNC 存储器电池的更换

①到③的操作应在 30 min 内完成。如果电池脱开的时间太长，存储器中保存的数据将会丢失。如果因为某种原因而不能在 30 min 内完成电池的更换，则应事先将 SRAM 中的数据全部转存至存储卡中。这样，即使存储器中保存的数据丢失，恢复起来也较为简单。

2）更换绝对脉冲编码器的电池（DC6 V）。外置检测器接口单元上连接的绝对脉冲编码器的当前位置数据，通过外置检测器接口单元的连接器 JA4A 上所连接的电池被保持起来。当电池的电压下降时，就会发出 ALM 306 ~ 308 报警。当发出 DS 报警 307 时，表示电池电压低，应尽快更换电池。当绝对脉冲编码器的电池电压继续下降时，就会发出 DS 报警 306，表示电池将用尽。在这种情况下，不能继续存储脉冲编码器的当前位置数据，发出 ALM 300 报警，表示请求返回参考点。出现这种情况，应在更换电池后执行返回参考点操作。

电池的使用寿命随所连接的绝对脉冲编码器的数量而变化，不管有无上述报警，建议用户每年定期更换电池一次。

电池的更换操作如下：

①准备好市面上出售的一号碱性电池4节。

②接通数控机床（CNC）的电源。

③拧松电池盒的螺钉，拆除盖子。

④更换盒中的干电池，干电池插入形式如图2—2—7所示，注意保持其中两节电池与另外两节电池极性相反。

⑤ 电池更换结束后，装上盖子。

⑥ 切断数控机床（CNC）的电源。

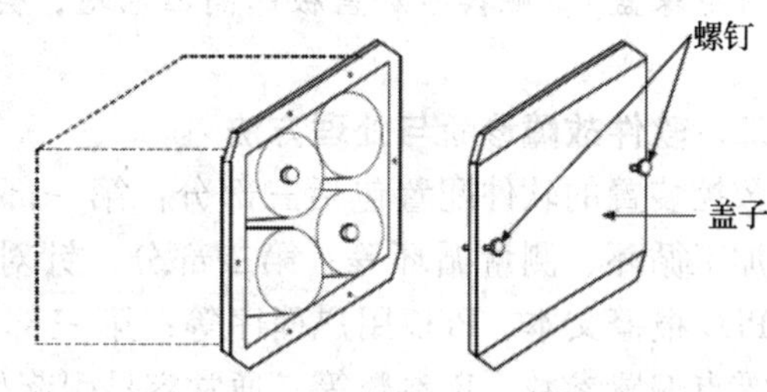


图2—2—7　更换电池盒中的干电池

提示

要在接通CNC电源的状态下更换电池。如果在切断电源的状态下更换电池，已经存储的绝对位置数据就会丢失。

（3）更换风扇电动机

更换风扇电动机操作如图2—2—8所示。

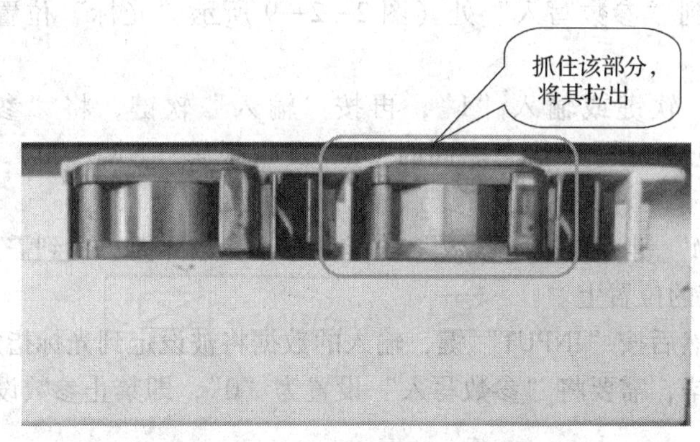


图2—2—8　风扇电动机的更换

1）更换风扇电动机时，必须切断数控机床（CNC）的电源。

2）抓住要更换的风扇单元的闩锁部分，一边拆除壳体上附带的卡爪，一边将其向上拉出。

3）将新的风扇单元向下推压，直到风扇单元的卡爪进入壳体。

提示

打开数控机床的机柜更换风扇电动机时，注意不要触到高压电路部分（带有⚠标记，并配有绝缘盖)。触摸不加盖板的高压电路，会导致触电。

## 二、软件故障诊断与处理方法

数控装置的软件配置包括三部分：第一部分，生产厂家研制的启动芯片、基本系统软件、加工循环、测量循环等；第二部分，针对具体机床所用的 NC 机床数据、PLC 机床数据、PLC 报警文本、PLC 用户程序等；第三部分，加工主程序、加工子程序、刀具补偿参数、零点偏置参数、R 参数等。通常容易引起软件故障的是第二、三两部分。因此，本节主要介绍数控系统参数的正确设定、更改与备份。

### 1. 显示参数的操作

按数下 MDI 面板上的“SYSTEM”键（或者按一下“SYSTEM”键，再按“参数”软键)，选择参数界面，如图 2—2—9 所示。参数界面由多页面组成，可以通过以下两种方法选择需要显示的参数界面：

（1）用光标移动键或翻页键，显示需要的界面。

（2）由键盘输入要显示的参数号，然后按下“搜索”软键，这样可显示指定参数所在的页面，光标同时处于指定参数的位置。

### 2. 参数设定

（1）用 MDI 设定参数

1）在操作面板上选择 MDI 方式或急停状态。

2）按下“OFS/SET”键，再按“设定”软键，可显示设定界面的第一页。

3）将光标移动到“参数写入”处（图 2—2—9 所示“光标”位置)，按“操作”软键，进入下一级界面。

4）按“No：1”软键或输入“1”，再按“输入”软键，将“参数写入”设定为“1”。这样，参数处于可写入状态。同时 CNC 发生报警（SW0100）“参数写入开关处于打开”。

5）按“SYSTEM”键，再按“参数”软键，进入参数界面，找到需要设定参数的页面，将光标置于需要设定的位置上。

6）输入参数，然后按“INPUT”键，输入的数据将被设定到光标指定的参数中。

7）参数设定完毕，需要将“参数写入”设置为“0”，即禁止参数设定，防止参数在无意中被更改。

8）同时按下“RESET”键和“CAN”键，解除“SW0100”报警。有时，在参数设定中会出现报警“PW0000 必须关断电源”，此时要先关闭数控系统电源再开启。

（2）用“参数设定支援”菜单快速设定参数

通常情况下，在参数设置界面输入参数号就可以搜索到对应的参数，从而进行参数的修改。此外，FANUC 数控系统还提供了一种简单快捷的操作方式，即利用“参数设定支援”菜单分类设置参数。按数下“SYSTEM”键，进入“参数设定支援”窗口，如图 2—2—10 所示。在窗口中移动光标键，使光标停留在要设置的参数所在的选项，按下“操作”软键，再按“选择”软键，进入参数设置界面，在此分别设置各参数值。当光标移到某一参数时，在界面的左下角会显示此参数的含义和设置选项。

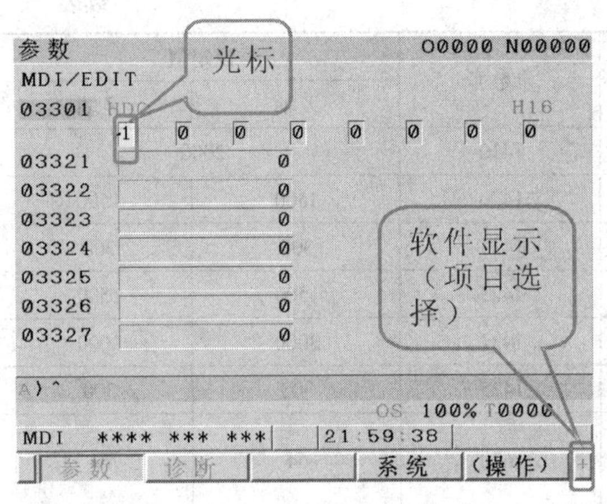


图 2—2—9　参数界面

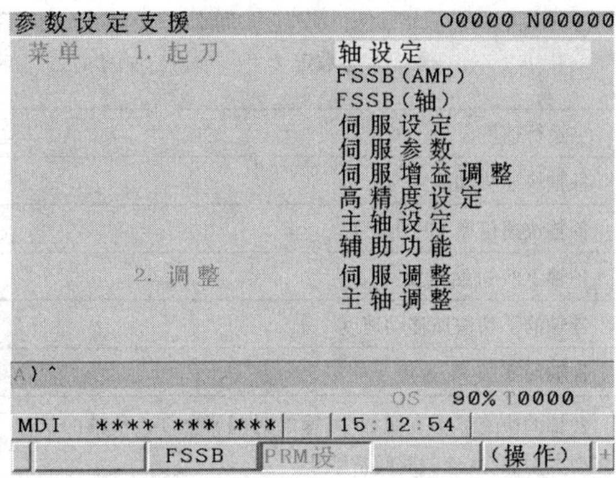


图 2—2—10　“参数设定支援”窗口

有些参数以 8 位数值显示时，在系统屏幕上从右到左依次为第 0 到第 7 位，资料中以“××#0”表示第××号参数的第 0 位，以“××#2”表示第××号参数的第 2 位。

例如，利用“参数设定支援”进行“轴设定”。

1）按数下“SYSTEM”键，进入“参数设定支援”窗口。

2）在窗口中，选择“轴设定”项（图 2—2—10 所示高亮区域），按下“操作”/“选择”，设置参数。参数见表 2—2—6（此参数是保证各轴电动机能够正常启动和正常运转的必须参数）。

**表 2—2—6　轴设定参数**

| 参数定义 | 参数号 | 设定值 | |
|---|---|---|---|
| | | *X* 轴 | *Z* 轴 |
| 1：直径指定；0：半径指定 | 1006#3 | 0 | 0 |
| 各轴的程序名称 | 1020 | 88 | 90 |
| 基本坐标系轴的设定 | 1022 | 1 | 3 |
| 每个轴的伺服轴号 | 1023 | 1 | 2 |
| 各轴的伺服环增益 | 1825 | 3000 | 3000 |
| 各轴移动中允许的最大位置偏差量 | 1828 | 20000 | 20000 |
| 各轴停止时的最大允许位置偏差量 | 1829 | 1000 | 1000 |
| 旋转轴每转一周的移动量 | 1260 | 360 | 360 |
| 各轴正方向存储行程检测 1 的坐标值 | 1320 | 根据实际位置测定 | |
| 各轴负方向存储行程检测 1 的坐标值 | 1321 | 根据实际位置测定 | |

续表

| 参数定义 | 参数号 | 设定值 | |
|---|---|---|---|
| | | X 轴 | Z 轴 |
| 空运行速度 | 1410 | 2000 | |
| 各轴快速移动速度 | 1420 | 1500 | 1500 |
| 各轴快速倍率 F0 的速度 | 1421 | 300 | 300 |
| 各轴 JOG 进给速度 | 1423 | 1500 | 1500 |
| 各轴的手动快速移动速度 | 1424 | 3000 | 3000 |
| 各轴回零的 FL 速度 | 1425 | 300 | 300 |
| 各轴的快速移动直线加/减速的时间常数 T，各轴的快速移动类型加/减速的时间常数 T1 | 1620 | 64 | 64 |
| 各轴切削进给加/减速时间常数 | 1622 | 64 | 64 |
| 各轴 JOG 进给的加减速时间常数 | 1624 | 64 | 64 |

在参数设定后，数控装置应先关闭电源再接通，以使参数设置生效。当在数控机床上调试时，如果调整、修改参数，必须先使用存储卡备份系统上的参数，以方便恢复数据，并防止误操作而使数据丢失。

### 3. 数控系统的数据备份和恢复

FANUC 数控系统中的加工程序（POGRAM）、参数（PARAMETER）、螺距误差补偿（PITCH）、宏参数（MACRO）、刀具补偿（OFFSET）、工件坐标系（WORK）、PMC 程序、PMC 数据（PMC - PARAMETER），在机床断电后是依靠安装在控制单元上的电池进行保存的。如果控制单元损坏、电池失效或更换时出现差错，都会导致数据的丢失，如果之前没有做好备份的话，将导致严重的损失。因此，数控机床平时就要定期开机运行，定期做好数据的备份工作，以防意外发生。

FANUC 数控系统数据的备份和恢复有两种方法：一种是使用存储卡进行数据备份和恢复。FANUC 数控系统数据备份用的存储卡有 SRAM 存储卡、快闪存储卡、快闪 ATA 卡、CF 卡等，它们所用的工作电压均为 5 V。另一种是通过 RS232 串口与个人计算机连接，进行数据的备份和恢复。相比之下，使用存储卡的方法更简便，传输性能更优越。

使用存储卡或计算机备份与恢复数据，在数控装置上使用不同的输入/输出通道。通道

的选择取决于20#参数的设定，20#参数的意义是选择输入/输出设备，设定为0或1时使用RS232串行口1，设定为4时使用存储卡接口。

（1）利用存储卡进行NC参数的备份和恢复

1）将运行方式切换到编辑方式，插入存储卡。

2）如果要把数控系统参数备份到存储卡中，则按下操作面板上的“SYSTEM”键，再选择“参数”软键/“操作”软键/“右扩展”软键/“输出”软键/“全部”软键/“执行”软键，此时可以看到屏幕的右下角有“输出”字样闪烁，直到输出完成。

3）如果要把存储卡中备份的参数恢复到数控系统中，则按下操作面板上的“SYSTEM”键，再选择“参数”软键/“操作”软键/“右扩展”软键/“读取”软键/“执行”软键，此时就可以看到屏幕的右下角有“输入”字样闪烁，直到恢复完成。

4）关闭数控系统电源，再重新启动数控系统，参数生效。

NC参数在备份到数控系统中时使用默认名称，故在恢复到数控系统时同样使用默认名称。

（2）利用存储卡进行PMC程序的备份和恢复

1）将运行方式切换到编辑方式，插入存储卡。

2）按下操作面板上的“SYSTEM”键，再选择按三下“右扩展”软键/按下“PMC-MNT”软键/“I/O”软键，进入输入/输出界面，进行如下设置：

装置＝存储卡　　　　功能＝写

数据类型＝顺序程序　　文件名＝#TH（以字母和数字任意命名）

为了便于识别和记忆，将光标移动到“文件名”一栏内，输入“#”（按下Shift，再按2），再输入名字，如“TH”，按“INPUT”键，输入的文件名取代了系统默认的文件名。

3）文件名输入完毕后，按下“执行”软键，程序开始从数控系统传输到存储卡中，同时可以看到传输的进度，直到在左下角显示“正常结束”，传输完成，此时PMC程序就以“TH”为文件名备份到存储卡中了。

4）如果要把存储卡中备份的PMC程序恢复到数控系统中，按下操作面板上的“SYSTEM”键，再选择按三下“右扩展”软键/按下“PMCMNT”软键/“I/O”软键，进入输入/输出界面，进行如下设置：

装置＝存储卡　　　　功能＝读取

数据类型 = 顺序程序　　文件名 = #TH（以#开头输入存储卡中已有程序的名字）

5）文件名输入完毕后，按下“执行”软键，程序开始从存储卡传输到数控系统中，同时可以看到传输的进度，直到在左下角出现“正常结束”，传输完成。

6）程序传输完成后，按下最左侧的“返回”键，回到上一界面，再按下“I/O”软键，进入输入/输出界面，进行如下设置：

数据类型 = F - ROM　　　　　　　功能 = 写

其他项目保持默认设置。设置完成后，按下“执行”软键，直到在左下角出现“正常结束”，保存完成，把程序存储到数控系统内部存储器中，以防断电丢失。

7）当传输完毕后，将数控系统断电，待数控系统重新通电后，PMC 程序便自动运行了，操作面板的各按钮均已生效。

**4．软件故障的诊断与处理**

数控机床的软件故障多数是由于软件功能存储器故障或参数变化造成的。排除软件故障的方法一般有三种：核对参数，修改参数，更换存储器芯片。具体地说，对于软件丢失或参数变化造成的运行异常、程序中断和停机故障，可通过核对数据、更改程序或清除程序后再重新输入的方法来恢复系统的正常工作；对于程序运行或数据处理中发生中断而造成的停机故障，可采取硬件复位法或关掉数控机床总电源开关，然后再重新开机的方法排除故障。引起数控系统软件故障的常见原因及诊断与处理见表 2—2—7。

**表 2—2—7　　　　数控系统软件故障的诊断与处理**

| 故障现象 | 故障原因 | 诊断与处理 |
|---|---|---|
| 误操作 | 在调试用户程序或修改机床参数时，操作者误删除或更改了软件内容或参数，从而造成软件故障 | 对照机床参数说明书或加工程序，更改变化了的参数或更正编写的加工程序，来排除机床故障 |
| 数控系统后备电池电压不足 | 由于为 RAM 供电的电池电压不足，电池电路断路、短路、接触不良等，都会造成 RAM 得不到维持电压 | （1）应对长期闲置不用的数控机床经常定期开机，以防电池长期得不到充电，造成机床软件和数据的丢失<br>（2）为 RAM 供电的电池当出现电量不足报警时，应及时更换新的电池，以防最后连报警都无法提供，出现软件和数据的丢失 |
| 干扰信号引起 | 由于电源的波动及干扰脉冲串入数据系统控制总线，引起时序错误或造成数控装置等停止运行 | 采取现象查找干扰源，根据预防干扰措施，加强重复接地、接零与稳定电源 |
| 软件死循环 | 由于运行复杂程序或进行大量计算时，有时会造成系统死循环引起系统中断，造成软件故障 | 优化程序或关闭电源，重新启动系统 |
| 操作不规范 | 操作者违反了机床的操作规范，从而造成机床报警或停机现象 | 加强对操作者的业务培训，严格执行操作规范 |
| 用户程序出错 | 由于用户程序中出现语法错误、非法数据、运行或输入中出现故障报警等 | 根据提示可采取对数据、程序进行更改或清除后再重新输入的方法来恢复系统的正常工作 |

当参数出现问题时，可以选择下列三种方式中的一种来恢复系统。

（1）对照随机资料参数表硬拷贝逐个检查机床的参数。

（2）利用输入/输出设备恢复参数。

（3）利用计算机和数控机床的 DNC 功能，通过 DNC 软件进行参数输入。

## 三、数控装置常见电气故障的诊断与处理方法

当数控装置发生故障时，首先需要判断故障发生的部位，即初步确定故障发生在系统内部还是系统外部。当故障发生在系统内部时，一般可以通过系统的报警显示来确认故障原因，必要时可以借助各组成模块的指示灯来进一步确认。当故障发生在系统外部时，还需要判断故障是由 PMC 程序逻辑条件不满足引起的，还是由机床系统的元器件故障引起的。为此，在维修和排除故障时，应熟练掌握系统 I/O 接口信号诊断技术，变频器、驱动器以及电动机相关的应用技术，以便准确高效地排除故障。数控装置常见的故障诊断与处理方法见表2—2—8。

**表 2—2—8　　数控装置常见故障诊断与处理方法**

| 故障现象 | 诊断与处理方法 |
| --- | --- |
| 电池报警故障 | 当报警灯亮时，应及时更换电池，否则机床参数可能丢失。而且应该在机床通电状态下更换电池，以保证参数不丢失，系统能正常工作 |
| 键盘故障 | 在使用键盘输入程序时，如果有字符不能输入、不能消除、程序不能复位或显示屏不能变换页面等故障，首先检查有关按键是否接触不好，进行修复或更换；若没有效果或所有按键都不起作用，可进一步检查该部分的接口电路板、系统控制软件及电缆连接状态等 |
| 熔丝熔断 | 数控装置内熔丝熔断，多由于在对数控装置进行测量时的误操作，或由于数控机床发生了撞车或装置内有短路故障等所致。因此，更换熔丝前一定要查明原因，排除后更换同规格、同型号的熔丝 |
| 数控机床参数故障 | 在加工过程中，温度及使用状况的变化，机床突然断电，或因意外按下急停按钮等情况发生时，都可能使机床参数发生变化，导致数控机床不能正常工作。可通过参数的查找、修改或通过参数恢复来处理 |
| 数控装置“NOT READY”（没准备好）故障 | （1）首先应检查 CRT 显示面板上是否有其他故障指示灯亮及故障信息提示。若有问题应按故障信息目录的提示去处理<br>（2）检查伺服系统电源装置是否有熔丝熔断、断路器跳闸等问题。如果合闸或更换新的熔丝后断路器再次跳闸，应检查电源部分是否有问题；检查是否有电动机过热、大功率晶体管组件过电流等故障而使计算机监控电路起作用；检查数控装置各板是否有故障指示灯点亮情况<br>（3）检查数控装置所需各交流电源、直流电源的电压值是否正常。如果电源电压不正常，会造成系统逻辑混乱而产生“NOT READY”（没准备好）故障 |

续表

| 故障现象 | 诊断与处理方法 |
| --- | --- |
| 显示器无辉度或无任何画面 | （1）原因可能是显示器有关单元电缆连接不良。应重新检查、连接电缆<br>（2）检查显示器单元的输入电压是否正常。在检查前，应先确定显示器单元所用的电源是直流还是交流，确认其额定电压值。在确认输入电压过低的情况下，还应检查接入电网的电压是否正常。如果是电源电路接触不良，造成输入电压过低时，还会引起数控装置的某些印制电路板上硬件或软件报警，如主轴低压报警灯亮，因此可通过几个方面的相互印证来确认故障所在<br>（3）显示器单元本身故障 |

## 四、故障检修流程

### 1. 检修基本流程

以 FANUC 0i Mate－TD 型数控车床电气故障为例，介绍故障检修基本流程。

在实际维修中，当数控机床出现故障时，维修人员应先向操作人员询问数控机床故障发生的有关具体情况，如故障发生在什么时候，发生了几次，是由于何种操作引起的，有什么现象。待了解故障现象后，再按照步骤进行检修。检修前应悬挂“机床维修中，请勿靠近”等警示牌。

（1）通电前检查外部电气元器件

在给数控车床通电前，维修人员应先检查数控机床的外部电气元器件，包括观察机床外部电气元器件是否有损坏、散热风扇转动是否灵活、接线是否有松动现象，周围环境温度是否太高等。

（2）通电试运行，进一步观察故障现象

根据数控车床操作说明书，通电试运行，结合相关信息仔细地观察，并把故障现象详细地记录在故障维修记录单（见表2—2—9）中。例如，发现数控车床运行一段时间后才出现报警信息“OH0700”。

**表 2—2—9　　数控机床故障维修记录单**

<table>
<tr><td>维修时间</td><td colspan="2"></td><td>维修人员</td><td></td></tr>
<tr><td>设备名称</td><td colspan="2">数控车床</td><td>设备型号</td><td></td></tr>
<tr><td>故障现象</td><td colspan="4"></td></tr>
<tr><td rowspan="3">诊断与维修</td><td>可能故障部位</td><td>是否正常</td><td>排除方法</td><td>维修用零配件</td></tr>
<tr><td></td><td></td><td></td><td></td></tr>
<tr><td></td><td></td><td></td><td></td></tr>
</table>

续表

| | 可能故障部位 | 是否正常 | 排除方法 | 维修用零配件 |
|---|---|---|---|---|
| 诊断与维修 | | | | |
| | | | | |
| 维修小结 | | | | |
| 维修后试运行确认维修结果 | | | | |

（3）分析原因，确定故障范围

查阅维修手册（或通过分析）可知，OH0700 报警信息表示控制单元过热。报警原因可能是控制单元散热风扇损坏、周围环境温度大于 45℃、主板温度检测装置失效等。详细分析故障的确实原因，并把故障原因记录在数控机床故障维修记录单中。

（4）根据故障分析范围，正确检修

根据分析的故障原因，采取正确的检修方法进行检修。检修过程中，应把故障排除方法和故障点详细记录在故障维修记录单中。

（5）故障修复，并通电试运行，确认数控车床恢复正常运行状态。

（6）检修完毕，切断电源，清扫场地。

**2．典型故障的分析与诊断流程**

（1）故障一：FANUC 0i Mate－TD 数控装置通电后 LCD 上没有任何显示

故障分析与诊断：当数控装置通电后，LCD 上没有任何显示，并停留在显示“LOADING GRAPHICSYSTEM”（加载图形系统）的情形。出现此故障时，可以通过查阅 FANUC 0i Mate－TD 维修手册分析和确定故障。其分析与诊断流程如图 2—2—11 所示。

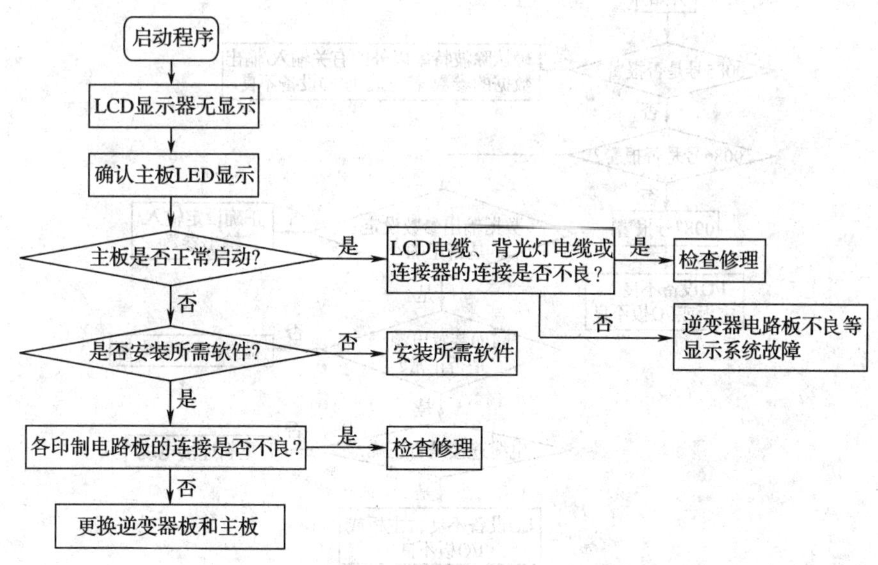


图 2—2—11　LCD 无显示故障分析与诊断流程图

（2）故障二：FANUC 0i Mate－TD 数控装置出现 OH0700 报警

故障分析与诊断：当数控机床通电运行后，出现报警信息"OH0700"。通过查阅维修手册，可知此故障是控制单元过热报警。故障分析与诊断流程如图 2—2—12 所示。

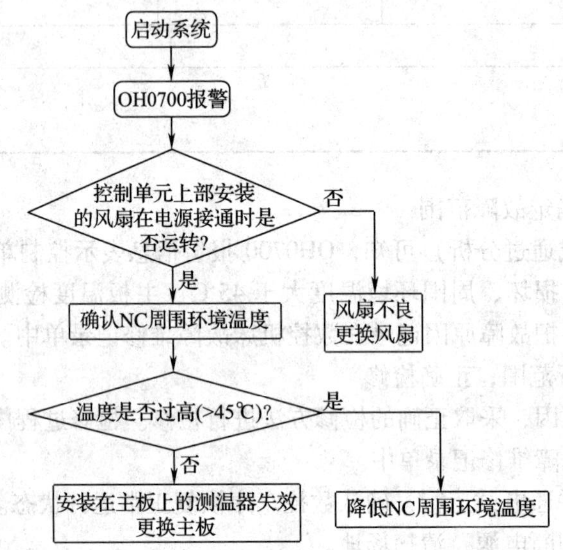


图 2—2—12　OH0700 报警故障分析与诊断流程图

（3）故障三：FANUC 0i Mate－TD 系统出现 SR0085～0087 报警

故障分析与诊断：当数控机床通电后，出现报警信息"SR0085～0087"。查阅维修手册，可知此故障是程序输入、输出报警。故障分析与诊断流程如图 2—2—13 所示。

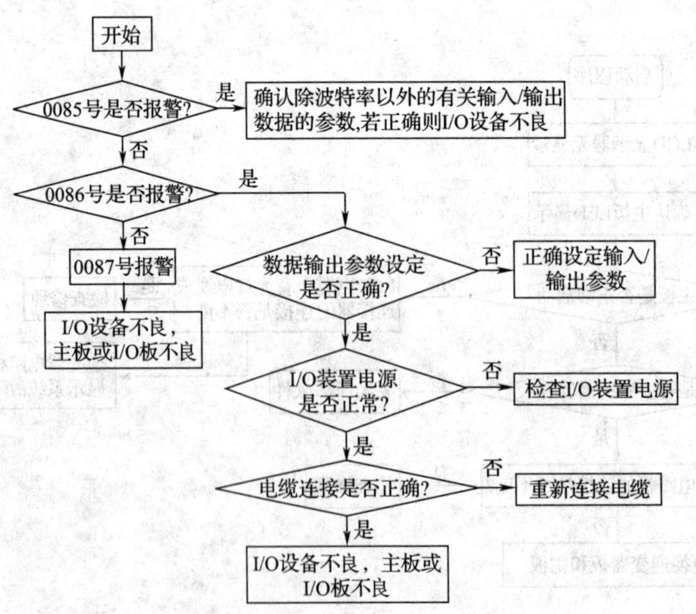


图 2—2—13　SR0085～0087 报警故障分析与诊断流程图

## 数控系统故障维修实例

【故障实例 1】

故障现象：配置 FANUC－11MA 系统的数控加工中心机床在运行时，CRT 突然无显示，主控制板上产生“F”报警。

故障分析与诊断：先从系统的 CRT 无显示进行分析，检查 CRT 单元本身、与 CRT 单元有关的电缆连接、输入 CRT 单元的电源电压以及 CRT 控制板等均未发现问题。再按照主板上提示的“F”报警号来分析，其可能的原因有：连接单元的连接有问题，连接单元故障，主控制板故障，以及 I/O 板有故障。但经认真检查，上述原因都被排除。发现是由于外加电源＋5 V 电压没有加上造成的。

【故障实例 2】

故障现象：配置 SIEMENS 802D 系统的数控铣床，开机时出现报警：ALM380500、400015、40000、025201、026102、025202；驱动器显示报警号“AIM599”。

故障分析与诊断：查阅报警信息可知，ALM380500：PROFIBUS DP 驱动器连接出错；ALM400015：PROFIBUS DP I/O 连接出错；ALM40000：PLC 停止；ALM025201：驱动器 1 出错；ALM 026102：驱动器不能更新；ALM025202：驱动器 1 出错，无法通信正常。驱动器显示报警号“AIM599”：802D 与驱动器之间的循环数据转换中断。根据信息提示，进一步分析如下：

（1）开机时，伺服驱动器可以显示“RUN”，表明伺服驱动器系统可以通过自检，驱动器硬件无故障。

（2）系统初始化完成后，驱动器“使能”信号尚未输出，系统就出现报警；并且驱动器也随之报警。

根据以上两点分析，可以暂时排除伺服驱动器故障，由此可以考虑故障应该是由系统引起的。

（3）系统报警 ALM400015（PROFIBUS DP I/O 连接出错）属于硬件报警，而 ALM40000（PLC 停止）报警一般不会引起硬件报警。通过分析，引起 ALM400015 报警可能出在 I/O 单元。

（4）重点检查 I/O 单元。经检查 I/O 单元指示灯“POWER”不亮，表明 I/O 单元无 DC24 V 电源。经检查 DC24 V 供电回路，发现接线端子接触不良，重新连接后指示灯亮，系统报警消失，机床恢复正常。

【故障实例 3】

故障现象：配置 FANUC 0i－Mate 系统的数控车床，无法输入对刀值等参数，不能编辑程序，并伴有报警。

故障分析与处理：根据故障现象来看，与系统锁住时现象一样。首先检查程序保护开关，通过测量发现程序保护开关正常。再进一步观察故障系统的梯形图，发现 X56 输入点无信号输入，说明这条输入线路断路。沿着这条线号利用万用表检查，发现在操作面板后面波段开关接头处线头脱落，导致线路无法输入信号，使 PLC 逻辑关系不正确，才出现上述故障。把脱落的线头重新焊接好，报警解除，参数输入正常，故障消失。

【故障实例 4】

故障现象：某配置 SIEMENS 810M 系统的龙门数控加工中心，在自动执行程序时，出现 ALM3003 报警。

故障分析与诊断：SIEMENS 810M 系统出现 ALM3003 报警的含义是“程序中的地址不正确，”或“NC－MD 5480/5500/5520/5540 设定的轴名称与 NC－MD 5680/5681/5682/5683 设定的轴名称不统一”。

检查加工程序正确，未发现编程错误。进一步检查系统参数，发现该机床的坐标轴名称设定存在矛盾，即参数 NC－MD 5480/5500/5520/5540 中定义的轴名称分别为：X、Y1、Z1，但是在参数 NC－MD 5680/5681/5682/5683 中定义的轴名称为：X、Y、Z、A，两者矛盾。修改参数，使其统一后，故障排除。

【故障实例 5】

故障现象：配置华中 HNC－21T 系统的数控机床，接通系统电源后，屏幕显示时有时无。

故障分析与诊断：根据故障现象分析，出现此故障现象多属于线路接触不良所致。首先检查系统电源 DC24 V 和 DC5 V 都正常；检查 CRT 背部亮度电位器也正常；进一步检查连接线也都接触良好。当拆动系统 CPU 电路板时，屏幕又出现亮度，怀疑主板上有接触不良的地方，拆下 CPU 主板检查，发现主板上的晶振有一管脚虚焊。用电烙铁重新对焊点进行补焊后，故障排除。

【故障实例 6】

故障现象：某数控系统，机床通电后 CRT 无显示。

故障分析与诊断：首先检查 NC 电源＋24 V、＋15 V、－15 V、＋5 V 均无输出，此现象可以确定是电源方面出了问题。根据电气原理图逐步从电源的输入端进行检查，当检查到熔断器后面的电源噪声滤波器时发现性能不良，后面的整流、振荡电路均正常，拆开噪声滤波器外壳发现里面烧焦，更换噪声滤波器后，系统故障排除。

【故障实例 7】

故障现象：CAK6180D 型数控车床，配置 FANUC 0i Mate－TC 系统。系统不能开机，屏幕不亮。

故障分析与诊断：按系统电源上电开关，屏幕不亮，打开电气柜发现稳压指示灯微亮，用万用表测量电压只有 4 V。取下＋24 V 导线，电压恢复正常，说明负载有轻微短路现象。通过原理分析可知，＋24 V 电压分别供给几处用电，逐一取下排除，当取下放大器 CXA19＋24 V插头时，电压恢复正常，能开机，屏幕也亮了，由此确定放大器损坏。更换放大器，故障排除，机床恢复正常。

# 技能实训4　数控装置（FANUC系统）故障检修流程

## 一、实训目的

1. 了解数控装置的结构及相关功能。
2. 熟悉数控装置的故障检修流程。

## 二、设备与工具清单

常用设备与工具清单见表2—2—10。

表2—2—10　常用设备与工具清单

| 序号 | 设备与工具 | 型号与名称 | 数　量 |
|---|---|---|---|
| 1 | 数控车床 | CAK4085di 数控车床 | 1台 |
| 2 | 电工常用工具 | 自定 | 1套 |
| 3 | 仪器仪表 | 自定 | 1套 |
| 4 | 机床说明书 | | 1本 |

## 三、实训内容及步骤

### 1. 设置故障

（1）设置数控机床LCD无显示故障。

（2）设置数控机床加工程序输入或输出报警故障。

①由教师或同组学生参照§2—2中故障检修流程内容中的故障诊断实例设置故障，以便于学生按照教材中提供的检修流程进行模拟训练。

②设置故障时必须在停电状态下进行，切忌更改线路和损坏元件等，确保人身和设备安全。

### 2. 检修步骤

（1）数控机床LCD无显示故障的检修步骤，可参考故障检修实例中的检修步骤，并结合图2—2—11所示检修流程图，进行逐项检查，直到找到故障点，并详细填写故障维修记录表（见表2—2—11）。

（2）数控机床加工程序输入或输出报警故障所示检修步骤，可参考故障检修实例中的检修步骤，并结合图2—2—13所示检修流程图，进行逐项检查，直到找到故障点，并详细填写故障维修记录表（见表2—2—12）。

（3）故障修复，通电试运行。

（4）检修完毕，切断电源，清扫场地。

①操作时应切断机床电源，排除故障时应注意断电，试运行时应确保安全。

②学生应在指导教师的监督下进行程序及参数传输，并确保设备正常，其中拔下传输电缆操作应在断电状态下进行。

## 四、故障维修记录填写

表 2—2—11　　数控机床 LCD 无显示故障维修记录表

| 维修时间 | | 维修人员 | | |
|---|---|---|---|---|
| 设备名称 | 数控车床 | 设备型号 | | |
| 故障现象 | | | | |
| 诊断与维修 | 可能故障部位 | 是否正常 | 排除方法 | 维修用零配件 |
| | | | | |
| | | | | |
| | | | | |
| | | | | |
| 维修小结 | | | | |
| 维修后试运行确认维修结果 | | | | |

表 2—2—12　　数控机床加工程序输入或输出报警故障维修记录表

| 维修时间 | | 维修人员 | | |
|---|---|---|---|---|
| 设备名称 | 数控车床 | 设备型号 | | |
| 故障现象 | | | | |
| 诊断与维修 | 可能故障部位 | 是否正常 | 排除方法 | 维修用零配件 |
| | | | | |
| | | | | |
| | | | | |
| | | | | |
| 维修小结 | | | | |
| 维修后试运行确认维修结果 | | | | |

## 五、评分标准

完成任务后，学生先按照表 2—2—13 进行自我测评，再由指导教师评价审核。

**表 2—2—13**　　　　**测评表**

| 序号 | 项目 | 考核内容及要求 | 配分 | 评分标准 | 扣分 | 得分 |
|---|---|---|---|---|---|---|
| 1 | 材料准备 | 检查工具（5 分）、资料(5 分)是否准备齐全 | 10 | 1. 工具不齐全，每少一件扣 1 分<br>2. 资料不齐全，扣 5 分 | | |
| 2 | 故障现象勘察 | 1. 通电前，检查机床外观、电气元器件（5 分）<br>2. 正确通电试运行（5 分）<br>3. 正确描述故障现象(5 分) | 15 | 1. 不能全面检查机床外观、电气元器件，每漏检一处扣 1 分<br>2. 不能正确通电试运行，扣 5 分<br>3. 不能描述故障现象，扣 5 分 | | |
| 3 | 故障原因分析 | 1. 故障分析思路正确、清晰(5 分)<br>2. 故障原因分析正确、完整(15 分)<br>3. 正确查阅资料（5 分） | 25 | 1. 思路不清晰或不正确，扣 5 分<br>2. 不能正确分析故障原因或分析不完整，每错一处扣 3 分<br>3. 不能查阅资料，扣 5 分 | | |
| 4 | 故障处理 | 1. 对故障部位进行维修(25 分)<br>2. 试运行，对维修效果进行验证（5 分） | 30 | 1. 工具使用不正确，扣 5 分<br>2. 停电不验电，扣 5 分<br>3. 思路不清晰，扣 10 分<br>4. 工时控制不合理，扣 5 分<br>1. 不会试运行或维修试运行结果不正确，扣 2 分<br>2. 不能对维修部位恢复，扣 3 分 | | |
| 5 | 安全文明生产 | 应符合国家安全文明生产的有关规定 | 10 | 违反安全文明生产有关规定不得分 | | |
| 6 | 实操过程记录 | 填写清晰、准确 | 10 | 填写不准确不得分 | | |
| 指导教师评价 | | | | | 总得分 | |

# 第三章

# 数控机床进给伺服系统故障检修

## §3—1 数控机床进给伺服系统的组成及工作原理

1. 了解数控装置对进给伺服系统的基本要求。
2. 掌握步进伺服系统的组成及工作原理。
3. 了解 FANUC 伺服驱动器的分类与特点。
4. 掌握交流伺服进给驱动装置的组成及工作原理。

### 一、进给伺服系统概述

#### 1. 进给伺服系统的组成

进给伺服系统是数控机床的重要组成部分，是以移动部件（如工作台）的位置和速度作为控制量的自动控制系统。其功能是接收数控装置发来的指令信号，经变换和放大，由执行元件（伺服电动机）将其变换为具有一定方向、大小和速度的机械角位移，通过齿轮和丝杠螺母副带动工作台移动，从而实现驱动数控机床各运动部件的进给运动。进给伺服系统的组成一般由控制调节器、功率驱动装置、检测反馈装置和伺服电动机四部分组成，如图 3—1—1 所示。

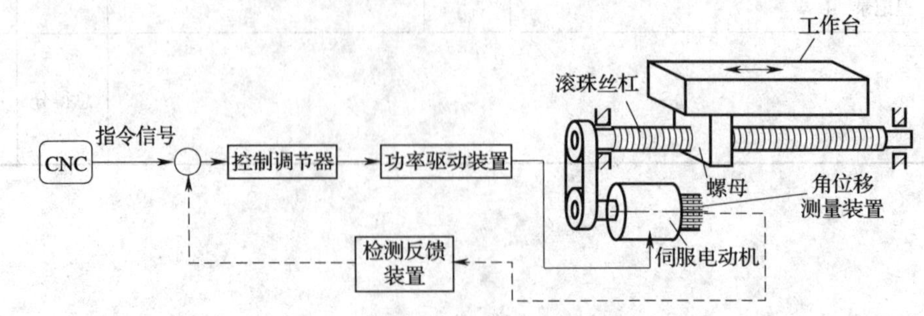


图 3—1—1　进给伺服系统组成框图

**2. 数控机床对进给伺服驱动系统的要求**

（1）位置精度要高

位置精度主要包括静态、动态和灵敏度。静态（尺寸精度）：定位精度和重复定位精度要高，即定位误差和重复定位误差要小；动态（轮廓精度）：跟随精度要高，这是动态性能指标，用跟随误差表示；灵敏度要高，有足够高的分辨率。

（2）响应要快

加工过程中，进给伺服驱动系统跟踪指令信号的速度要快，过渡时间要短，一般应在几十毫秒以内，且无超调，这样跟随误差才小，否则对机械部件不利，无法保证加工质量。

（3）调速范围要宽

为保证在任何切削条件下都能获得最佳的切削速度，要求进给伺服驱动系统必须提供较大的调速范围，一般调速范围应达到1∶2 000。现有的高性能进给伺服系统已具备无级调速，且调速范围在1∶10 000以上。

（4）工作稳定性要好

工作稳定性是指伺服系统在突变指令信号或外界干扰的作用下，能够快速地达到新平衡状态或恢复原有平衡状态的能力。工作稳定性越好，机床运动平稳性越高，工件的加工质量就越好。

（5）低速转矩要大

在切削加工中，粗加工一般要求低进给速度、大切削量，为此，要求进给伺服驱动系统在低速进给时输出足够大的转矩，提供良好的切削能力。

**3. 进给伺服驱动系统的分类**

数控机床的进给伺服系统，按有无位置检测反馈装置，分为开环、半闭环和闭环控制系统；按驱动电动机的类型，分为步进伺服驱动系统、直流伺服驱动系统和交流伺服驱动系统三大类。目前由于直流伺服电动机具有电刷和机械换向器，使结构与体积受到限制，现已被交流伺服电动机取代。本节只学习步进伺服驱动系统和交流伺服驱动系统。

## 二、步进伺服驱动系统及工作原理

**1. 步进进给伺服驱动系统**

步进进给伺服驱动系统是最经济的开环位置控制系统，主要由步进驱动器、步进电动机和减速传动机构组成。目前，在中、低档数控机床及普通机床改造中经常采用，如图3—1—2所示。

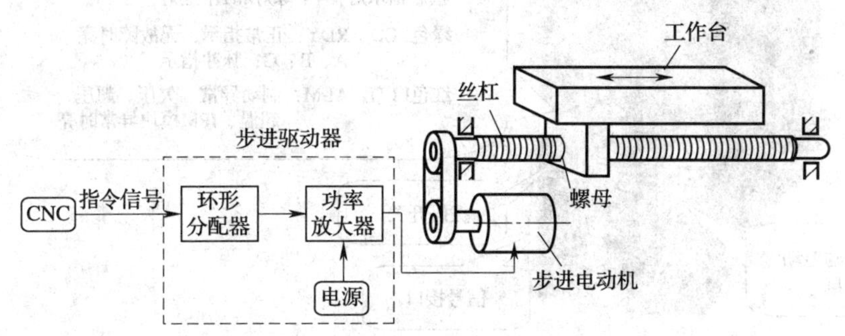


图3—1—2　步进进给伺服驱动系统组成框图

(1) 步进电动机

图 3—1—3　步进电动机

步进电动机又称为脉冲电动机，是一种将电脉冲信号转化为机械角位移的电磁机械装置，如图 3—1—3 所示。在非超载的情况下，电动机的转速、停止的位置只取决于脉冲信号的频率和脉冲数，而不受负载变化的影响。当步进驱动器接收到一个脉冲信号时，就驱动步进电动机按设定的方向转动一个固定的角度。运行中可以通过控制脉冲个数来控制角位移量，从而达到准确定位的目的。同时，可以通过控制脉冲频率来控制步进电动机转动的速度和加速度，从而达到调速的目的。

常用的步进电动机有永磁式和混合式两种。永磁式步进电动机一般为两相，转矩和体积较小，步距角一般为 7.5°或 15°。混合式步进电动机又分为两相、三相和五相等，两相混合式步进电动机的步距角一般为 1.8°，而五相混合式步进电动机的步距角一般为 0.72°。混合式步进电动机的应用最广。

(2) 步进电动机驱动器

步进电动机驱动器实现将电信号由弱电到强电的转换和放大，也就是将逻辑电平信号变换成电动机绕组所需的、具有一定功率的电流脉冲信号。驱动控制电路由环形分配器和功率放大器组成，如图 3—1—2 所示。环形分配器是用于控制步进电动机的通电方式的，其作用是将数控装置送来的一系列指令脉冲按照一定的顺序和分配方式加到功率放大器上，控制各相绕组的通电、断电。功率放大器主要是将环形分配器输出的脉冲进行放大，用于控制步进电动机的运转。

图 3—1—4 所示为广州数控 DY3B 型三相混合式步进电动机驱动器。该驱动器内部采用

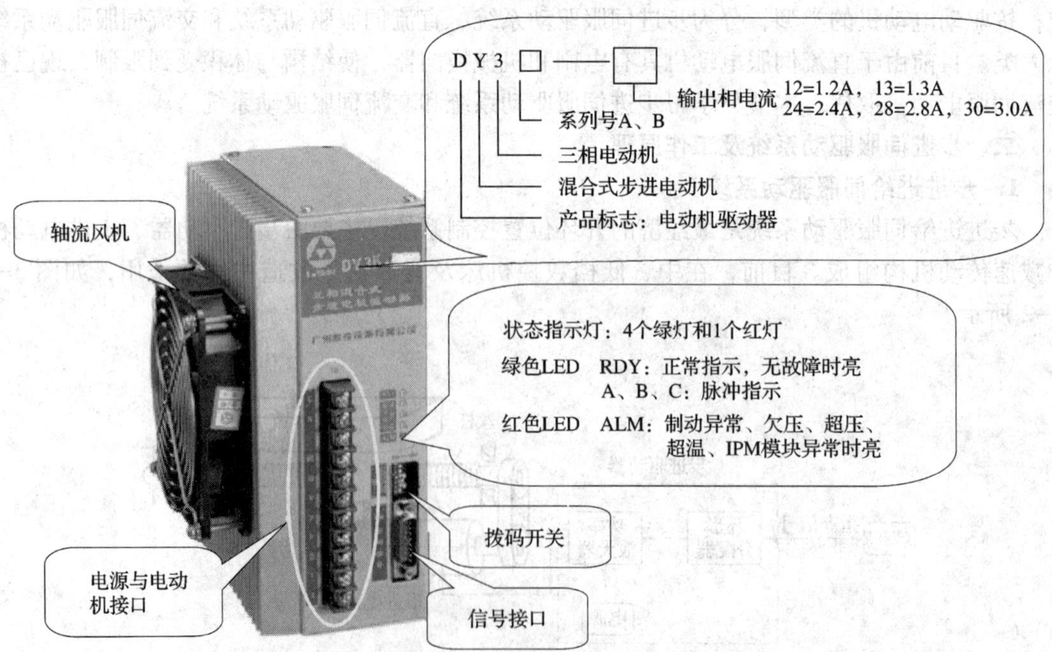


图 3—1—4　广州数控 DY3B 型三相混合式步进电动机驱动器

SPWM（正弦脉宽调制）正弦波驱动，数字技术实现矢量细分，电动机旋转定位精度高、运行平稳、噪声低。选用三菱公司智能功率模块（IPM），耐电压冲击力强，稳定性好，具有过载、短路、过压、过热等完善的保护功能。此电路可以使电动机运行平稳，几乎没有振动和噪声，电动机在高速时，力矩大大高于二相和五相混合式步进电动机。

1）技术参数。见表3—1—1。

**表3—1—1　　DY3B型三相混合式步进电动机驱动器的技术参数**

| 名称 | 参数值 |
|---|---|
| 输入电源 | AC220 V　−15% ~ +10%　50/60 Hz　3 A（MAX） |
| 输出相电流 | 相电流有效值不大于4.5 A |
| 适配电动机 | 三相混合式步进电动机（步距角0.6°） |
| 工作环境 | 0 ~ 45℃　10% ~ 85% RH、不结露。无腐蚀性、易燃、易爆、导电性气体、液体和粉尘 |
| 存放环境 | −20 ~ 80℃　10% ~ 85% RH、不结露 |
| 驱动方式 | PWM（脉宽调制）恒流斩波，三相正弦波电流输出 |
| 步距角 | 可由用户设定：0.036°、0.045°、0.06°、0.072°、0.075°、0.09°、0.12°、0.014 4°、0.18°、0.30°、0.36°、0.45°、0.6°、0.72°、0.75° |
| 对应电动机每转脉冲 | 10 000、8 000、6 000、5 000、4 800、4 000、3 000、2 500、2 000、1 200、1 000、800、600、500、480 |
| 步距角设定方式 | DIP 开关（SW1、SW2、SW3、SW5）设定 |
| 输入信号 | DP/$\overline{CP}$（脉冲）；DIR/$\overline{DIR}$（方向）；EN/$\overline{EN}$（使能） |
| 输入电平 | 5 V、5 ~ 10 mA，12 V 时串入1 kΩ 电阻；24 V 时串入2.2 kΩ 电阻。输入回路有电流时输入有效 |
| 位置脉冲输入方式 | 单脉冲方式：CP（脉冲）+DIR（方向）<br>脉冲宽度≥1 μs；脉冲频率≤100 kHz<br>换向时，DIR（方向）信号超前 CP（脉冲）信号≥10 μs |
| 输出信号 | RDY1/RDY2（准备好）；无报警时接通，负载30 V、0.5 A（MAX） |
| 掉电相位记忆 | 驱动器断电后自动记忆当前相位 |
| 自动减电流锁定 | 当输入脉冲停止3 s后，锁定电流自动减半 |
| 保护功能 | 超温、制动异常、欠压、超压、IPM 模块异常 |
| 状态指示 | 绿色 LED　RDY：正常指示，无故障时亮<br>A、B、C：脉冲指示<br>红色 LED　ALM：制动异常、欠压、超压、超温、IPM 模块异常时亮 |
| 外形尺寸 | 244 mm×163 mm×92 mm |
| 重量 | 2.7 kg |

2）信号接口。见表3—1—2。

表3—1—2　　信号接口及定义

| 引脚 | 端子名 | 信号说明 |
|---|---|---|
| 1 | CP + | 脉冲信号（正端）输入 |
| 9 | CP − | 脉冲信号（负端）输入 |
| 2 | DIR + | 方向电平信号（正端）输入 |
| 10 | DIR − | 方向电平信号（负端）输入 |
| 3 | EN + | 使能信号（正端）输入 |
| 11 | EN − | 使能信号（负端）输入 |
| 6 | RDY1 | 准备好信号 |
| 14 | RDY2 | 准备好信号 |

3）电源接口与电动机接口。电源输入为交流220 V，并从L/N端并联到r/t端。电动机的三根引出线可任意接U/V/W接线端，如果电动机方向错误可先关掉电源，再任意对调两个电动机引出线的接头位置。

4）拨码开关。驱动器设有6个拨码开关SW1～SW6。其中，4个拨码开关SW1、SW2、SW3、SW5为步距角设置开关，共设置15种不同步距角，见表3—1—3；另外2个拨码开关SW4和SW6作为输出驱动器电流粗调功能开关，见表3—1—4。

表3—1—3　　拨码开关位置与步距角的对照表

| 开关位置 | | | | | | | | | | | | | | | | |
|---|---|---|---|---|---|---|---|---|---|---|---|---|---|---|---|---|
| 开关位置 | SW1 | ON | OFF | ON | OFF | ON | OFF | ON | OFF | ON | OFF | ON | OFF | ON | OFF | ON |
| | SW2 | OFF | ON | ON | OFF | OFF | ON | ON | OFF | OFF | ON | ON | OFF | OFF | ON | ON |
| | SW3 | OFF | OFF | OFF | ON | ON | ON | ON | OFF | OFF | OFF | OFF | ON | ON | ON | ON |
| | SW5 | OFF | OFF | OFF | OFF | OFF | OFF | OFF | ON | ON | ON | ON | ON | ON | ON | ON |
| 步距角（°） | | 0.036 | 0.072 | 0.06 | 0.144 | 0.09 | 0.12 | 0.18 | 0.30 | 0.36 | 0.45 | 0.6 | 0.72 | 0.045 | 0.75 | 0.075 |

表3—1—4　　拨码开关位置与输出电流的对照表

| 开关位置 | | | | | |
|---|---|---|---|---|---|
| 开关位置 | SW4 | ON | OFF | ON | OFF |
| | SW6 | ON | ON | OFF | OFF |
| 电流值 | | 满电流 | 满电流×0.8 | 满电流×0.6 | 满电流×0.4 |

5）DY3B型驱动器与GSK980T系统的连接。如图3—1—5所示。

提示

①电源线和电动机线有较大电流通过，接线时一定要接牢，将端子压紧。

②驱动器和步进电动机必须可靠接地，信号线必须采用屏蔽电缆。

③不得带电拔插各种电源、电动机和信号线插头，否则将引起不良后果。

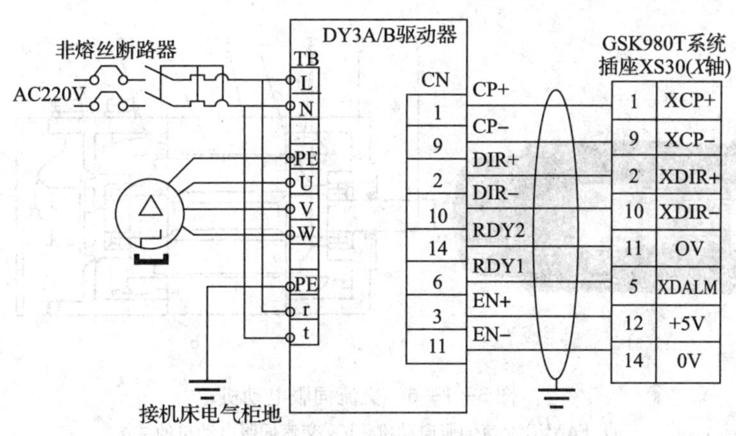


图 3—1—5　DY3B 型驱动器与 GSK980T 系统的连接

**2. 步进电动机进给伺服驱动系统的工作原理**

（1）工作台位移量的控制

数控装置发出 $n$ 个脉冲，经驱动线路放大后，使步进电动机定子绕组通电状态变化 $n$ 次，如果一个脉冲使步进电动机转过的角度为 $\alpha$，则步进电动机转过的角位移量 $\Phi = n\alpha$，再经减速齿轮及丝杠、螺母之后转变为工作台的位移量 $L$，即进给脉冲数决定了工作台的直线位移量 $L$。

（2）工作台进给速度的控制

数控装置发出的进给脉冲频率为 $f$，经驱动控制线路，表现为控制步进电动机定子绕组的通电、断电状态的电平信号变化频率。定子绕组通电状态变化频率决定步进电动机的转速。该转速经过减速齿轮及丝杠、螺母之后，表现为工作台的进给速度，即进给脉冲的频率决定了工作台的进给速度。

（3）工作台运动方向的控制

改变步进电动机输入脉冲信号的循环顺序方向，就可改变定子绕组中电流的通断循环顺序，从而使步进电动机实现正转和反转，相应的工作台移动方向就被改变。

**三、交流伺服驱动系统及工作原理**

**1. 交流伺服电动机**

数控机床中常用的交流伺服电动机可分为同步型和异步型（感应电动机）两种。交流伺服同步电动机有永磁式、磁阻式（反应式）、磁滞式、绕组磁极式等。目前，在控制领域中所采用的交流伺服电动机一般为同步电动机（无刷直流电动机）。电动机主要由定子、转子和检测元件三部分组成，其中定子与普通的交流感应电动机基本相同，主要有定子冲片、三相绕组，另外还有支撑转子的前后端盖和轴承等。伺服电动机的转子主要由多对磁极的磁钢和电动机轴构成。检测元件由安装在电动机尾端的位置编码器构成。图 3—1—6 所示是 FANUC 交流伺服电动机。

交流伺服电动机的工作原理实际上与电磁式的同步电动机类似，差异在于：磁场是由作为转子的永久磁铁产生，而非转子中的励磁绕组所产生。当定子三相绕组通上交流电后，电动机中就会产生一个旋转的磁场，该磁场将以同步转速 $n_s$ 旋转。根据磁场的特性，定子的旋

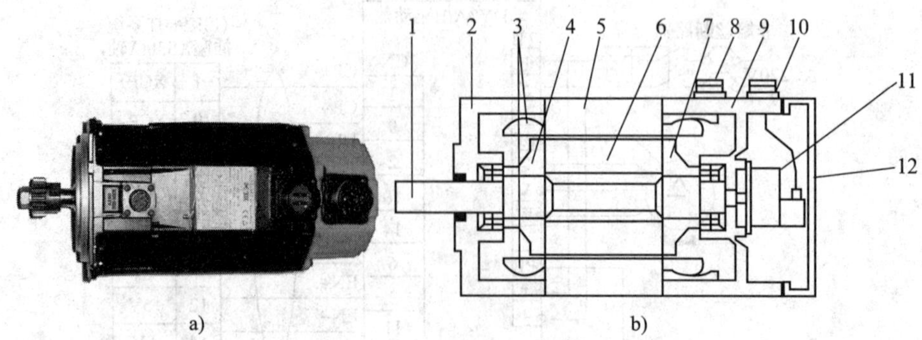


图 3—1—6　交流伺服电动机

a）FANUC 交流伺服电动机　b）交流伺服电动机的结构

1—电动机轴　2—前端盖　3—三相绕组　4—压板　5—定子　6—磁钢　7—后压板

8—动力线插头　9—后端盖　10—反馈插头　11—脉冲编码器　12—电动机后盖

转磁极总是要和转子的旋转磁极相互吸引，并带着转子一起转动，使定子磁场的轴心线与转子磁场的轴心线保持一致，形成电动机的旋转扭矩。由于电动机的转子惯量、定子和转子之间的转速差等因素的影响，经常会造成电动机启动时的失步，为了保证定子和转子之间总是处于一定的同步状态，在电动机的后面都增加了确定转子位置的绝对位置编码器，FANUC 伺服电动机中使用的是 4 位格林码绝对位置编码器，用于确定转子信息。目前，常用的 FANUC 伺服电动机有 αi 系列和 βi 系列，SIEMENS 伺服电动机有 1FK7 系列和 1FK6 系列，如图 3—1—7 所示。

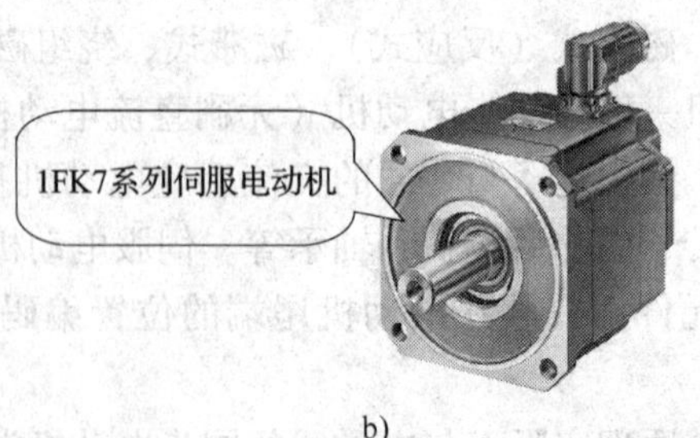


图 3—1—7　常用 FANUC、SIEMENS 系列伺服电动机

a）FANUC 伺服电动机　b）SIEMENS 伺服电动机

**2. 模拟式交流伺服控制原理**

目前所应用的伺服放大器的控制已经完全数字化，其伺服控制的结构也已经完全软件化了。但是，其基本的结构和原理都源于模拟式交流伺服控制系统，所以，首先要学习模拟式交流伺服系统的控制原理。图 3—1—8 所示为典型的伺服控制原理框图，具有位置环、速度环和电流环控制。

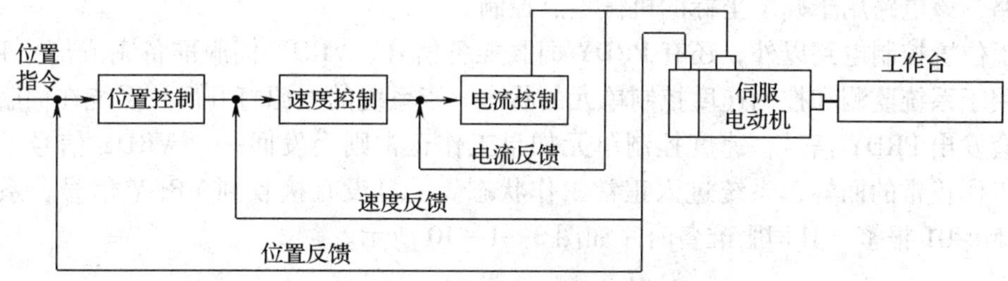


图 3—1—8　典型的伺服控制原理框图

（1）位置环

位置控制作为数控系统的主要控制任务之一，决定着系统进行位置控制的性能的优劣。位置环作为伺服控制系统的最外环，以位置指令作为控制对象。在 FANUC 系统中，位置环控制系统是在系统内部来完成的。为了提高系统的集成度和可靠性，FANUC 采用了大规模集成电路芯片（LSI），每一个控制轴需要一片，该芯片使用先进的加工工艺，大大降低了芯片的温升。该芯片功能强大，包括了插补器、位置误差计数器、D/A 转换器、参考计数器、螺距误差补偿、反向间隙补偿、增益计算、脉冲编码器鉴相器、用于感应同步器的鉴相和正弦余弦发生器电路等，如图 3—1—9 所示。

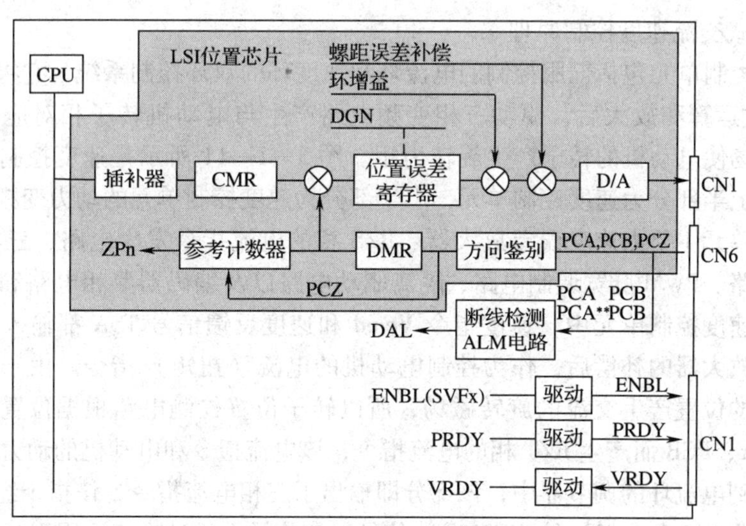


图 3—1—9　位置环控制框图

在图 3—1—9 中，首先系统发出的位置指令通过总线传给 LSI 位置芯片中的插补器，转换成一系列指令脉冲，该指令脉冲经过 CMR 后输出到位置误差寄存器中。而电动机反馈的脉冲编码器的脉冲，经过方向鉴别电路处理成一系列脉冲，该脉冲经过 DMR 后也输出到位置误差寄存器中。该位置误差寄存器为一个双向计数器，当指令与反馈的差增大时，计数器的数值增大；当指令与反馈的差减小时，计数器的数值减小。计数器的差值经 D/A 转换后，作为速度控制单元的速度指令模拟信号（Vcmd）。实际上，位置控制环处理的信号中包括了丝杠反向间隙和螺距误差补偿信号。在位置芯片 LSI 中也包括了用于栅格回零的参考计数器控制电路，该电路用于确定坐标的机械零点控制。

除了位置控制电路以外，还有 PRDY 伺服准备信号、VRDY 伺服准备完成信号和 ENBL 信号，用于系统监测和控制速度控制单元的状态。当系统的电源打开后，系统在伺服初始化过程中会发出 PRDY 信号，速度控制单元如果工作正常则会发回一个 VRDY 信号，作为速度单元工作正常的回答，系统进入正常工作状态。一旦没有接收到 VRDY 信号，系统就会发出 ALM#401 报警。其伺服准备时序如图 3—1—10 所示。

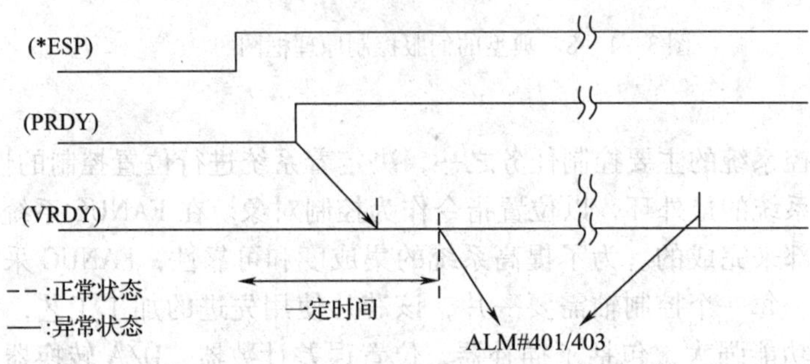


图 3—1—10　伺服准备时序

（2）模拟式交流速度控制原理

交流速度控制单元包括伺服控制的电流环和速度环的双环控制系统，它将位置环发出的 Vcmd 指令经过运算和放大后，驱动三相变频电路产生与电动机转子相对应的交流旋转磁场，该旋转磁场使电动机的转子产生旋转力矩。图 3—1—11 所示是速度控制单元的基本结构框图，图中上半部分为速度控制单元，下半部分为速度控制单元的动力变频部分。

速度控制单元主要由速度误差放大器、R/S 相的电流指令发生电路、三相 R/S/T 电流环的调节器电路、PWM 脉宽调制电路、隔离驱动电路以及编码器鉴相电路和三角波发生器电路组成。在速度控制单元中，速度指令 Vcmd 和速度反馈信号 TSA 都输入到误差放大器中，经过误差放大器的补偿后，作为控制电动机的电流（扭矩）指令。由于交流伺服电动机要根据转子的位置产生交流的旋转磁场，所以转子位置检测电路根据位置编码器的信号 C1 ~ C8 和 PCA、PCB 而产生 R/T 相的电流指令，该电流指令和电动机的动力线的 R/T 相电流相减后输送到电流环的调节器中，该部分即输出了三相电流指令，该指令经过三角波调制后产生了用于驱动 6 个三极管的 PWM 脉冲信号，该信号再经过隔离后用于驱动（A ~ F）。

动力变频部分为主回路。该部分主要由整流回路、变频回路和保护回路组成。整流回路将三相交流电整流成直流电；变频回路利用驱动信号 PWMA ~ F 将直流电源变换成交流电源，用于驱动交流电动机。

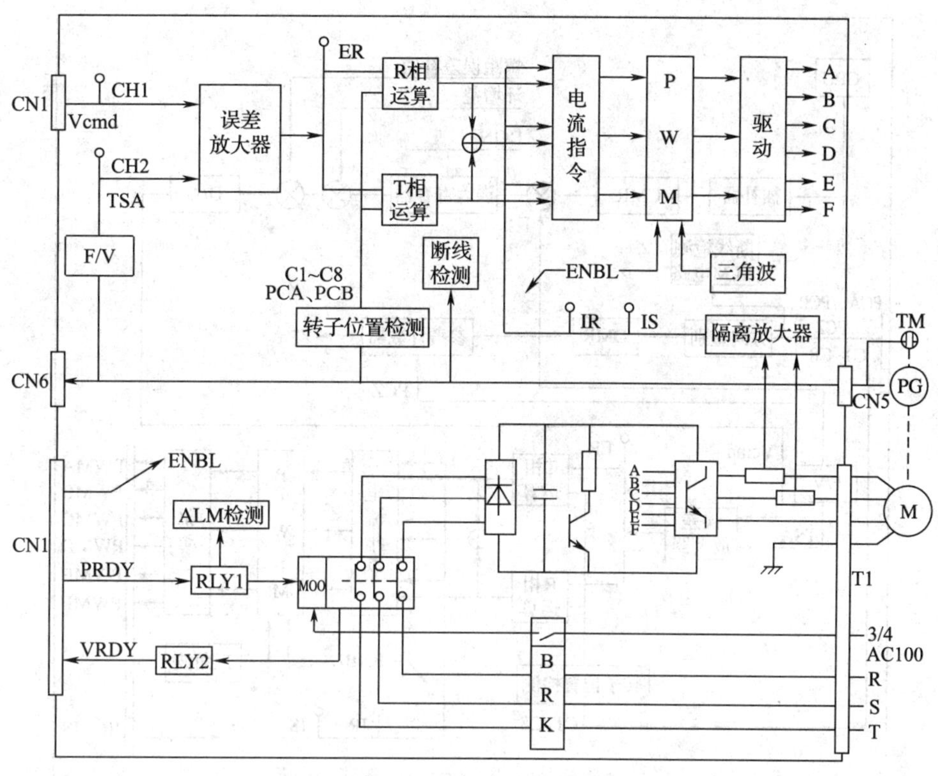


图 3—1—11　速度控制单元控制框图

（3）数字式交流伺服系统控制原理

在模拟交流伺服系统中，位置控制是系统中的一部分，由大规模集成电路 LSI 控制完成，而伺服控制的速度电流和驱动是由速度控制单元来控制完成的。在全数字伺服系统中，速度环和电流环都是由单片机控制，在 FANUC 系统中该部分在系统内部，该伺服部分作为系统控制的一部分，通常叫做轴卡。该部分实现了位置、速度和电流的控制，最终将 PWM 信号输出到伺服放大器中。图 3—1—12 所示为数字伺服控制框图，图 3—1—13 所示为交流伺服放大器框图。

在控制原理上，交流数字伺服系统与交流模拟伺服系统是相同的，所不同的是两者实现控制的结构有极大的区别：

1）伺服数字化以后，控制结构发生改变，伺服控制的三环控制全部由系统侧实现，实现了真正意义上的伺服功率放大器。

2）系统侧的伺服控制部分（轴控制卡）是一个子 CPU 系统，采用了高速的 DSP 处理芯片，具有高速高精度的运算能力。

3）由于伺服系统的软件化，数字伺服系统能够完成模拟伺服系统不能实现的非线性补偿和高速加工的一些特殊的功能，提高了伺服系统的自适应能力。

4）由于伺服系统的数字化，使伺服系统的各相关量都可以通过总线传送到系统侧。

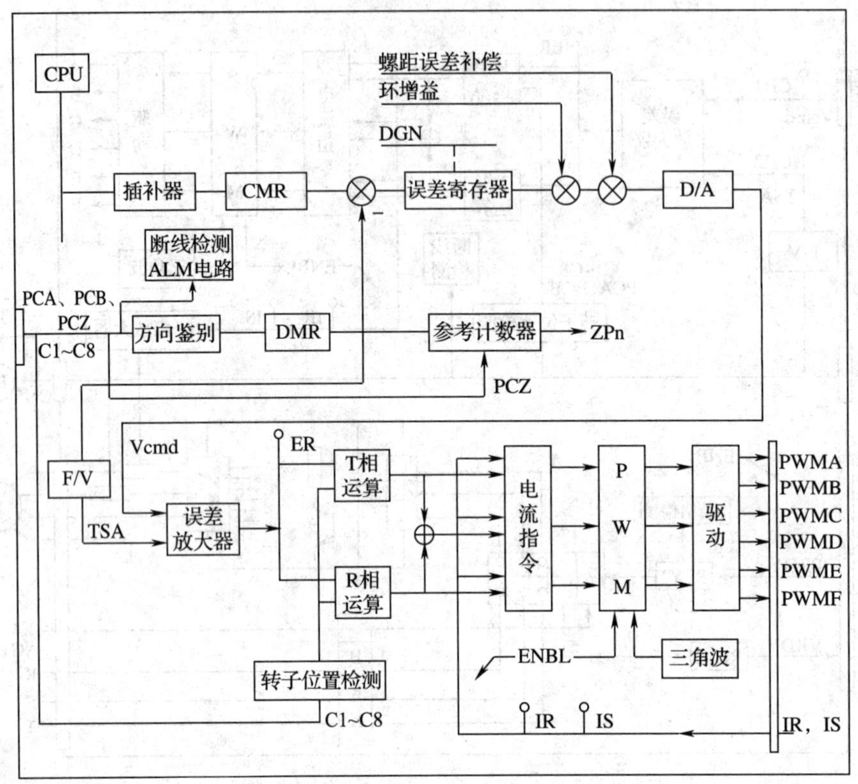


图 3—1—12　数字伺服控制框图

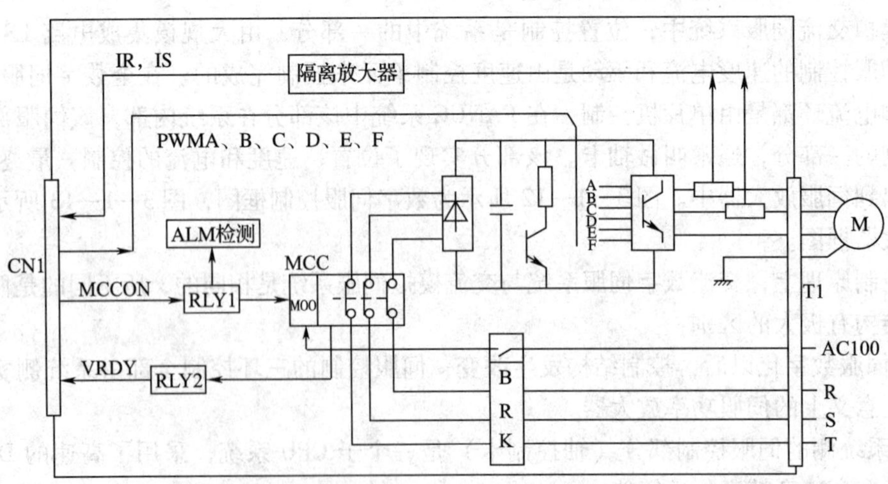


图 3—1—13　交流伺服放大器框图

### 3. FANUC βi 系列伺服放大器的接线

（1）常用 FANUC 系统伺服放大器的分类（见表 3—1—5）

**表 3—1—5　　常用 FANUC 系统伺服放大器**

| 分类 | 外形 | 结构 | 型号及组成、特点 | 配套系统与电动机 |
|---|---|---|---|---|
| α 系列数字式交流伺服驱动器 |  | 单轴<br>双轴<br>三轴 | SVU：A06B－6089－HXXX<br>SVUC：A06B－6090－HXXX<br>电路板有接口板和主控制板，电源、驱动和报警检测电路都集成在主控制板上，无 100 V 交流输入<br>驱动器带有 IPM 智能电源模块，采用全数字正弦波 PWM 控制，IGBT 驱动 | 与 FANUC 0C、0D、15A/B、16A/B、18A、20、21 系统配套<br>与 FANUC α/αC/αM/αL 系列伺服电动机配套 |
|  |  | 单轴<br>双轴<br>三轴 | SVMi：A06B－6079－HXXX<br>伺服系统分成三个模块：PSMi（电源模块）、SPMi（主轴模块）和 SVMi（伺服模块）。电源模块将 200 V 交流电整流为 300 V 直流和 24 V 直流给后面的 SPMi 和 SVMi 使用，以及完成回馈制动任务<br>SVMi 不能单独工作，必须与 PSMi 一起使用 |  |
| αi 系列数字式交流伺服驱动器 |  | 单轴<br>双轴<br>三轴 | SVM：A06B－6114－HXXX<br>伺服系统分成三个模块：PSM（电源模块），SPM（主轴模块）和 SVM（伺服模块）<br>αi 系列是一种高速、高精度、高效率的智能化伺服系统 | 与 FANUC 0i、FANUC 15i/150i/16i/18i/160i/180i/20i/21i 等系统配套<br>与 FANUC αi 和 αiS 系列伺服电动机配套 |
| β 系列数字式交流伺服驱动器 |  | SVU 型（电源与驱动器一体化）的结构 | 驱动器带有 IPM 智能电源模块，采用全数字正弦波 PWM 控制，IGBT 驱动具有 PWM 接口、I/OLink 接口和光缆 | 与 FANUC 0TD、PM01 等经济型数控系统配套<br>与 FANUC β 系列伺服电动机配套 |

续表

| 分类 | 外形 | 结构 | 型号及组成、特点 | 配套系统与电动机 |
|---|---|---|---|---|
| βi系列数字式交流伺服驱动器 |  | 单轴<br>双轴<br>三轴 | SVPM：A06B－6134－H30X（三轴），－H20X（两轴）<br>SVU：A06B－6130－H00X（只有单轴）<br>βi系列是一种可靠性强、性价比卓越的经济型伺服系统。该系列用于机床的进给轴和主轴，通过最新的伺服HRV控制和主轴HRV控制，实现高速、高精度和高效率控制 | 主要与数控系统FANUC Mate系列配套与FANUC βiS系列伺服电动机配套 |

（2）βi系列数字式交流伺服驱动器

1）分类。βi系列数字式交流伺服驱动器共分为三类：βiSVM（独立伺服驱动模块）、βiSVPM（主轴与伺服驱动一体型）和I/O Link（PMC轴）驱动器。βi系列驱动器序列号的含义如下：

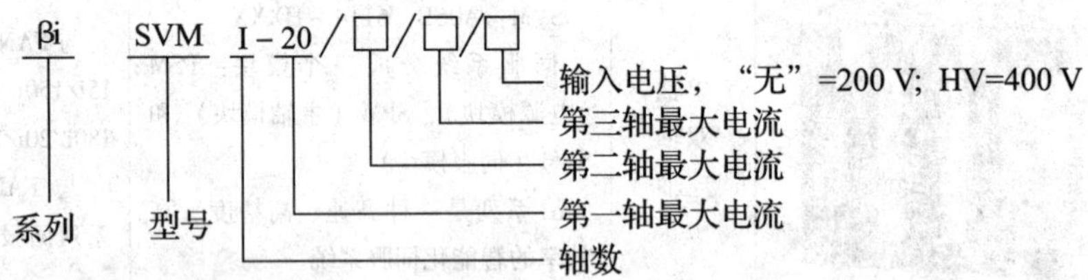


2）接线。图3—1—14所示为βi系列SVMI－20伺服驱动模块外形图与接口定义。图3—1—15所示为伺服驱动器接线图。具体接线如下：

①CZ4（L1/L2/L3）接口为三相交流200～240 V电源输入口，是驱动器主电路电源。

②CZ5（U/V/W）接口为伺服驱动器驱动电压输出口，连接到伺服电动机，是伺服电动机运行的驱动电源，顺序为V、U、地线、W。

③CZ6（DCC/DCP）及CXA20为放电电阻的两个接口，若不接放电电阻须将CZ6与CX20短接，否则驱动器报警信号触发，不能正常工作。建议必须连接放电电阻。

④CX29接口为驱动器内部继电器一对常开端子，驱动器与CNC正常连接后，即CNC检测到驱动器且驱动器没有报警信号触发，CNC使能信号通知驱动器，驱动器内部信号使继电器吸合，从而使外部电磁接触器线圈得电，给放大器提供工作电源，如图3—1—16所示。

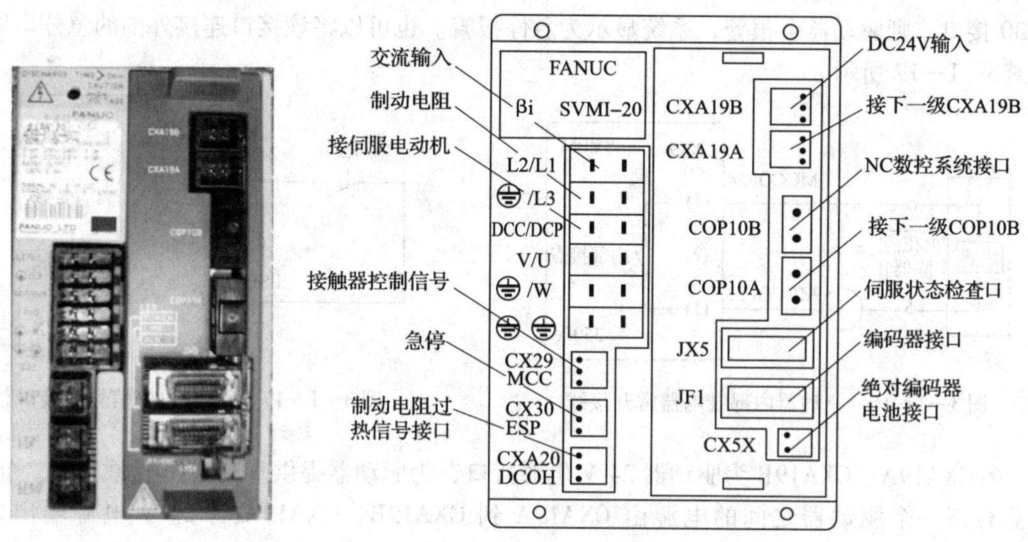


图 3—1—14 βi 系列 SVMI－20 伺服驱动模块外形图与接口定义

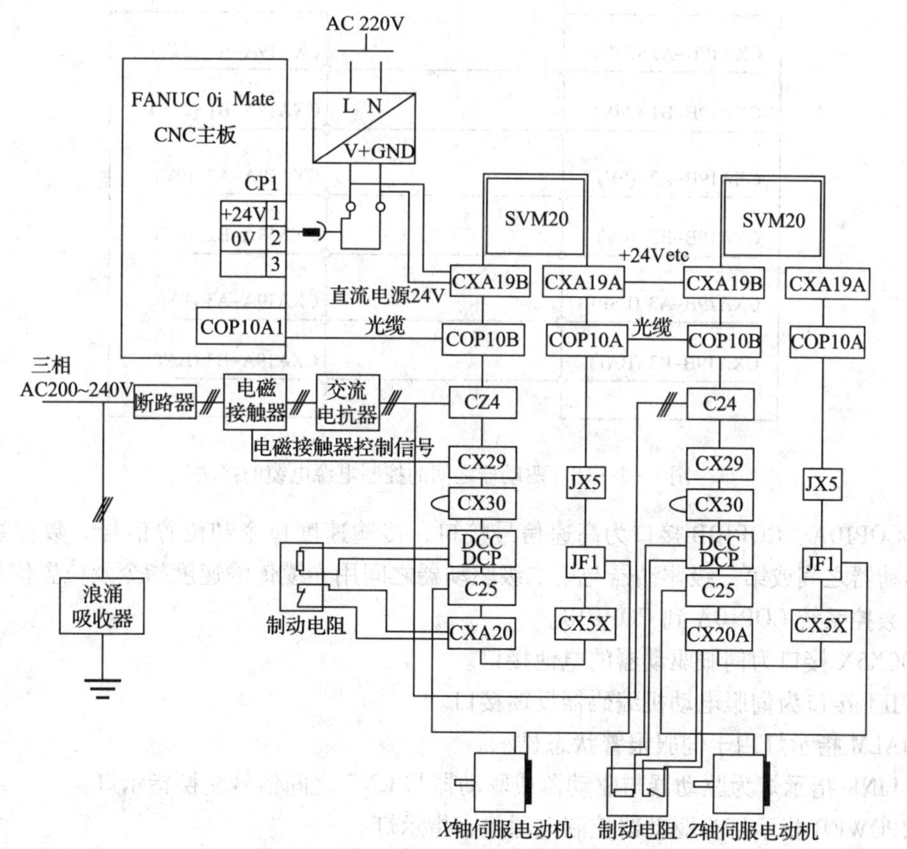


图 3—1—15 βi 系列 SVMI－20 伺服驱动器接线图

⑤CX30 接口为急停信号接口，短接此接口 1 和 3 脚，急停信号由 I/O 给出；若不短接 CX30 接口，则驱动器会报警，系统显示为急停报警。也可以将该接口连接外围的急停电路，如图 3—1—17 所示。

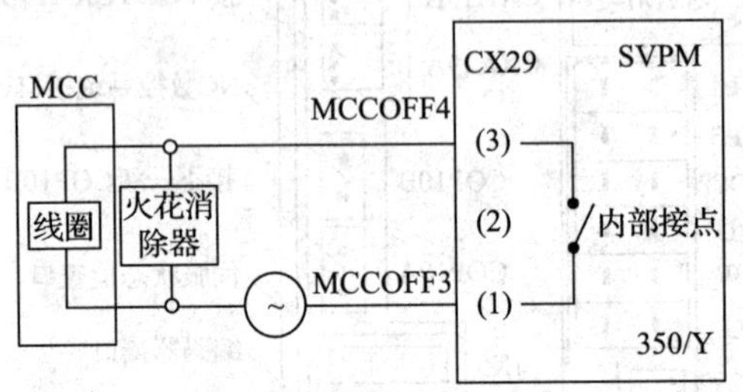


图 3—1—16　驱动器内部继电器常开接线

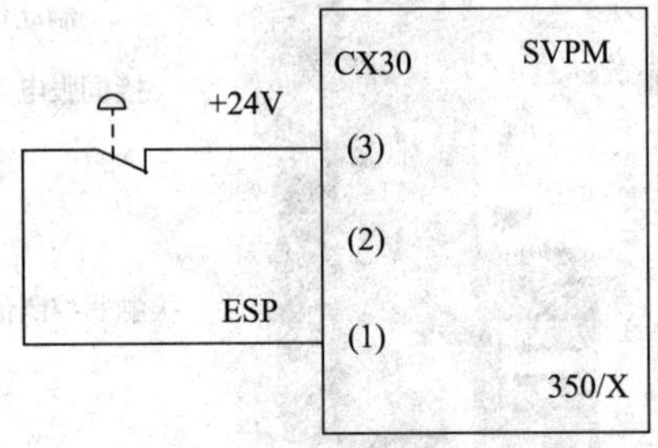


图 3—1—17　CX30 急停信号连接

⑥CXA19A、CXA19B 为驱动器 24 V 电源接口，为驱动器提供直流工作电源。第二个驱动器与第一个驱动器之间的电源由 CXA19A 到 CXA19B。CXA19A 为 24 V 电源输出口，CXA19B 为电源输入口，电源的流向总是从 CXA19A 到 CXA19B。图 3—1—18 所示是这两个接口的连接图。

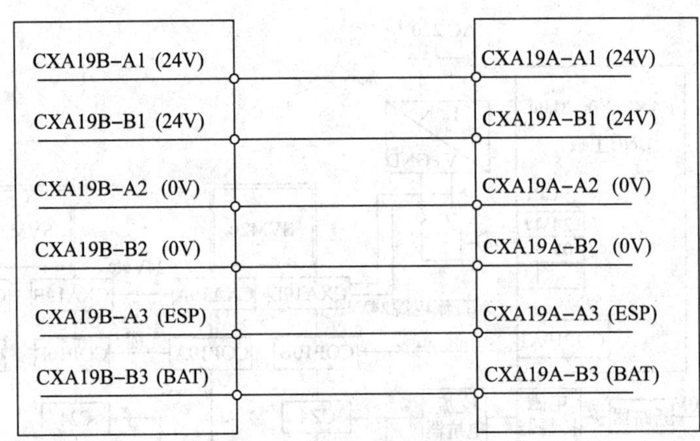


图 3—1—18　驱动器之间的控制电源电缆的接法

⑦COP10A、COP10B 接口为高速信号接口，传输速度指令和位置信号。数控系统与第一级驱动器之间或第一级驱动器与第二级驱动器之间用光缆传输速度指令及位置信号，信号总是从数控系统 COP10A 到 COP10B。

⑧CX5X 接口为伺服驱动器的电池接口。

⑨JF1 接口为伺服电动机编码器反馈接口。

⑩ALM 指示灯用于伺服报警状态显示。

⑪LINK 指示灯为驱动器与驱动器或驱动器与 CNC 之间信号交换指示灯。

⑫POWER 指示灯为驱动器控制电源状态指示灯。

⑬JX5 接口为连接器信号检测接口。例如，驱动器与 I/O 模块相连，检测 I/O 信号等。

# 技能实训5　交流进给伺服驱动装置的接线与调试

## 一、实训目的

1. 了解数控系统的伺服驱动系统组成。
2. 掌握机床进给伺服驱动装置的接口定义与接线。
3. 掌握有关伺服参数的设置与调试。

## 二、设备与工具清单

常用设备与工具清单见表3—1—6。

表3—1—6　常用设备与工具清单

| 序号 | 设备与工具 | 型号与名称 | 数量 |
|---|---|---|---|
| 1 | 数控车床综合实训装置（试验台） | 天煌THWLDF－1 | 1台 |
| 2 | 电工常用工具 | — | 1套 |
| 3 | 仪器仪表 | 自定 | 1套 |
| 4 | 实训设备说明书和伺服驱动器的使用手册 | — | 各1本 |

## 三、实训内容与步骤

### 1. 数控系统电源的连接

如图3—1—15所示，将系统基本单元的CP1和I/O模块的CP1插头接入DC24 V电源。

直流电要区分正负极，不要把极性接反。

### 2. 数控系统与进给伺服放大器的连接

如图3—1—15所示，进行数控系统与进给伺服放大器的连接。

### 3. 系统线路检查

通电前，应先检查以下各项内容：

（1）按照信号从强到弱的顺序检查线路有无短路和接触不良等现象。

（2）检查变压器进出线的方向和顺序。

（3）检查伺服电动机强电电缆的相序。

（4）检查系统和进给伺服驱动器直流24 V电源的极性。

（5）检查地线的连接。

**4. 系统通电**

（1）按照要求在指导教师监督下通电检查。

（2）线路通电后，必须检查各单元模块的直流电源的极性和电压是否符合要求。

**5. 参数设置**

按照要求对 FANUC 0i Mate－TD 数控系统伺服驱动的相关参数进行设置。

通常情况下，在参数设置界面输入参数号就可以搜索到对应的参数，从而进行参数的修改。同时，FANUC 数控系统还提供了一种简单快捷的操作方式，即“参数设定帮助菜单”，在这里可以分类设置参数。按几次“SYSTEM”功能键，进入“参数设定支援”界面，如图 3—1—19 所示。

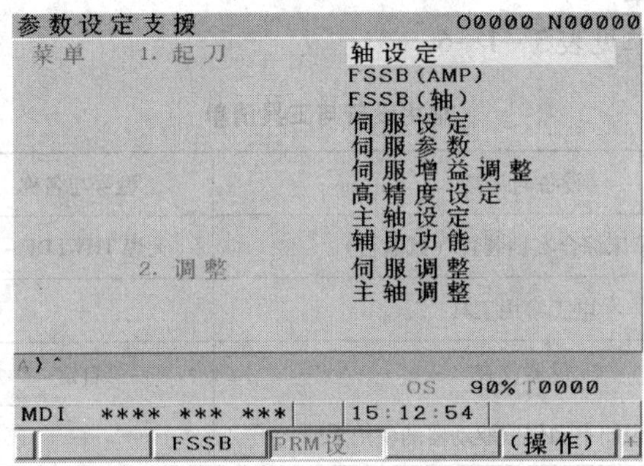


图 3—1—19　参数设定支援窗口

在图 3—1—19 所示的窗口中，移动光标键，使光标停留在要设置的参数选项，按下“操作”软键，再按“选择”软键，进入参数设置界面，在此分别设置各参数值。当光标移到某一参数时，在界面的左下角会显示此参数的含义和设置选项。

（1）在图 3—1—19 所示的窗口上，选择“伺服设定”，进入“伺服设定”界面，按下“操作”／“选择”／“＋”扩展键/“切换”软键显示设定窗口，设置参数，具体见表 3—1—7。在本窗口中可以通过“轴变更”软键，在 *X* 轴和 *Z* 轴之间切换。

**表 3—1—7**　　**伺服设定参数**

| 参数含义 | *X* 轴 | *Z* 轴 |
|---|---|---|
| 初始化位设定值 | 00000010 | 00000010 |
| 电动机代码 | 256 | 256 |
| AMR | 00000000 | 00000000 |
| 指令倍乘比 | 2 | 2 |
| 柔性齿轮比 | 1 | 1 |
| （N/M）M | 250 | 250 |
| 方向设定 | 111 | −111 |
| 速度反馈脉冲数 | 8192 | 8192 |
| 位置反馈脉冲数 | 12500 | 12500 |
| 参考计数器容量 | 4000 | 4000 |

（2）在图 3—1—19 所示的窗口中，选择“轴设定”，进入“轴设定”窗口，按下“操作”／“选择”软键，设置参数，具体见表 3—1—8（这些参数是保证各轴电动机正常启动和运行的必需参数）。

**表 3—1—8　　　　轴设定参数**

| 参数定义 | 参数号 | 设定值 | |
|---|---|---|---|
| | | X 轴 | Z 轴 |
| 1：直径指定；0：半径指定 | 1006#3 | 0 | 0 |
| 各轴的程序名称 | 1020 | 88 | 90 |
| 基本坐标系轴的设定 | 1022 | 1 | 3 |
| 每个轴的伺服轴号 | 1023 | 1 | 2 |
| 各轴的伺服环增益 | 1825 | 3000 | 3000 |
| 各轴移动中允许的最大位置偏差量 | 1828 | 20000 | 20000 |
| 各轴停止时的最大允许位置偏差量 | 1829 | 1000 | 1000 |
| 旋转轴每转一周的移动量 | 1260 | 360 | 360 |
| 各轴正方向存储行程检测 1 的坐标值 | 1320 | 根据实际位置测定 | |
| 各轴负方向存储行程检测 1 的坐标值 | 1321 | 根据实际位置测定 | |
| 空运行速度 | 1410 | 2000 | |
| 各轴快速移动速度 | 1420 | 1500 | 1500 |
| 各轴快速倍率 F0 的速度 | 1421 | 300 | 300 |
| 各轴 JOG 进给速度 | 1423 | 1500 | 1500 |
| 各轴的手动快速移动速度 | 1424 | 3000 | 3000 |
| 各轴回零的 FL 速度 | 1425 | 300 | 300 |
| 各轴的快速移动直线加/减速的时间常数 T，<br>各轴的快速移动铃型加/减速的时间常数 T1 | 1620 | 64 | 64 |
| 各轴切削进给加/减速时间常数 | 1622 | 64 | 64 |
| 各轴 JOG 进给加/减速时间常数 | 1624 | 64 | 64 |

参数设定后，数控装置应先断电，然后再重启，以使参数设置生效。表 3—1—8 所列参数为常用参数，仅供参考。在实际进行机床调试时，需调整某些参数，以便获得更好的运动曲线。若要修改参数，应先将数控装置中的参数备份到存储卡，以方便恢复数据。

**6．数控系统功能检查**

（1）选择“回零”运行模式，按正确方法进行回零操作。按一下“X 轴选”键，*X* 轴执行回零动作；等 *X* 轴回零完成后，再按一下“Z 轴选”键，*Z* 轴执行回零动作。

（2）选择“手动”运行模式，按 X 轴的任一点动方向键，观察 X 轴的运行情况。

（3）在 X 轴向任一方向进给的过程中，调节“进给倍率”波段开关，观察 X 轴进给速度的变化情况。系统屏幕左下角会显示当前运行速度，如“ACT. F 1200MM/M”。

（4）按 Z 轴的任一点动方向键，观察 Z 轴的运行情况。

（5）在 Z 轴向任一方向进给的过程中，调节“进给倍率”波段开关，观察 Z 轴进给速度的变化情况。

（6）在“快速倍率”选择区选择“F0”挡，然后同时按下“快速叠加”键和 X 轴任一方向键，观察 X 轴以 F0 设定的速度运行的情况。

（7）在“快速倍率”选择区选择“25%”挡，然后同时按下“快速叠加”键和 X 轴任一方向键，观察 X 轴以“快速运行速度”的 25% 运行的情况。

（8）同时按下“快速叠加”键和 X 轴任一方向键后，在“快速倍率”选择区的 25%、50% 和 100% 之间切换，观察各挡的速度变化情况。

**7. 实训完毕，切断电源，整理场地**

## 四、注意事项

1. 注意接线要求，不要损坏元器件。

2. 通电前必须由指导教师对线路进行全面检查并通电，未经教师检查不得擅自通电。

3. 在调试过程中，若发现运行异常，应立即按下操作面板上的急停按钮，待查明原因、排除异常后，将急停按钮右旋释放，再次按照正确的方法启动实训系统。

4. 注意安全文明生产。

## 五、评分标准

完成任务后，学生先按照表 3—1—9 进行自我测评，再由指导教师评价审核。

**表 3—1—9　　测评表**

| 序号 | 项目 | 考核内容及要求 | 配分 | 评分标准 | 扣分 | 得分 |
|---|---|---|---|---|---|---|
| 1 | 材料准备与装前检查 | 1. 检查工具（5 分）、资料（5 分）是否准备齐全<br>2. 认识与检查电气元器件（5 分） | 15 | 1. 工具不齐全，每少一件扣 1 分<br>2. 资料不齐全，扣 5 分<br>3. 不认识、不会检测或漏检元件，每处扣 1 分 | | |
| 2 | 数控系统与伺服驱动器的连接 | 1. 正确连接数控系统（20 分）<br>2. 正确连接伺服驱动器（10 分） | 30 | 1. 不能正确使用工具，每处扣 1 分<br>2. 损坏元器件，扣 5 分<br>3. 不会连接数控系统，每处扣 2 分<br>4. 不能连接伺服驱动器，每处扣 2 分 | | |
| 3 | 参数设定 | 1. 设定数控系统伺服驱动参数（15 分）<br>2. 查阅说明书（10 分） | 25 | 1. 不能正确设定系统伺服参数，每错一处扣 2 分<br>2. 不能查阅说明书，扣 10 分 | | |

续表

| 序号 | 项目 | 考核内容及要求 | 配分 | 评分标准 | 扣分 | 得分 |
|---|---|---|---|---|---|---|
| 4 | 通电调试 | 正确进行各功能的操作 | 20 | 1. 不能正确进行操作的，每错一处扣5分<br>2. 操作不熟练者，扣2分 | | |
| 5 | 安全文明生产 | 应符合国家安全文明生产的有关规定 | 10 | 违反安全文明生产有关规定不得分 | | |
| 指导教师评价 | | | | | 总得分 | |

## §3—2　进给伺服系统电气线路分析与故障检修

1. 能够读懂数控机床进给伺服电气控制原理图。
2. 能根据电气控制原理图进行故障分析与诊断。
3. 掌握驱动器接口定义及出现故障代码的处理。

数控机床的进给伺服系统是数控装置与机床本体间的电传动联系环节，也是数控系统的执行部件。它根据数控装置输出的指令电脉冲信号（位移、速度指令），经过变换、功率放大与调整后，由伺服电动机和机械传动机构驱动机床坐标轴，带动工作台及刀架，通过轴的联动使刀具等移动部件相对工件产生各种复杂的机械运动，从而加工出用户所要求的复杂形状的零件。进给伺服系统作为数控机床的重要组成部分，其本身的性能直接影响到整个数控机床的精度和速度等技术指标。

**一、进给伺服系统控制线路原理分析**

CAK4085di 型数控车床的进给伺服系统 *X* 轴和 *Z* 轴采用 FANUC βiS 系列 SVMI－20 交流伺服驱动器和 βiS8/3000 伺服电动机。交流伺服驱动器的接口如图 3—1—14 所示。

图 3—2—1a 所示为 CAK4085di 数控车床的进给伺服系统相关的电气原理图。由图可知，*X*、*Z* 两轴的驱动器的输入电源，由变压器 TC1 二次侧 R、S、T 提供三相交流 200 V 电压，接入伺服电源开关 QF30，再由 KM30 接触器主触头引入到驱动器电源输入端，由它提供各

驱动器所需的电能。CXA19A、CXA19B 为驱动器 24 V 电源接口，为驱动器提供直流工作电源。伺服电动机分别接在驱动器的 U、V、W 端子上。

**1. *X*、*Z* 轴伺服电动机运转控制**

（1）*X*、*Z* 轴伺服电动机运转准备控制

接通机床电源 QF0 后，再按下数控系统电源开关 SB12，继电器 KA17 获电吸合，接通数控系统直流 24 V 电源，数控系统启动。CNC 系统通过 COP10A（FBBS 光缆传输）串行接口与驱动器正常连接后，CNC 系统先检测驱动器且驱动器没有报警信号触发后，CNC 使能信号通知驱动器，驱动器内部信号使继电器吸合，其内部继电器一对常开触点闭合，通过驱动器 CX29 接口控制外部接触器 KM30 线圈获电，主触头闭合后给驱动器提供工作电源，如图 3—2—1a、b 所示。

（2）手动方式下控制 *X*、*Z* 轴伺服电动机运转

在手动操作方式下，选择合适的进给倍率。按下各轴运行按键，伺服驱动放大器接收通过 COP10A 接口输入的 CNC 轴控制指令后，驱动伺服电动机按照指令运转；同时，JF1 接口接收伺服电动机编码器的反馈信号，并将位置信息通过 COP10A 接口的光缆传输到 CNC 中，组成了半闭环控制系统，如图 3—2—1a、b 所示。

**2. 进给运动的限位保护控制**

由图 3—2—1c 可知，在机床的 *X* 轴和 *Z* 轴正、负方向上都安装了相应的超程限位开关。*X* 轴正超程开关 SQ3 接 I/O 端子 X8. 2，*X* 轴负超程开关 SQ4 接 I/O 端子 X8. 3；*Z* 轴正超程开关 SQ5 接 I/O 端子 X8. 6，*Z* 轴负超程开关 SQ6 接 I/O 端子 X8. 5。在操作过程中，由于某种原因（如操作失误、编程数据错误、伺服故障等）使机床的某行程开关被压动，数控系统立即进入急停状态，发出相应的超程报警信号并停止刀架的移动，此时沿着超程轴反方向移动进入安全区，急停状态才能解除。

（1）数控系统都存在软限位功能（存储行程限位），伺服轴的移动位置不得超出由参数 PRM1320、PRM1321 设定的安全区域。

（2）只有当机床上电后执行手动返回参考点，建立起机床坐标系，软限位功能才有效。

（3）开关挡块的位置可以由操作者调节。硬限位开关应定期检查其有效性，以防止出现意外。

**3. 系统急停控制**

在机床运行过程中，如果发生意外需要紧急停止，可按下图 3—2—1d 中的急停按钮 SB11，则驱动器 CX30 所接急停开关断开，驱动器报警；同时也切断了系统中的 X8. 4 的急停输入信号，系统显示为急停报警，从而使整个系统启动失效，伺服电动机停止运转。故障排除后，方可重新启动。

伺服电源
X 轴伺服模块及电动机
βiS SVM 20A X 轴
2.5mm²
R
S
T
XT1
QF30
16A
R1
S1
T1
KM30
B4
1.5mm²
R3
S3
T3
CZ7-1
CXA19A
K6
去 βiS SVM 20A Z 轴
COP10A
COP10B
K27
CNC
COP10A
110A
0
XT1
KM30
F16
XT1
YD0
0.5mm²
CX29
D4
D4
D4
CXA19B
A1
B1
A2
B2
+24V
+24V
0V
0V
XT2
CXA19A
(A2)
(B3)
CX30
24P1
ESP1
XT2
1.0mm²
UX
VX
WX
CZ7-3X
CZ7-2
K4
DCP
DCC
制动电阻
RX
CXA20
K5
TH1
TH2
JFX
X31
X32
MX
βiS8/3000

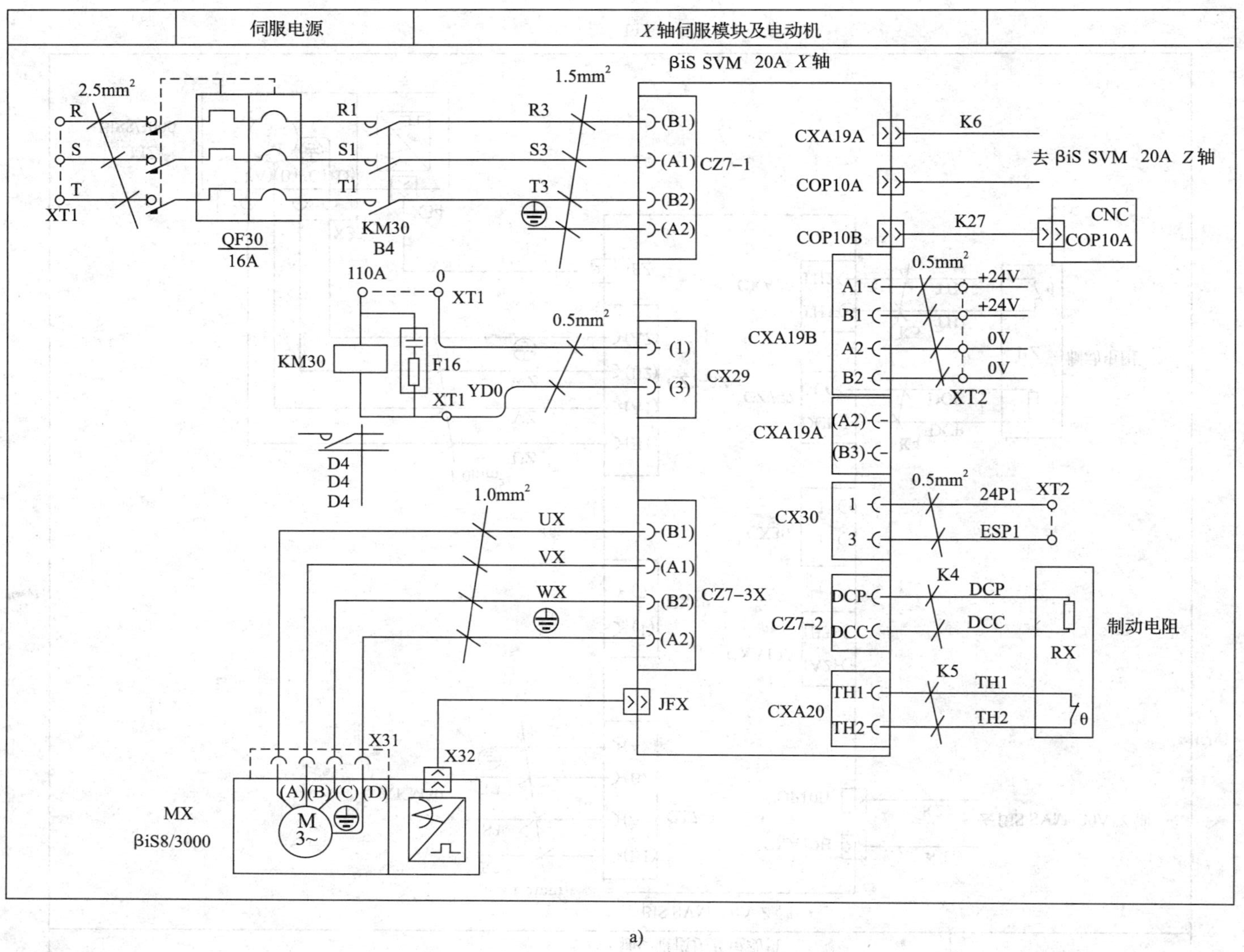

a)

Z轴伺服模块及电动机
βiS SVM 20A Z轴
CXA19B
COP10B
K6
K27
去βiS SVM 20A X轴
CZ7-1
(B1)
(A1)
(B2)
(A2)
1.5mm²
R3
S3
T3
去KM30
CX29
(1)
(3)
CXA19A
(A2)
(B3)
CX30
1
3
CZ7-3Z
UZ
VZ
WZ
1.0mm²
JFZ
CZ7-2
DCP
DCC
K4
K5
CXA20
TH1
TH2
RZ
制动电阻
X33
X34
(A)
(B)
(C)
(D)
M
3~
MZ
βiS8/3000

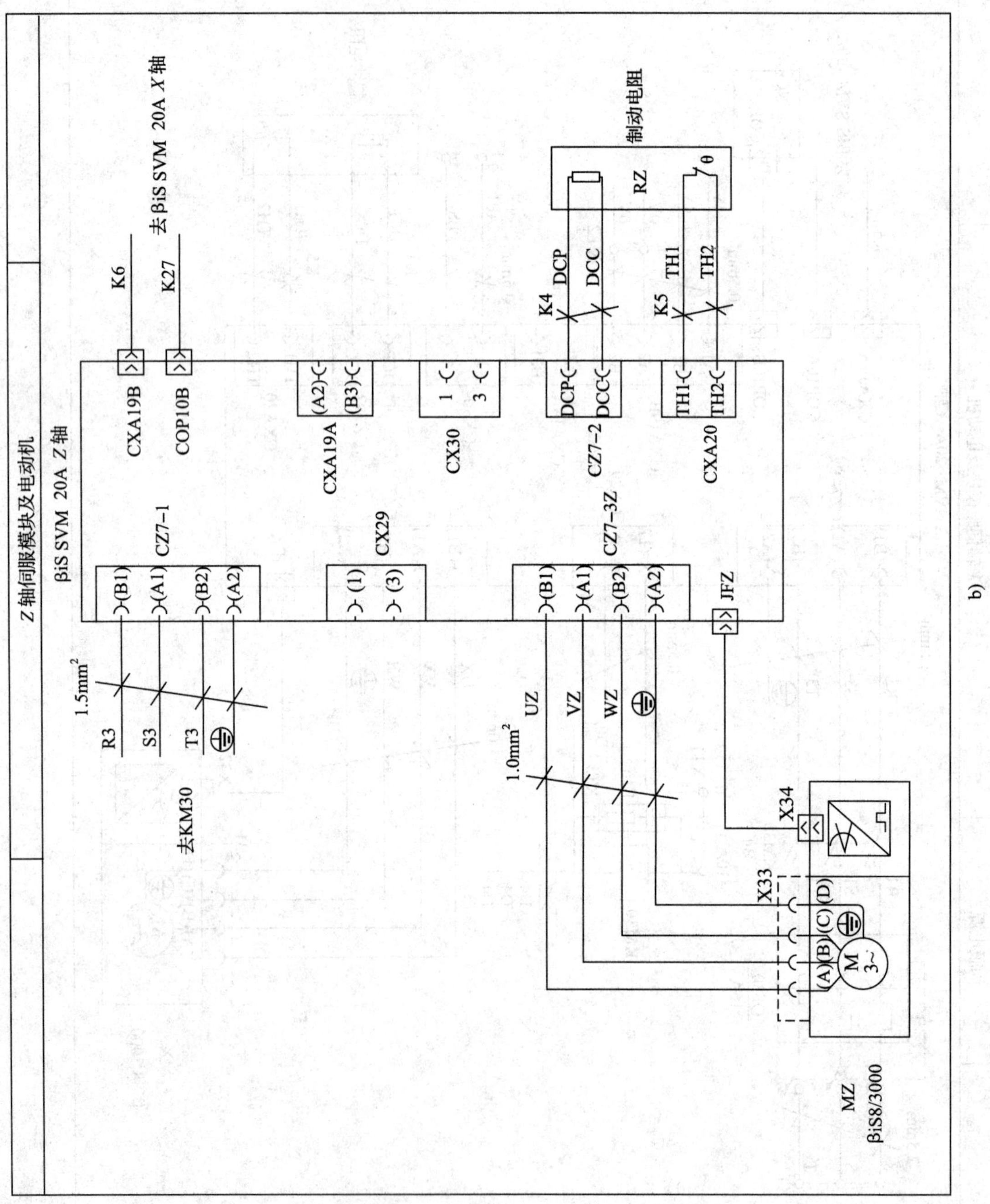

b)

LHB
导轨润滑油低
+X
X 轴正超程
-X
X 轴负超程
X0
X 轴反零
Z0
Z 轴反零
+Z
Z 轴正超程
-Z
Z 轴负超程
X7.7
RV
X8.2
RV
X8.3
RV
X9.0
RV
X9.1
RV
X8.6
RV
X8.5
RV
(49)
(27)
(28)
(10)
(11)
(31)
(30)
CB150
I/O
XA1
XT2
SL1
+LX
+LX
DCX
DCZ
+LZ
+LZ
SL10
SQ3
SQ4
SQ1
SQ2
SQ5
SQ6
+24V

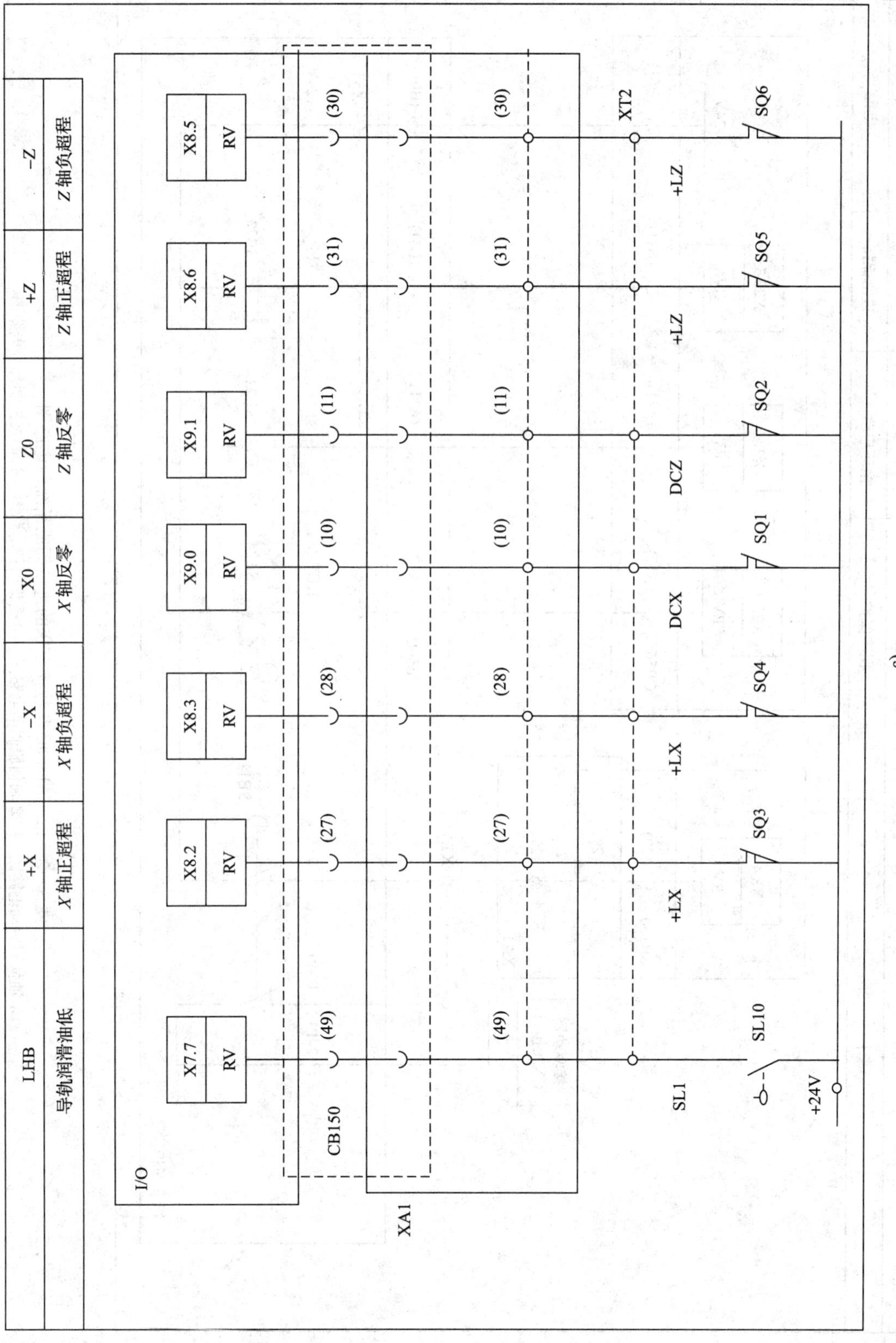

c)

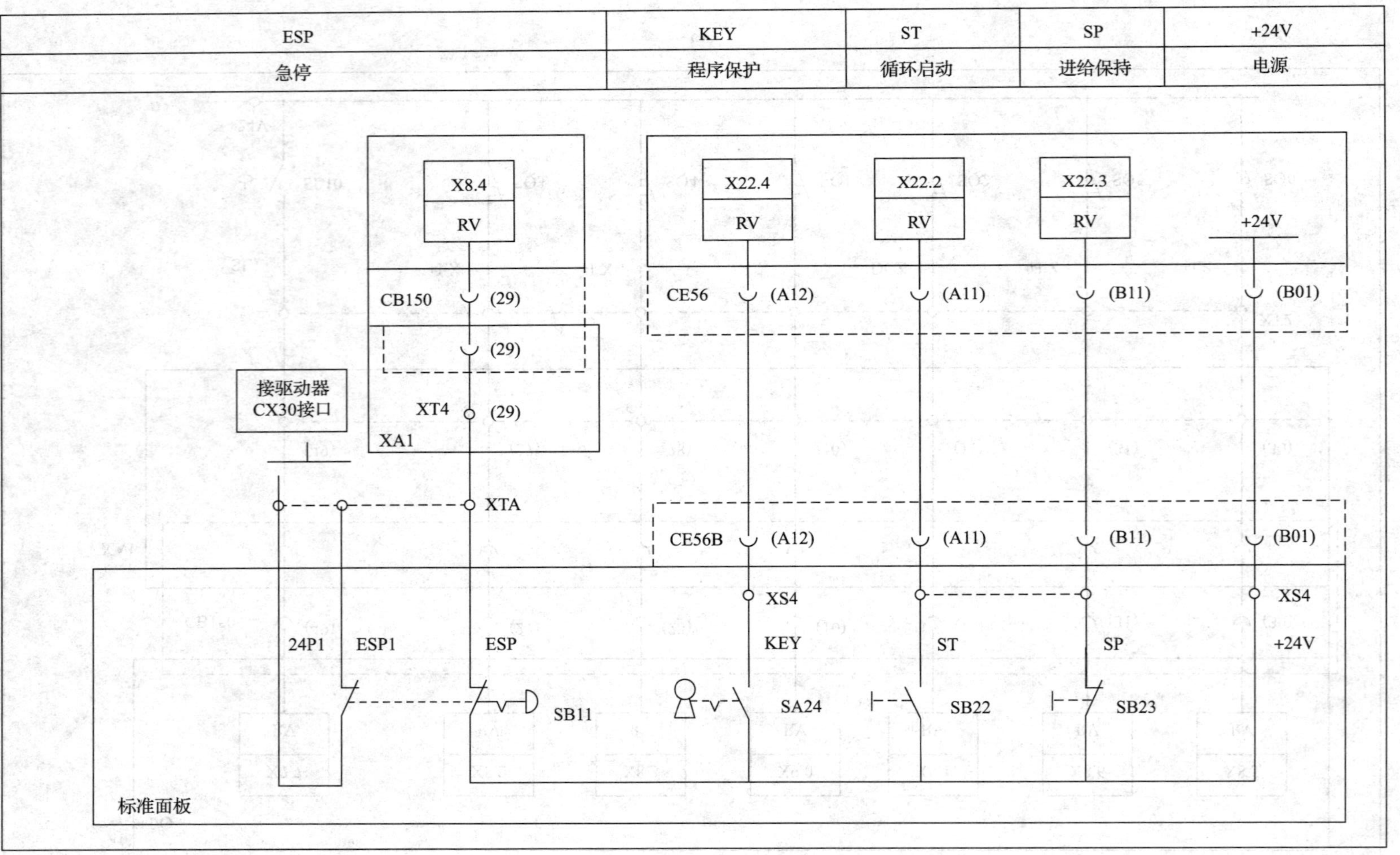


d)

图 3—2—1　CAK4085di 数控车床的进给伺服系统的电路图

a) $X$ 轴伺服驱动电路图　b) $Z$ 轴伺服驱动电路图　c) 超程保护电路图　d) 面板控制部分电路图

## 二、进给伺服系统常见故障诊断与处理

进给伺服系统故障报警通常有三种方式：一是利用软件诊断程序在液晶显示屏上显示报警信息；二是在进给伺服驱动单元上用硬件（如发光二极管、数码管等）显示报警；三是没有报警指示。

### 1. 软件报警方式

在液晶显示屏上显示进给驱动的报警信号大致可分为以下三类：

（1）进给伺服系统出错报警

这类报警的起因，大多是速度控制单元方面的故障引起的或是主控制印制电路板内与位置控制或伺服信号有关部分的故障。

（2）检测出错报警

指检测元件（脉冲编码器）或检测信号方面引起的故障。

（3）过热报警

指伺服单元、变压器或伺服电动机过热引起的故障。

提示

液晶显示屏上显示的报警，可参阅机床维修说明书中“各种报警信息产生的原因”的提示分析判断，找出故障，并将其排除。

### 2. 硬件报警方式

（1）大电流报警

此类故障多是因为速度伺服单元的功率驱动元件（晶闸管模块或晶体管模块）损坏、速度控制单元的印制电路板发生故障，或电动机内部短路，也可引起这种报警。

（2）高电压报警

产生此类报警的原因主要有：输入的交流电源超过允许的电压范围；伺服电动机的电枢绕组和机壳间的绝缘电阻下降；伺服单元速度控制印制线路板故障或接触不良。

（3）低电压报警

电压过低报警的原因可能是：输入的交流电源低于允许的电压范围；伺服变压器的二次侧与伺服单元之间连接不良；伺服单元印制电路板接触故障。

（4）速度反馈断线报警

产生此类报警的主要原因有：伺服单元与电动机之间的动力电源连接不良；伺服单元有关检测元件的参数或型号设定错误；无加速度反馈电压或反馈信号电缆与连接器接触不良，造成断线报警。

（5）保护开关动作

产生此类故障应先区分是何种保护开关动作，然后再采取相应的措施。

例如，伺服单元上热继电器动作，应先检查热继电器的设定是否有误，再检查机床工作时的切削条件是否太苛刻，机床的摩擦力矩是否太大。

又如，变压器热动开关动作，而此时若变压器并不过热，则是热动开关失灵。如变压器很热，用手只能接触几秒钟，则要检查电动机负载是否过大。可在减轻切削负载的条件下，再检查热动开关是否动作。如仍动作，应在空载低速进给的条件下测量电动机电流，如已经接近额定值，则需要重新调整机床。产生上述故障的另一原因是变压器内部短路。

再如，伺服电动机内装的热保护开关动作。有些伺服电动机内部带有制动器，制动器工作失灵也可引起伺服电动机的过热报警。

(6) 速度控制单元上的熔丝熔断或断路器跳闸

产生这类故障的主要原因有：

1) 机械负载过大。

2) 切削条件恶劣，背吃刀量过大或连续进行超过电动机额定值的重切削。

3) 位置控制环节的故障，如偏移的调整量过大等。

4) 接线错误，如将负反馈信号接为正反馈而产生振荡。

5) 伺服单元参数设定不当，如速度控制单元的环路增益设定过高等。

6) 位置控制部分和速度控制部分的电压过低或过高而引发振荡。

7) 电动机故障，如因速度和位置检测元件而引起的振荡，以及电动机去磁而引起过大的励磁电流等。

8) 由于外部噪声导致的振荡，可用示波器测量测速发电机输入端电流，检测输入端以及晶闸管伺服单元的同步输入端波形是否异常。

9) 流经扼流圈的电流延迟时间过长。例如，伺服系统速度控制单元加/减速频率太快，由于扼流圈的电流延迟就可能造成电动机绕组相间短路，熔断熔体，所以此时应适当降低工作频率。

## βi 系列单轴驱动器的状态显示

βi 系列单轴驱动器安装有 3 只状态指示灯 POWER（DIL）、ALM、LINK。其中，POWER（DIL）为电源指示灯，ALM 为驱动器报警指示灯，LINK 为总线通信正常指示灯。ALM 报警原因见表 3—2—1。

表 3—2—1　　ALM 报警原因一览表

| 含　义 | 原　因 |
|---|---|
| 驱动器控制电源异常或连接错误 | (1) 电动机连接线错误或连接线接触不良<br>(2) 伺服电动机有故障<br>(3) SVM 驱动器有故障 |
| 驱动器过热 | (1) 驱动器风机运转不正常<br>(2) 风扇电源未连接或连接错误<br>(3) SVM 驱动器有故障 |

续表

| 含　义 | 原　因 |
| --- | --- |
| 驱动模块 +24 V 电压低 | （1）驱动器 CXA19A/CXA19B 电缆连接故障<br>（2）外部 DC24 V 电压过低<br>（3）SVM 驱动器有故障 |
| 直流母线电压过低或过高 | （1）进线滤波电抗器连接线接触不良<br>（2）电源输入电压过低或过高<br>（3）输入电压存在短时间下降<br>（4）主回路缺相或断路器断开<br>（5）SVM 驱动器有故障 |
| 驱动器输出或直流母线过电流 | （1）电动机电枢存在对地短路或相间短路<br>（2）电动机电枢连接相序错误<br>（3）伺服电动机损坏<br>（4）SVM 驱动器功率输出模块不良或控制板不良<br>（5）电动机代码设定错误<br>（6）环境温度过高或散热不良<br>（7）加速过于频繁 |
| FBBS 总线通信出错 | （1）光缆接触不良或有断线<br>（2）SVM 驱动器有故障<br>（3）上一级从站（CNC）的 FBBS 接口接触不良 |

**3. 无报警显示的故障**

这类故障出现时没有任何报警提示，较难排除。常见的故障有以下几种。

（1）机床失控

主要原因有：位置检测元件或速度检测元件的信号异常，如反馈信号线断线或接反；电动机与检测器之间连接故障，如两者间的机械连接松动等；速度控制单元有故障。

（2）机床振动

此时应首先确认振动周期是否与进给速度有关。如果与进给速度有关，振动一般与该轴的速度环增益太高或速度反馈故障有关；如果与进给速度无关，振动一般与位置环增益太高或位置反馈故障有关。如果振动在加/减速过程中生产，往往是由于系统加/减速时间设定过短造成的。

（3）机床过冲

主要原因有：数控系统的参数（快速移动时间常数）设定得太小或速度控制单元上的速度环增益设定太低；电动机和进给丝杠间的刚性太差，如间隙太大或传动带的张力调整不好。

（4）机床移动时噪声过大

可能的原因有：换向器圆周接触面的表面粗糙度变差或已损坏；电动机轴向间隙过大，有轴向窜动；切削液等进入电刷槽中。

(5) 圆柱度超差

两轴联动加工外圆时圆柱度超差，如果是在坐标轴45°方向上超差而出现椭圆，则是由于各轴的位置偏差相差太大，或位置环增益与速度环增益不当造成的，可通过调整伺服单元的位置增益电位器来改善；如果加工时象限稍一变化就使得精度不同，则是进给轴的定位精度太差，需要调整机床定位精度差的轴。

(6) 伺服电动机不转

可能的原因有：数控系统没有控制信号输出；使能信号没有接通，可通过CRT观察I/O状态，分析机床PLC梯形图，确定进给轴的启动条件，如润滑、冷却等条件是否满足；带电磁制动的伺服电动机，电磁制动没有释放；速度控制单元有故障；伺服电动机有故障。

**三、典型故障的分析与诊断流程**

**1. 故障一：系统出现SV0401（伺服准备就绪信号断开）报警**

故障分析与诊断：机床通电后，系统启动过程中伺服放大器伺服准备就绪信号（VRDY）尚未被置于“ON”时，或在运行过程中被置于“OFF”时，发生SV0401报警提示。出现此故障时，可以通过查阅机床使用说明书，并参考电路原理图来分析和确定故障。其分析与诊断流程如图3—2—2所示。

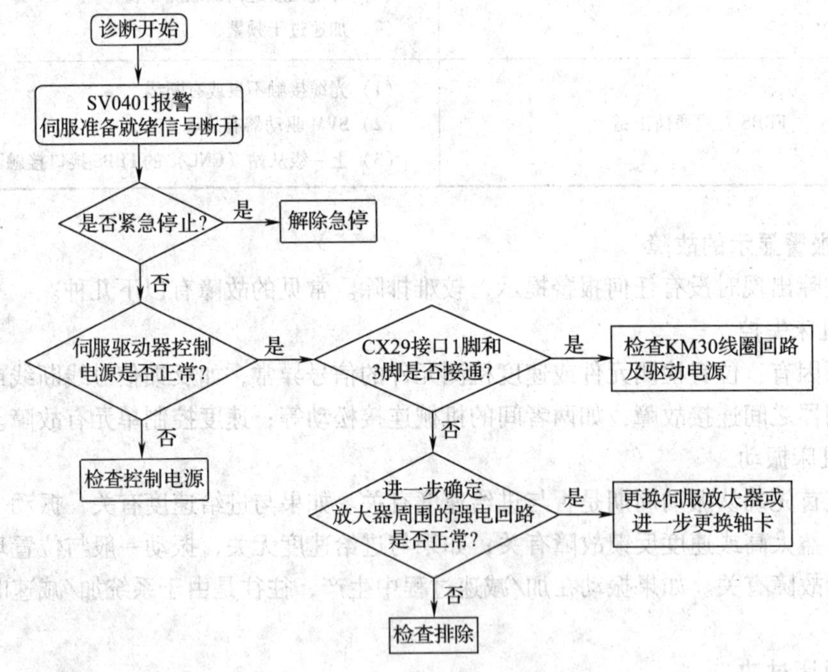


图3—2—2 SV0401报警故障检修流程

**2. 故障二：系统出现PS0090（返回参考点位置异常）报警**

故障分析与诊断：机床通电后，进行返回参考点操作时，系统出现PS0090报警提示。通过查阅维修手册，可知此故障是在没有满足“位置误差量（DGN. 300）以128个脉冲以上的速度向返回参考点方向进给轴时，接收1次以上每转信号”的条件的状态下，进行了返回参考点操作。故障分析与诊断流程如图3—2—3所示。

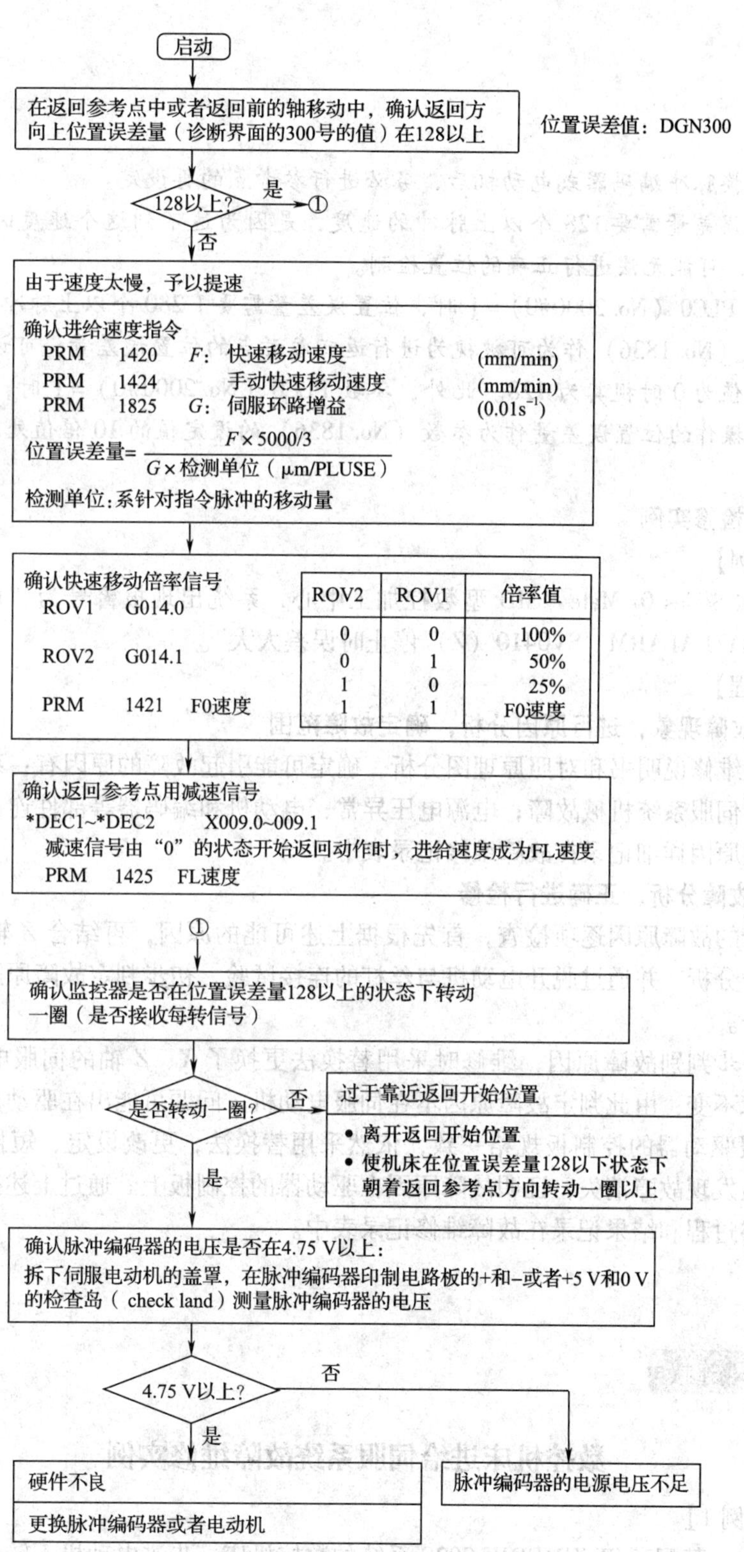


图 3—2—3　PS0090 报警故障检修流程

（1）在更换脉冲编码器或电动机后，务必进行参考点的再设定。

（2）位置误差量需要128个以上脉冲的速度，是因为达不到这个速度时，电动机的每转信号有误差，可能无法进行正确的位置检测。

（3）参数PLC0（No. 2000#0）=1时，位置误差量需要1 280个以上脉冲的速度。

（4）参数（No. 1836）作为可被视为进行返回参考点的位置误差量，可设定为128以下的数值［设定值为0时视其为128。此外，参数PLC0（No. 2000#0）=1时，将视为可以进行返回参考点操作的位置误差量作为参数（No. 1836）的设定值的10倍值处理］。

### 四、故障检修实例

【故障实例】

某FANUC Series 0i Mate－MD型数控加工中心，系统出现报警号为“EX1028 HARDL ZMZT OR SERVO ALARM　SV0410（Z）停止时误差太大”。

【检修过程】

**1．根据故障现象，进行原因分析，确定故障范围**

通过查阅维修说明书和对照原理图分析，确定可能引起故障的原因有：系统位置控制参数设定错误；伺服系统机械故障；电源电压异常；电动机和编码器等部件连接不良等。把上述分析的故障原因详细记录在故障维修记录表中。

**2．根据故障分析，正确进行检修**

根据分析的故障原因逐项检查，首先根据上述可能的原因，再结合$Z$轴出现周期性振动的现象综合分析，并通过脱开电动机与丝杠的连接试验，初步判定故障原因在伺服驱动系统的电气部分。

为了进一步判别故障原因，维修时采用替换法更换了$X$、$Z$轴的伺服电动机，再次试验，发现故障不变，由此判定故障原因不在伺服电动机，问题可能出在驱动器控制板。由于$X$、$Y$、$Z$伺服驱动器的控制板规格一致，依然采用替换法，更改设定、短接端后，更换控制板进行试验发现故障消失，证明故障原因在驱动器的控制板上。通过上述操作判定并排除故障点，并将过程和结果记录在故障维修记录表中。

## 数控机床进给伺服系统故障维修实例

【故障实例1】

故障现象：某配套SINUMERIK 802S系统的数控机床，步进电动机不转动（屏幕显示位置在变化，而且驱动器上标有RDY的绿色发光管亮）。

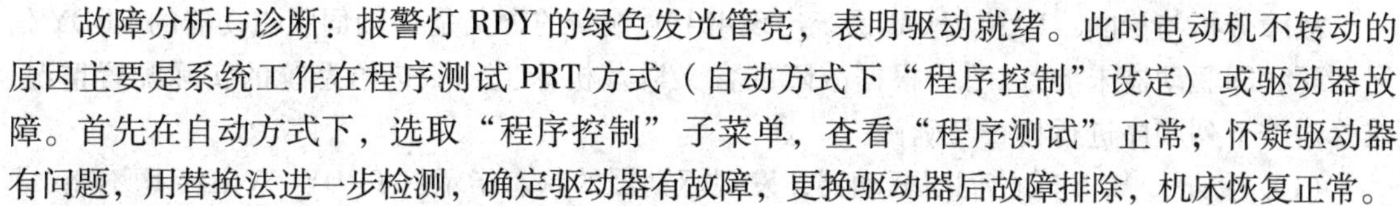

故障分析与诊断：报警灯 RDY 的绿色发光管亮，表明驱动就绪。此时电动机不转动的原因主要是系统工作在程序测试 PRT 方式（自动方式下“程序控制”设定）或驱动器故障。首先在自动方式下，选取“程序控制”子菜单，查看“程序测试”正常；怀疑驱动器有问题，用替换法进一步检测，确定驱动器有故障，更换驱动器后故障排除，机床恢复正常。

【故障实例 2】

故障现象：一台配套 FAGOR 8025MG 系统，型号为 XK5038－1 的数控机床，*X* 轴报警，显示器显示“X axis not ready”。

故障分析及处理：停电半小时后启动机床，无报警；机床空运行时正常，但刚切削加工即报警，故怀疑 *X* 轴伺服驱动单元有问题。打开电气柜检查 *X* 轴伺服单元，发现 *X* 轴有一个输出端子发黑，怀疑氧化造成接触不良。停电半小时后（伺服单元内有大容量电容，让其将电放掉，以防触电和损坏），用砂纸将 *X* 轴端子打磨光亮，拧紧后开机试切削，故障消除。

【故障实例 3】

故障现象：某配套 FANUC 0M 系统的立式加工中心，*X* 轴快速移动时出现 414 和 410 号报警。

故障分析及处理：414 和 410 号报警的含义是“速度控制 OFF”和“*X* 轴伺服驱动异常”。鉴于此机床在故障出现后能通过重新启动消除，但每次执行 *X* 轴快速移动时就报警，故初步判定故障与伺服电动机有关。检查伺服电动机电源线插头，发现存在相间短路，重新连接后，故障排除。

【故障实例 4】

故障现象：某配套 GSK980M 系统的数控磨床，在进行多次维修和长时间不用后，发现 *Y* 轴在运动过程中有明显的爬行。

故障分析及处理：经检查，发现当手轮移动 *Y* 轴 0.1 mm 时，工作台连续移动 0.7 mm 左右后再以另一种速度缓慢移动至 0.1 mm，因此可能是由于移动速度太快或工作台阻力太大引起故障。调整机床导轨镶条并减小工作台移动速度，故障未排除。在多次运行后发现每次工作台慢速移动的距离都差不多。打开参数页面，发现 029 号参数（*Y* 轴直线加/减速时间常数）为 600，而对于步进电动机来说一般设定为 450。修改后再试，故障排除。

【故障实例 5】

故障现象：某配套 GSK980M 系统的数控机床，在自动或手动运行时，*X* 轴经常产生失步现象。

故障分析及处理：本机床配置为 GSK980M + 步进驱动。失步是步进电动机传动的特点之一，当阻力或速度超过某一固定值时，步进电动机传动常会产生失步现象。因此，降低 *X* 轴移动速度，重新运行，发现在某一位置仍会产生失步。排除该原因后进一步检查导轨与工作台的工作阻力，加大液压泵的供油压力，使工作台处于悬浮状态，试验后发现故障依然存在。断电后卸下同步带轮，手动旋转滚珠丝杠，发现在某一点处阻力稍大，拆下滚珠丝杠维修，发现在丝杠螺母中有一粒滚珠受损。更换滚珠重新装配后，故障排除。

【故障实例 6】

故障现象：一台配套 FANUC 0M 系统的加工中心，机床启动后，在自动方式下运行，CRT 显示 401 号报警。

故障分析与诊断：FANUC 0M 系统出现401 号报警的含义是"轴伺服驱动器的 VRDY 信号断开，即驱动器未准备好"。根据故障的含义以及机床上伺服进给系统的实际配置情况，维修时按下列顺序进行检查与确认：

（1）检查 L/M/N 轴的伺服驱动器，发现驱动器的状态指示灯 PRDY、VRDY 均不亮。

（2）检查伺服驱动器电源 AC100 V、AC18 V 均正常。

（3）测量驱动器控制板上的辅助控制电压，发现 ±24 V、±15 V 异常。

根据以上检查，可以初步确定故障与驱动器的控制电源有关。仔细检查输入电源，发现 $X$ 轴伺服驱动器上的输入电源熔断器电阻大于 2 MΩ，远远超出规定值。经更换熔断器后，再次测量直流辅助电压，±24 V，±15 V 恢复正常，状态指示灯 PRDY、VRDY 均恢复正常。重新运行机床，401 号报警消失。

【故障实例 7】

故障现象：某配套 FANUC 0i 系统、αi 系列伺服驱动器的立式数控铣床，在自动加工过程中突然出现 ALM414、ALM411 报警。

故障分析与诊断：FANUC 0i 系统发生 ALM411 报警的含义是"移动过程中位置偏差过大"；ALM414 报警的含义是"数字伺服报警（Z－Axis DETECTION SYSTEM ERROR）"。

检查 $Z$ 驱动器显示"8"，表明 $Z$ 轴 IPM 报警，可能的原因是 $Z$ 轴过电流、过热或 IPM 控制电压过低。利用系统诊断参数 DGN200 检查发现 DGN200 bit5 ="1"，表明 $Z$ 轴驱动器出现过电流报警。

根据以上诊断、检查，可以初步确认故障原因为是 $Z$ 轴过电流。考虑到机床的伺服进给系统为半闭环结构，维修时脱开了电动机与丝杠间的联轴器，手动转动丝杠，发现该轴运动十分困难，由此确认故障原因在机械部分。进一步检查机床机械部分，发现 $Z$ 导轨表面无润滑油，检查机床润滑系统的定量分油器，确认定量分油器坏。更换定量分油器后，通过手动润滑较长时间，保证 $Z$ 导轨润滑良好后，再次开机试验，报警消失，机床恢复正常工作。

【故障实例 8】

故障现象：某配套 SIEMENS 802D 系统的数控铣床，开机时不定期地出现伺服驱动器（611U）报警 B507、B508 等，机床停机后重新启动，通常可以恢复正常工作。

故障分析与诊断：611U 伺服驱动器报警 B507、B508 的含义分别是：B507 是电动机转子位置检测错误，B508 是脉冲编码器"零位"信号出错。

以上两个报警都与编码器检测信号有关，一般情况下是属于编码器故障，通常应更换编码器解决。但是，在本机床中，由于重新启动系统后，伺服故障能自动清除，而且只要启动完成，机床可以长时间正常工作，故可以认为故障的真正原因并非编码器存在故障，而是由其他原因引起的。仔细观察发现，该机床的伺服驱动器在开机通电后，可以自动进入 RUN 状态，表明驱动器可以通过硬件的自检，进一步证明编码器无故障。

仔细检查伺服驱动器的故障发生过程，发现故障每次都是在驱动器"驱动使能"信号加入的瞬间发生，若此时无故障，则机床就可以正常启动并工作。因此，分析原因可能是由于伺服系统电动机励磁加入的瞬间干扰引起的。进一步检查发现，该机床的第四轴（数控转台）电动机是使用中间插头连接的，电动机的电枢屏蔽线在插头处未连接。经重新连接后故障现象消失，机床恢复正常。

【故障实例 9】

故障现象：某配套 SIEMENS 802D 系统的数控铣床，开机时出现 ALM380500 报警，驱动器显示报警号 B504。

故障分析与诊断：611U 伺服驱动器出现 B504 报警的含义是“编码器的电压太低，编码器反馈监控生效”。经检查，开机时伺服驱动器可以显示“RUN”，表明伺服驱动系统可以通过自检，驱动器的硬件应无故障。经观察发现，故障过程与故障实例 8 相同，即每次报警都是在伺服驱动系统“使能”信号加入的瞬间出现，因此，分析原因可能是由于伺服系统电动机励磁加入的瞬间干扰引起的。重新连接伺服驱动的电动机编码器反馈线，并进行正确的接地连接后，故障排除，机床恢复正常。

【故障实例 10】

故障现象：某配套 GSK980M 系统的数控磨床，在自动加工过程中，CNC 经常出现 ALM33 报警。

故障分析与诊断：GSK980M 系统 ALM33 号报警的含义是“$Z$ 轴指令速度过大”。本机床为专用数控机床，$Z$ 轴用于修整砂轮，当每次修整砂轮时，就会产生该报警。报警产生的原因通常是由于系统的参数设定不合适，但检查系统参数未发现问题，调整 $Z$ 轴运动速度，报警仍然出现。进一步测量电动机三相绕组，发现其三相绕组的电阻值分别为 0.6 Ω、1.1 Ω 和 1.4 Ω，这显然不正确，拆下电动机后检查，发现该电动机引出线和内部绕组绝缘层已多处受损。更换电动机后，故障排除。

【故障实例 11】

故障现象：一台 THM6350 卧式加工中心，采用 FANUC 0i－M 数控系统。在加工过程中，出现机床运动的实际尺寸与给定值不符，无报警信息。

故障分析与诊断：维修时询问机床操作者，该机床在此故障前曾发生过“在操作轴运动时数显变化而实际位置不动，检查发现是带轮被拉断所致。更换带轮后，对轴零点偏置（参数 1850）进行了修正。试运行便发现了实际值与给定值不符的现象”。此类故障通常有三种可能原因：一是位置环问题，这其中包括如光栅尺、编码器及它们的连接电缆故障，也可能是伺服模块级的故障；二是涉及数控参数问题，如进给单位（公制与英制）、检测倍乘比参数的设置是否发生了变化；三是机械上存在一定的阻力或连接松动所致。以上述原因分析为依据，由易到难逐一进行检查排除。经查，该故障是由于进给单位的参数设置由原来的公制变成了英制，即参数 1001#0 由“0”变成了“1”。将参数改回“0”后，机床恢复正常。

【故障实例 12】

故障现象：某采用 YASKAWAJ 50M 系统的加工中心，配套安川 ΣⅡ伺服驱动器，在开机调试时，三轴伺服电动机出现异常声。

故障分析与诊断：数控机床进给伺服系统电动机出现异常声，在系统部件无故障时，通常与进给系统的设定与调整有关，当系统速度环增益设定过高，积分时间设定不合适时，将出现以上现象。在安川 ΣⅡ伺服驱动器中，参数 Cn－04、Cn－05 用于调整速度环的增益与积分时间，在本机床上，改变参数 Cn－04 的设定值（由 80 改为 60）后，伺服电动机异常声消除，机床恢复正常。

# 技能实训6　交流进给伺服驱动系统的电气线路检修

## 一、实训目的

1. 掌握数控机床进给伺服驱动系统电气线路故障分析与检修方法。
2. 掌握数控机床进给伺服驱动系统常见电气故障的检修方法。
3. 掌握伺服驱动器报警信息及处理方法。

## 二、设备与工具清单

常用设备与工具清单见表3—2—2。

表3—2—2　　常用设备与工具清单

| 序号 | 设备与工具 | 型号与名称 | 数量 |
|---|---|---|---|
| 1 | 数控车床 | CAK4085di 数控车床 | 1台 |
| 2 | 电工常用工具 | 自定 | 1套 |
| 3 | 仪器仪表 | 自定 | 1套 |
| 4 | 机床说明书 | — | 1本 |

## 三、实训内容及步骤

### 1. 设置故障

（1）设置数控机床进给伺服未就绪故障。

（2）设置数控机床进给超程报警故障。

1）由教师或同组学生设置故障，且必须是机床在使用中的常见故障。

2）设置故障时必须在停电状态下进行，切忌更改线路和损坏元件等，确保人身和设备安全。

### 2. 检修步骤

（1）数控机床进给伺服未就绪的故障检修，可参考故障检修实例中的检修步骤，并结合图3—2—2所示流程图，进行逐项检查，直到找到故障点，并详细填写故障维修记录表（见表3—2—3）。

（2）数控机床进给伺服超程报警的故障检修，可参考相关原理图与报警信息提示，进行逐项检查，直到找到故障点，并详细填写故障维修记录表（见表3—2—4）。

（3）故障修复，通电试运行。

（4）检修完毕，切断电源，清扫场地。

## 四、故障维修记录表填写

表 3—2—3　　数控机床进给伺服未就绪故障维修记录表

| 维修时间 | | | 维修人员 | |
|---|---|---|---|---|
| 设备名称 | 数控车床 | | 设备型号 | |
| 故障现象 | | | | |
| 诊断与维修 | 可能故障部位 | 是否正常 | 排除方法 | 维修用零配件 |
| | | | | |
| | | | | |
| | | | | |
| | | | | |
| 维修小结 | | | | |
| 维修后试运行<br>确认维修结果 | | | | |

表 3—2—4　　数控机床进给伺服超程报警故障维修记录表

| 维修时间 | | | 维修人员 | |
|---|---|---|---|---|
| 设备名称 | 数控车床 | | 设备型号 | |
| 故障现象 | | | | |
| 诊断与维修 | 可能故障部位 | 是否正常 | 排除方法 | 维修用零配件 |
| | | | | |
| | | | | |
| | | | | |
| | | | | |
| 维修小结 | | | | |
| 维修后试运行<br>确认维修结果 | | | | |

## 五、评分标准

完成任务后，学生先按照表 3—2—5 进行自我测评，再由指导教师评价审核。

**表 3—2—5　　　　测评表**

| 序号 | 项目 | 考核内容及要求 | 配分 | 评分标准 | 扣分 | 得分 |
|---|---|---|---|---|---|---|
| 1 | 材料准备 | 检查工具（5 分）、资料（5 分）是否准备齐全 | 10 | 1．工具不齐全，每少一件扣 1 分<br>2．资料不齐全，扣 5 分 | | |
| 2 | 故障现象勘察 | 1．通电前，检查机床外观、电气元器件（5 分）<br>2．正确通电试运行（5 分）<br>3．正确描述故障现象（5 分） | 15 | 1．不能全面检查机床外观、电气元器件，每漏检一处扣 1 分<br>2．不能正确通电试运行，扣 5 分<br>3．不能描述故障现象，扣 5 分 | | |
| 3 | 故障原因分析 | 1．故障分析思路正确、清晰（5 分）<br>2．故障原因分析正确、完整（15 分）<br>3．正确查阅资料（5 分） | 25 | 1．思路不清晰或不正确，扣 5 分<br>2．不能正确分析故障原因或分析不完整，每错一处扣 3 分<br>3．不能查阅资料，扣 5 分 | | |
| 4 | 故障处理 | 1．对故障部位进行维修（25 分）<br>2．试运行，对维修效果进行验证（5 分） | 30 | 1．工具使用不正确，扣 5 分<br>2．停电不验电，扣 5 分<br>3．思路不清晰，扣 10 分<br><br>1．不会试运行或维修试运行结果不正确，扣 2 分<br>2．查出故障，而不能进行故障修复的，扣 3 分 | | |
| 5 | 安全文明生产 | 应符合国家安全文明生产的有关规定 | 10 | 违反安全文明生产有关规定不得分 | | |
| 6 | 实操过程记录 | 填写清晰、准确 | 10 | 填写不准确不得分 | | |
| 指导教师评价 | | | | | 总得分 | |

# 第四章

# 数控机床主轴驱动系统故障检修

## §4—1 数控机床主轴驱动系统

1. 了解数控机床对主轴传动的要求。
2. 了解主轴系统的分类及特点。
3. 熟悉主轴驱动装置的结构、组成与原理。
4. 掌握主轴驱动装置与数控装置的信号连接。

### 一、主轴驱动系统概述

数控机床的主轴驱动系统，也就是主传动系统，是数控机床的大功率执行机构，其工作运动通常是主轴的旋转运动，通过主轴的回转与进给轴的进给，实现刀具与工件快速的相对切削运动。主轴驱动系统的性能直接决定了加工工件的表面质量，因此，在数控机床的维修中，主轴驱动系统的维修显得非常重要。

**1. 数控机床对主轴传动的要求**

20 世纪 60—70 年代，数控机床的主轴一般采用三相感应电动机配多级齿轮变速箱实现有级变速的驱动方式。随着刀具技术、生产技术、加工工艺的不断发展以及生产效率的不断提高，上述传统的主轴驱动方式已不能满足生产的需要，因此现代数控机床对主轴传动提出了以下要求。

(1) 调速范围要宽并能实现无级调速

为保证加工时选用合适的切削用量，以获得最佳的生产率、加工精度和表面质量，特别对具有自动换刀功能的数控加工中心，对主轴的调速范围要求更高，要求主轴能在较宽的转速范围内，根据数控系统的指令自动实现无级调速，并减少中间传动环节，简化主轴结构。

目前，主轴变速主要分为有级变速、无级变速和分段无级变速三种形式，其中有级变速仅用于经济型数控机床，大多数数控机床均采用无级变速或分段无级变速。在无级变速中，变频调速主轴一般用于普及型数控机床，交流伺服主轴则用于中、高档数控机床。现代主轴驱动装置的恒转矩调速范围已可达1:100，恒功率调速范围也可达1:30，一般过载1.5倍时可持续工作达30 min。

（2）恒功率范围要宽

为了满足生产要求，数控机床要求主轴在整个速度范围内均能提供切削所需功率，并尽可能在全速度范围内提供主轴电动机的最大功率。特别是为了满足数控机床低速、强力切削的需要，常采用分段无级变速的方式（即在低速段采用机械减速装置），以扩大输出转矩，满足最大功率输出。

（3）具有四象限驱动能力

要求主轴在正、反向转动时均可进行自动加/减速控制，并且加/减速时间要短，调速运行要平稳。目前，一般伺服主轴可以在1 s内从静止加速到6 000 r/min。

（4）具有同步控制和定位准停功能

1）同步控制功能。为了使数控车床具有螺纹切削功能，要求主轴能与进给驱动实现同步控制。

2）定位准停功能。在加工中心上，为了满足加工中心自动换刀的要求，还要求主轴具有高精度的准停功能。主轴定向控制的实现方式有两种：一是机械准停；二是电气准停。例如，利用装在主轴上的磁性传感器或编码器作为检测元件，通过它们输出的反馈信号，使主轴准确地停在规定的位置上，如图4—1—1所示。

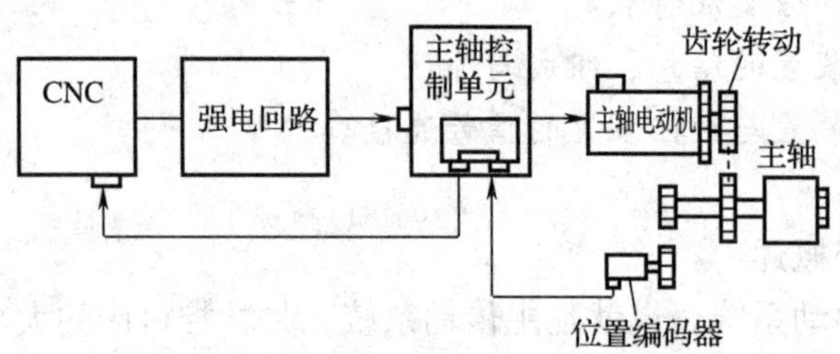


图4—1—1　编码器主轴定向控制连接图

**2. 主轴系统的分类及特点**

目前，全功能数控机床的主传动系统大多采用无级变速。无级变速系统根据控制方式的不同，可分为变频主轴系统和伺服主轴系统两种，通过直流或交流主轴电动机，经带传动带动主轴旋转，或通过带传动和主轴箱内的减速齿轮（以获得更大的转矩）带动主轴旋转。另外，根据主轴速度控制信号的不同，可分为模拟量控制的主轴驱动装置和串行数字控制的主轴驱动装置。模拟量控制主轴电动机转速的方式通常有两种：一种是用通用变频器控制通用电动机；另一种是用专用变频器控制专用电动机。目前，大部分的经济型数控机床均采用变频主轴，即数控系统模拟量输出+变频器+感应（异步）电动机的形式，其性价比很高。伺服主轴驱动装置一般由各数控公司自行研制并生产，如日本FANUC公司的α系列、德国SIEMENS公司的611系列等。

（1）笼型异步电动机配齿轮变速箱

这种主轴配置方式最经济，但只能实现有级变速。由于电动机始终工作在额定转速下，经齿轮减速后，主轴在低速下输出力矩大，重切削能力强，非常适合粗加工和半精加工的要

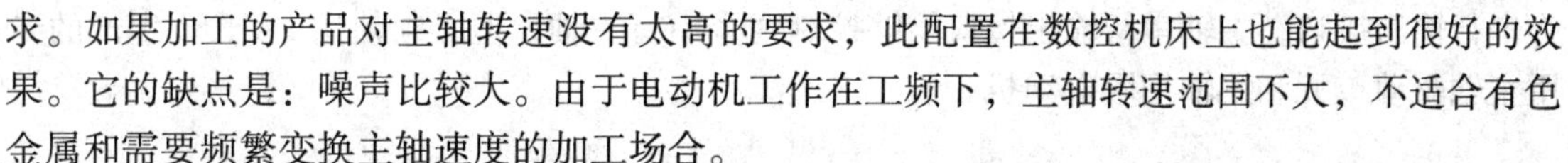

求。如果加工的产品对主轴转速没有太高的要求，此配置在数控机床上也能起到很好的效果。它的缺点是：噪声比较大。由于电动机工作在工频下，主轴转速范围不大，不适合有色金属和需要频繁变换主轴速度的加工场合。

（2）通用笼型异步电动机配通用变频器

目前，通用变频器除了具有 *U/f* 曲线调节，一般还具有无反馈矢量控制功能，会对电动机的低速特性有所改善，再配合两级齿轮变速，基本上可以满足车床低速（100～200 r/min）小加工余量的加工，但同样受最高电动机速度的限制。这是目前经济型数控机床比较常用的一种主轴驱动系统。

（3）专用变频电动机配通用变频器

中档数控机床主要采用这种配置，主轴传动两挡变速甚至仅用一挡，即可实现转速在低速时的重力切削。此种配置若应用在加工中心上不够理想，采用其他辅助机构可完成定向换刀的功能，但不能达到刚性攻螺纹的要求。

（4）伺服主轴驱动系统

伺服主轴驱动系统具有响应快、速度高、过载能力强的特点，还可以实现定向和进给功能，但其价格较高，通常是同功率变频器主轴驱动系统的 2～3 倍。伺服主轴驱动系统主要应用于全功能机床上，用以满足系统自动换刀、刚性攻螺纹、主轴 C 轴进给功能等对主轴位置控制性能要求很高的加工。

（5）电主轴

电主轴是主轴电动机的一种结构形式，驱动器可以是变频器或主轴伺服驱动器，也可以不要驱动器。电主轴由于电动机和主轴合二为一，没有传动机构，因此大大简化了主轴的结构，提高了主轴的精度，并且向高速方向发展。电主轴如图 4—1—2 所示。目前，电主轴的转速一般在 10 000 r/min 以上。但是电主轴抗冲击能力较弱，而且功率还不能做得太大，一般在 10 kW 以下。目前，安装电主轴的机床主要用于精加工和高速加工，如高速精密加工中心。

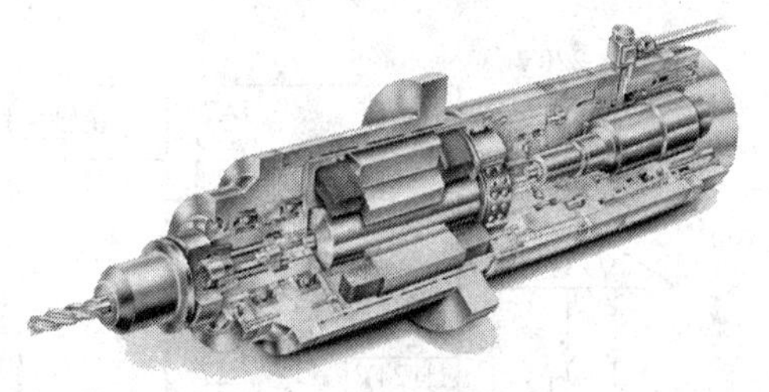

图 4—1—2　电主轴结构

## 二、变频主轴驱动装置的组成及工作原理

随着交流调速技术的发展，目前数控机床（数控车、铣床）的主轴驱动多采用交流电动机配通用变频器控制的方式。通用变频器控制正弦波的产生是以恒电压频率比（*u/f*）保持磁通不变，经过 SPWM 调制驱动主电路，产生 U、V、W 三相交流电驱动电动机，并通过调整频率达到改变电动机转速的目的。目前，主轴驱动装置市场上主流的变频器生产商有德国西门子、日本三菱、安川等。本节主要介绍 FANUC 0i Mate 数控系统与三菱变频器主轴驱动装置的连接。

FANUC 0i Mate 数控系统主轴控制可分为主轴串行输出/主轴模拟输出，如图 4—1—3 所示。用模拟量控制的主轴驱动单元（如变频器）和电动机称为模拟主轴，主轴模拟输出接口只能控制一个模拟主轴。按串行方式传送数据（CNC 给主轴电动机的指令）的接口称为串行输出接口，主轴串行输出接口能够控制两个串行主轴，但必须使用 FANUC 生产的专用主轴驱动单元和主轴伺服电动机。

图 4—1—3　FANUC 0i Mate－TD 数控系统主轴的接口

**1．FANUC 0i Mate－TD 数控系统模拟主轴的连接**

如图 4—1—4 所示是 CAK6140 数控车床主轴的变频控制连接图。

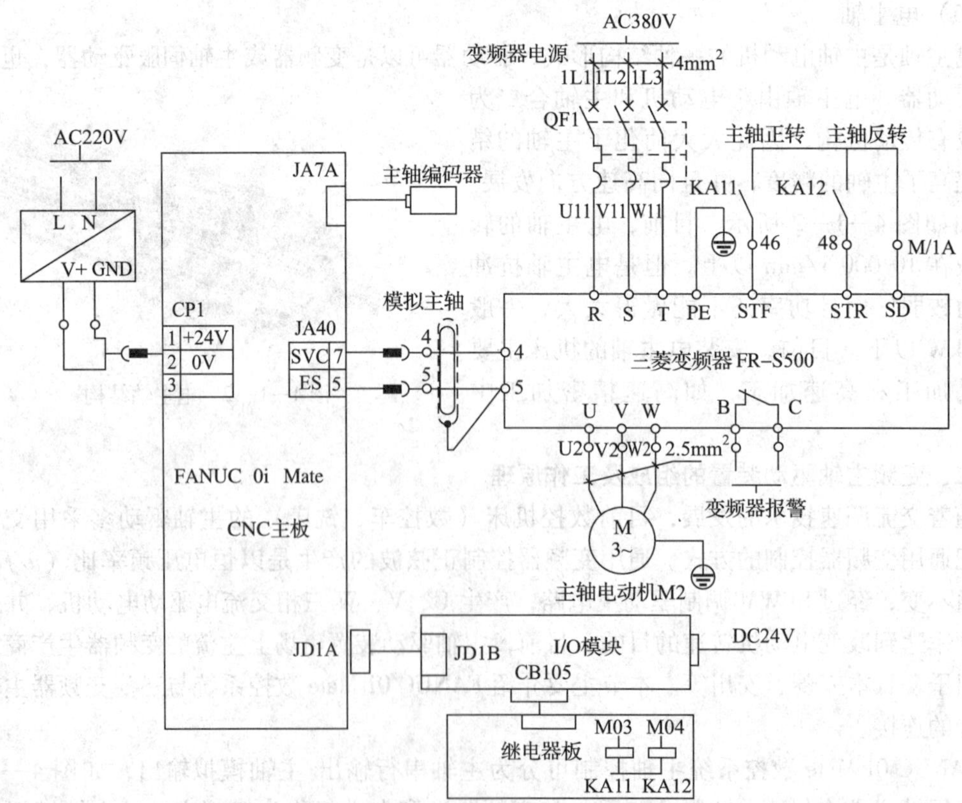


图 4—1—4　FANUC 0i Mate－TD 系统与三菱变频器的连接图

**2．与主轴相关的系统接口**

（1）JA40

JA40 是模拟量主轴的速度信号接口（0～10 V）。CNC 输出的速度信号（0～10 V）与变频器的模拟量频率设定端2 和5 连接，控制主轴电动机的运行速度。其接口定义见表4—1—1。

**表 4—1—1　　JA40 接口定义**

| 脚号 | 信号 | 信号说明 | 脚号 | 信号 | 信号说明 |
|---|---|---|---|---|---|
| 1 | | | 11 | | |
| 2 | （0 V） | | 12 | | |
| 3 | | | 13 | | |
| 4 | | | 14 | | |
| 5 | ES | 公共端 | 15 | | |
| 6 | | | 16 | | |
| 7 | SVC | 主轴指定电压 | 17 | | |
| 8 | ENB1 | 主轴使能信号 | 18 | | |
| 9 | ENB2 | 主轴使能信号 | 19 | | |
| 10 | | | 20 | | |

（2）JA41

JA41 是串行主轴/主轴位置编码器信号接口。当主轴为串行主轴时，与主轴驱动器的 JA7B 连接，实现主轴模块与 CNC 系统的信息传递；当主轴为模拟量主轴时，该接口是主轴位置编码信号接口。其接口定义见表4—1—2。

**表 4—1—2　　JA41 接口定义**

| 脚号 | 信号 | 信号说明 | 脚号 | 信号 | 信号说明 |
|---|---|---|---|---|---|
| 1 | （SIN） | | 11 | | |
| 2 | （*SIN） | | 12 | 0 V | 0 V 电压 |
| 3 | （SOUT） | | 13 | | |
| 4 | （*SOUT） | | 14 | 0 V | |
| 5 | PA | 位置编码器 A 相脉冲 | 15 | SC | 位置编码器 C 相脉冲 |
| 6 | *PA | 位置编码器*A 相脉冲 | 16 | 0 V | |
| 7 | PB | 位置编码器 B 相脉冲 | 17 | *SC | 位置编码器*C 相脉冲 |
| 8 | *PB | 位置编码器*B 相脉冲 | 18 | +5 V | |
| 9 | +5 V | +5 V 电压 | 19 | | |
| 10 | | | 20 | +5 V | |

注：（）中的信号用于串行主轴，模拟主轴不使用该信号。

（3）JD1A I/O Link

本接口连接 I/O 模块，从系统的 JD1A 出来，到 I/O 模块的 JD1B 为止。通过 I/O 模块来控制主轴正反转继电器，把继电器的常开触点接在变频器的正反转端子上，用来控制主轴电动机的正反转。

**3．FR－S500 变频器的接线**

（1）FR－S500 变频器的标准端子接线

如图 4—1—5 所示是 FR－S500 变频器的标准端子接线图。

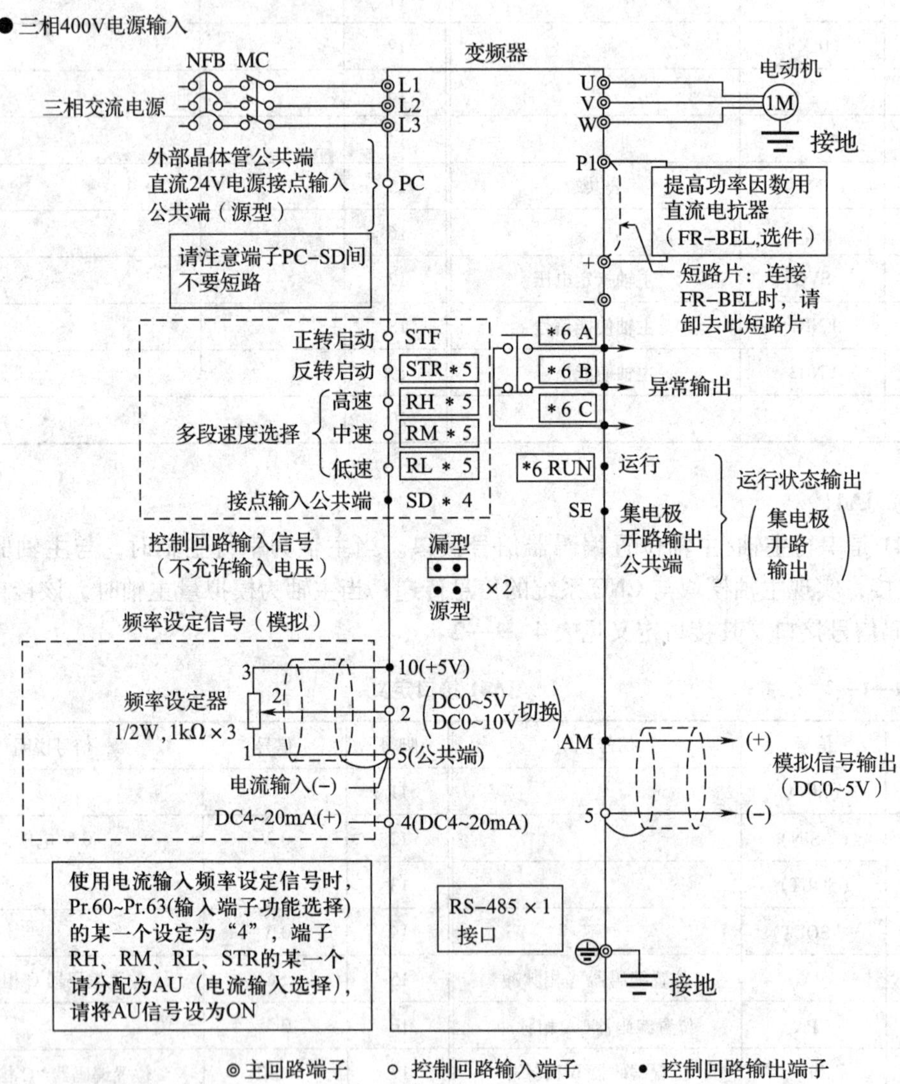


图 4—1—5　FR－S500 变频器的标准端子接线图

（2）端子说明

1）主回路端子说明（见表 4—1—3）。

表 4—1—3　　主回路端子说明

| 端子记号 | 端子名称 | 内容说明 |
|---|---|---|
| L1，L2，L3（＊） | 电源输入 | 连接工频电源 |
| U，V，W | 变频器输出 | 连接三相笼型电动机 |
| - | 直流电压公共端 | 此端子为直流电压公共端子。与电源和变频器输出没有绝缘 |
| +，P1 | 连接改善功率因数直流电抗器 | 拆下端子 + 与 P1 间的短路片，连接选件改善功率因数用直流电抗器（FR—BEL） |
| ⏚ | 接地 | 变频器外壳接地用，必须接大地 |

（＊）单相电源输入时，变成 L1，N 端子。

2）控制回路端子说明（见表 4—1—4）。

表 4—1—4　　控制回路端子说明

<table>
<tr><th colspan="3">端子记号</th><th>端子名称</th><th colspan="3">内　　容</th></tr>
<tr><td rowspan="8">输入信号</td><td rowspan="3">接点输入</td><td>STF</td><td>正转启动</td><td>STF 信号 ON 时为正转，OFF 时为停止指令</td><td colspan="2">STF、STR 信号同时为 ON 时，为停止指令</td></tr>
<tr><td>STR</td><td>反转启动</td><td>STR 信号 ON 时为反转，OFF 时为停止指令</td><td></td><td rowspan="2">根据输入端子功能选择（Pr. 60 ~ Pr. 63）可改变端子的功能</td></tr>
<tr><td>RH<br>RM<br>RL</td><td>多段速度选择</td><td colspan="2">可根据端子 RH、RM、RL 信号的短路组合，进行多段速度的选择</td></tr>
<tr><td colspan="2">SD</td><td>接点输入公共端（漏型）</td><td colspan="3">此为接点输入（端子 STF，STR，RH，RM，RL）的公共端子</td></tr>
<tr><td colspan="2">PC</td><td>外部晶体管公共端<br>DC24 V 电源接点输入公共端（源型）</td><td colspan="3">当连接程序控制器（PLC）之类的晶体管输出（集电极开路输出）时，把晶体管输出用的外部电源接头连接到这个端子，可防止因回流电流引起的误动作<br>PC 与 SD 间的端子可作为 DC24 V 0.1 A 的电源使用<br>选择源型逻辑时，此端子为接点输入信号的公共端子</td></tr>
<tr><td colspan="2">10</td><td>频率设定用电源</td><td colspan="3">DC5 V。容许负荷电流 10 mA</td></tr>
<tr><td rowspan="2">频率设定</td><td>2</td><td>频率设定（电压信号）</td><td colspan="3">输入 DC0 ~ 5 V（0 ~ 10 V）时，输出成比例；输入 5 V（10 V）时，输出为最高频率<br>5 V/10 V 切换用 Pr. 73 “0 ~ 5 V，0 ~ 10 V 选择” 进行<br>输入阻抗 10 kΩ。最大容许输入电压为 20 V</td></tr>
<tr><td>4</td><td>频率设定（电流信号）</td><td colspan="3">输入 DC4 ~ 20 mA。出厂时调整为 4 mA 对应 0 Hz，20 mA 对应 50 Hz<br>最大容许输入电流为 30 mA。输入阻抗约 250 Ω<br>电流输入时，请把信号 AU 设定为 ON<br>AU 信号设定为 ON 时，电压输入变为无效<br>AU 信号用 Pr. 60 ~ Pr. 63（输入端子功能选择）设定</td></tr>
</table>

续表

| 端子记号 | | | 端子名称 | 内　容 | |
|---|---|---|---|---|---|
| 输入信号 | | 5 | 频率设定公共输入端 | 此端子为频率设定信号（端子2.4）及显示计端子“AM”的公共端子 | |
| 输出信号 | | A<br>B<br>C | 报警输出 | 指示变频器因保护功能动作而输出停止的转换接点。输出接点耐压为AC230 V、电流为0.3 A或DC30 V、0.3 A。报警时B与C之间不导通（A与C之间导通），正常时B与C之间导通（A与C之间不导通） | 根据输出端子功能选择Pr. 64，Pr. 65，可以改变端子的功能 |
| 输出信号 | 集电极开路 | RUN | 变频器运行中 | 变频器输出频率高于启动频率时（出厂为0.5 Hz可变动）为低电平，停止及直流制动时为高电平。容许负荷DC24 V　0.1 A（ON时最大的电压下降3.4 V） | |
| 输出信号 | | SE | 集电极开路输出公共端 | 变频器运行时端子RUN的公共端子 | |
| 输出信号 | 模拟 | AM | 模拟信号输出 | 从输出频率、电动机电流选择一种作为输出。输出信号与各监视项目的大小成比例 | 出厂设定的输出项目：频率容许负荷电流1 mA<br>输出信号DC0～5 V |

（3）变频器接线注意事项

1）根据变频器输入规格选择正确的输入电源。

2）变频器输入侧用断路器（不宜采用熔断器）实现保护，其断路器的整定值应按变频器的额定电流来选择，而不应按电动机的额定电流来选择。

3）变频器三相电源实际接线无须考虑电源的相序。

4）输出侧接线须考虑输出电源的相序。若相序错误，将会造成主轴电动机反转，机床不能正常工作而报警。

5）实际接线时，不允许把变频器的电源线接到变频器的输出端。若接反了，会烧毁变频器。

6）一般情况下，变频器输出端直接与电动机相连，无须加接触器和热继电器。

## 三、伺服主轴驱动装置的组成及工作原理

数控加工中心对主轴有较高的控制要求。首先要求在大力矩、强过载能力的基础上实现宽范围无级变速；其次要求在自动换刀过程中实现定向角度停止（即准停），这对加工中心主轴驱动系统提出了更高的要求。在实际应用中，常采用专用交流伺服主轴驱动装置，其本身具有准停功能，轴控PLC信号可直接连接至CNC系统的PMC，配合简洁的PMC逻辑程序即可完成准停定位控制，且控制精度非常高。

交流主轴驱动系统也有模拟式和数字式两种形式，其结构由主轴驱动单元、主轴电动机和检测主轴速度与位置的旋转编码器三部分组成，主要完成闭环速度控制，但当主轴准停时则完成闭环位置控制。主轴驱动单元的闭环控制、矢量运算均由内部的高速信号处理器及控

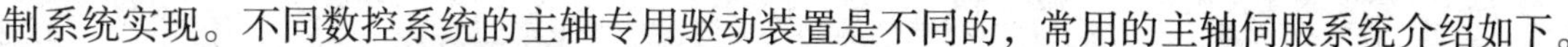

制系统实现。不同数控系统的主轴专用驱动装置是不同的，常用的主轴伺服系统介绍如下。

**1. FANUC 主轴伺服系统**

FANUC 公司生产的主轴系统，主要分为直流主轴驱动系统和交流主轴驱动系统。从 20 世纪 80 年代开始，FANUC 公司已使用了交流主轴伺服系统。从 20 世纪 90 年代开始，交流伺服系统走向全数字化，目前有 S 系列、P 系列、H 系列、α 系列、β 系列以及新一代的 αi 系列、βi 系列交流数字伺服驱动单元，如图 4—1—6 所示。主轴伺服系统采用微处理器控制技术进行矢量计算，主回路采用 SPWM 晶体管控制技术，具有定向控制功能。

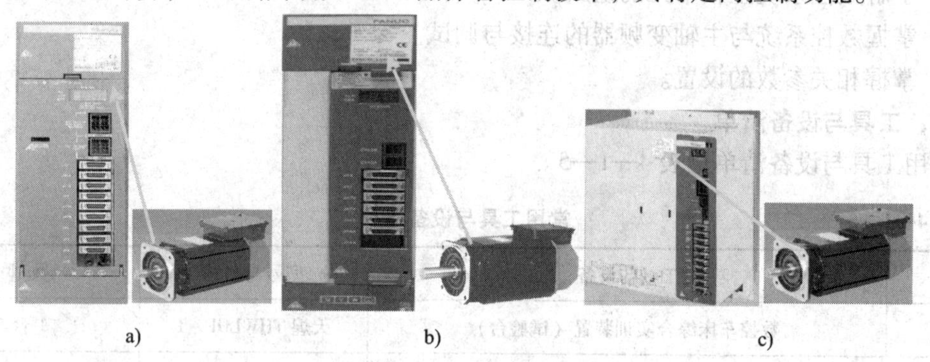

a)　　b)　　c)

图 4—1—6　FANUC 系统常用的交流主轴伺服系统

a）α 系列主轴模块　b）αi 系列主轴模块　c）βi 系列主轴模块

**2. SIEMENS 主轴伺服系统**

SIEMENS 公司生产的主轴系统，主要分为直流主轴驱动系统和交流主轴驱动系统。从 20 世纪 80 年代开始，交流伺服逐步取代直流伺服，推出了 6SC6 × × 系列主轴驱动系统以及新一代的 611U/611D 等全数字伺服系统，如图 4—1—7 所示。611 系列伺服驱动系统是一种模块化晶体管脉冲变频器，主要由电源模块、伺服驱动电动机模块、电抗与滤波模块等组成，除了具有传统的速度和转矩控制等功能以外，还在标准型号中提供有集成的定位功能，从而减轻了控制器的负担。611 系列伺服驱动系统有单轴模块和双轴驱动模块。双轴驱动模块使用双轴电源模块，结构极为紧凑，电源电压范围宽，通过闭环电源接口模块供电，驱动轴的运行不受电源扰动影响。611 系列伺服驱动系统具有 PROFIBUS DP 现场总线通信功能，可以将伺服系统无缝集成在任何自动化环境中。

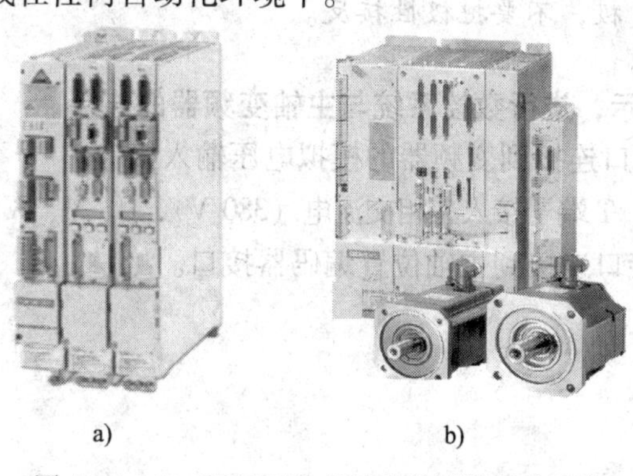

a)　　b)

图 4—1—7　SIEMENS 611 系列伺服驱动系统

a）611U　b）611D

# 技能实训7　通用变频主轴驱动装置的接线与相关参数的设定

## 一、实训目的

1. 了解数控系统主轴单元的组成。
2. 掌握数控系统与主轴变频器的连接与调试。
3. 掌握相关参数的设置。

## 二、工具与设备清单

常用工具与设备清单见表4—1—5。

**表4—1—5　　常用工具与设备清单**

| 序号 | 工具与设备 | 型号与名称 | 数量 |
|---|---|---|---|
| 1 | 数控车床综合实训装置（试验台） | 天煌THWLDF-1 | 1台 |
| 2 | 电工常用工具 | — | 1套 |
| 3 | 仪器仪表 | 自定 | 1套 |
| 4 | 实训设备说明书和变频器使用手册 | — | 各1本 |

## 三、实训内容与步骤

### 1. 按图4—1—4所示，进行数控系统电源的连接

将系统基本单元的CP1和I/O模块的CP1插头接入DC24 V电源。

直流电源要区分正负极，不要把极性接反。

### 2. 按图4—1—4所示，进行数控系统与主轴变频器的连接

（1）系统中JA40接口连接到变频器的模拟电压输入接口。

（2）变频器的R、S、T端子接入三相交流电（380 V），U、V、W端子接三相异步电动机。

（3）系统中JA7A接口连接到主轴位置编码器接口。

1）R、S、T和U、V、W端子不要接错线。

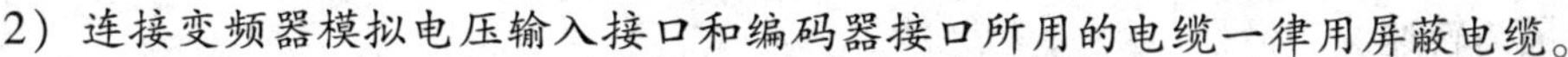

2）连接变频器模拟电压输入接口和编码器接口所用的电缆一律用屏蔽电缆。

**3. 系统线路检查**

通电前，应先检查以下各项内容：

（1）按照信号从强到弱的顺序检查线路有无短路和接触不良等现象。

（2）检查变压器进出线的方向和顺序。

（3）检查主轴驱动器与主轴电动机强电电缆的相序。

（4）检查系统直流 24 V 电源的极性。

（5）检查地线的连接。

**4. 系统通电**

（1）按照要求在指导教师监督下通电检查。

（2）线路通电后，必须检查各单元模块的直流电源的极性和电压是否符合要求。

**5. 按照要求对 FANUC 0i Mate – TD 数控系统主轴的相关参数进行设置**

FANUC 0i Mate – TD 数控系统支持串行伺服主轴及模拟变频主轴。本实例采用 0 ~ 10 V 模拟变频主轴，需要设定的主要参数大部分都集中在 37 × × 号、38 × × 号、4 × × 号参数范围内，要根据不同的需求设置不同的参数，见表 4—1—6。

**表 4—1—6　　FANUC 0i Mate – TD 数控系统主轴相关参数及设定**

| 参数号 | 符号 | 意　义 | 0i – Mate |
|---|---|---|---|
| 3705/0 | ESF | S 和 SF 的输出 | 0 |
| 3705/4 | EVS | S 和 SF 的输出 | 0 |
| 3706/0，1 | PG1/PG2 | 齿轮比 | 1 |
| 3706/6，7 | CWM/TCW | M03/M04 的极性 | 0 |
| 3708/0 | SAR | 检查主轴速度到达信号 | 0 |
| 3708/1 | SAT | 螺纹切削开始检查 SAR | 0 |
| 3716 | A/Ss | 模拟主轴 | 0 |
| 3730 | | 主轴模拟输出的增益调整 | 0 |
| 3731 | | 主轴模拟输出时电压偏移的补偿 | 0 |
| 3732 | | 定向/换挡的主轴速度 | 0 |
| 3740 | | 检查 SAR 的延时时间 | 0 |
| 3741 | | 第一挡主轴最高速度 | 1 400 |
| 3772 | | 最高主轴速度 | 1 400 |

主轴设定参数说明如下：

（1）齿轮比。主轴电动机带轮直径与主轴带轮直径的比值，可默认设置为 1。

（2）主轴最高速度。根据电动机本身最高转速和齿轮比设置主轴运行的最大转速。

（3）电动机最高速度。设定主轴的最高转速所对应的电动机转速，设定值不可超过电动机本身的最高转速。

参数设定完毕后，先断电再通电，使参数生效。其他参数的设置可参考《参数说明书》。

**6. 按照要求对变频器的相关参数进行设置**

变频器的参数含义及设置，请参考变频器的使用说明书。表4—1—7是根据要求给出的变频器的相关参数。

**表4—1—7　　变频器的参数设定**

| 参数号 | 名　称 | 设定范围 |
|---|---|---|
| Pr. 0 | 转矩提升 | 0 ~ 30% |
| Pr. 1 | 上限频率 | 0 ~ 120 Hz |
| Pr. 2 | 下限频率 | 0 ~ 120 Hz |
| Pr. 3 | 基波频率 | 0 ~ 400 Hz |
| Pr. 7 | 加速时间 | 0 ~ 3 600 s |
| Pr. 8 | 减速时间 | 0 ~ 3 600 s |
| Pr. 9 | 电子过流保护 | 0 ~ 500 A |
| Pr. 30 | 扩展功能显示选择 | 0/1 |
| Pr. 73 | 0 ~ 5 V/0 ~ 10 V 选择 | 0 ~ 5 V/0 ~ 10 V |
| Pr. 79 | 操作模式选择 | 0 ~ 8 |

**7. 数控系统功能检查**

可由指导教师先演示功能操作，然后学生再练习。

（1）选择“手动”运行方式，按“主轴正转”键或“主轴反转”键，观察主轴的运行情况，按“主轴停止”键，使主轴停止运行。

（2）选择“MDI”运行方式，按“POG”键，进入指令输入界面，输入“M03S800”，按下分号键“EOB”，再按下插入键“INSERT”，接着按“循环启动”键，观察主轴的运行情况。

（3）在主轴运行过程中，可以通过操作面板上的“主轴倍率”波段开关切换主轴运行的倍率，观察主轴转速的变化情况。

（4）主轴运行一段时间后，输入“M05”，按下分号键“EOB”，再按下插入键“INSERT”，按下“循环启动”键，使主轴停止运行。

**8. 实训完毕，切断电源，整理场地。**

**四、注意事项**

1. 注意接线要求，不要损坏元器件。

2. 通电前必须由指导教师对线路进行全面检查，未经教师检查不得擅自通电。

3. 在调试过程中，若发现运行异常，应立即按下操作面板上的急停按钮，待查明原因、排除异常后，将急停按钮右旋释放，再按照正确的方法启动实训系统。

4. 注意安全文明生产。

**五、评分标准**

完成任务后，学生先按照表4—1—8进行自我测评，再由指导教师评价审核。

**表4—1—8　　测评表**

| 序号 | 项目 | 考核内容及要求 | 配分 | 评分标准 | 扣分 | 得分 |
|---|---|---|---|---|---|---|
| 1 | 材料准备与安装前检查 | 1. 检查工具（5分）、资料（5分）是否准备齐全<br>2. 认识与检查电气元器件（5分） | 15 | 1. 工具不齐全，每少一件扣1分<br>2. 资料不齐全，扣5分<br>3. 不认识、不会检测或漏检元器件，每处扣1分 | | |
| 2 | 数控系统与主轴驱动器的连接 | 1. 正确连接数控系统（20分）<br>2. 正确连接主轴驱动器（10分） | 30 | 1. 不能正确使用工具，每处扣1分<br>2. 损坏元器件，每处扣5分<br>3. 不会连接数控系统，每处扣2分<br>4. 不会连接主轴驱动器，每处扣2分 | | |
| 3 | 参数设定 | 1. 设定数控系统主轴参数（10分）<br>2. 设定变频器参数（15分） | 25 | 1. 不能设定系统参数，每错一处扣2分<br>2. 不能设定变频器参数，每错一处扣2分<br>3. 不能查阅说明书扣5分 | | |
| 4 | 通电调试 | 正确进行各功能的操作 | 20 | 各项功能操作不正确，每错一处扣2分 | | |
| 5 | 安全文明生产 | 应符合国家安全文明生产的有关规定 | 10 | 违反安全文明生产有关规定不得分 | | |
| 指导教师评价 | | | | | 总得分 | |

# §4—2　主轴驱动系统电气线路分析与故障检修

1. 建立数控车床控制系统的总体概念。
2. 能够读懂数控机床主轴电气控制原理图。
3. 能根据电气控制原理图进行故障分析与检修。

数控机床的主轴驱动系统即主传动系统，是数控系统中完成主运动的动力装置。主轴驱动系统提供主轴上安装的刀具或工件的切削力矩和切削速度，配合进给运动，加工出理想的零件。它的精度对零件的加工精度有较大的影响。因此，在数控机床的维修和维护中，主轴驱动系统显得尤为重要。本节主要学习 CAK4085di 数控车床电气线路的检修。

## 一、主轴驱动系统控制线路原理分析

CAK4085di 数控车床主轴旋转运动采用日立 SJ300－055HF/7.5 kW 变频调速器控制 5.5 kW 主轴电动机，与机械变速相配合，可实现三挡无级调速。CAK4085di 数控车床电气控制箱如图 4—2—1 所示。CAK4085di 数控车床与主轴相关的电气原理图如图 4—2—2 所示。

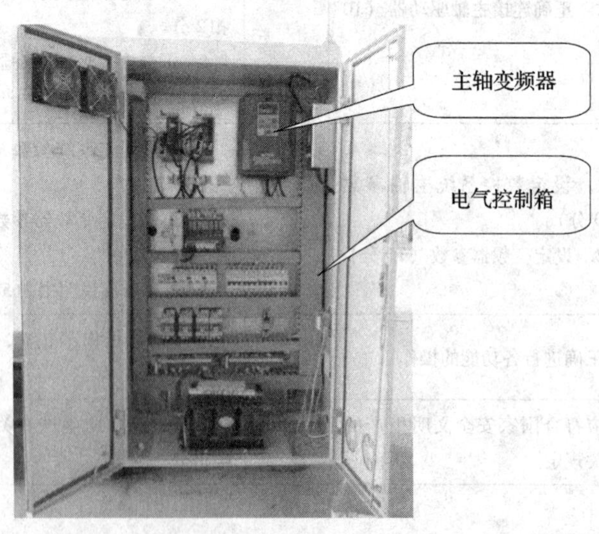


图 4—2—1　CAK4085di 数控车床电气控制箱

机床外部供电
电源开关及保护电路
控制变压器
~380V以上时建议用50A
建议用户采用10mm²
用户设备界限
QF0 40A
1.5mm² (2.5mm²)
QF6 10A
TC1 3.0kV·A 3.5kV·A
~220V 200V·A
~110V 200V·A
~220V 400V·A
QF7 3A (6A)
QF8 1A
QF9 1A
3~220V 2.2KV · A
XB2
18000F/1

a)

RED
警示灯
数控系统直流24V供电
机床侧直流24V供电
数控系统电源通断
I/O
Y3.5
0V
KA20
HL11
GS2 145V · A
GS1 145V · A
标准面板
SB13
SB12
KA17 F7
KA17
V17

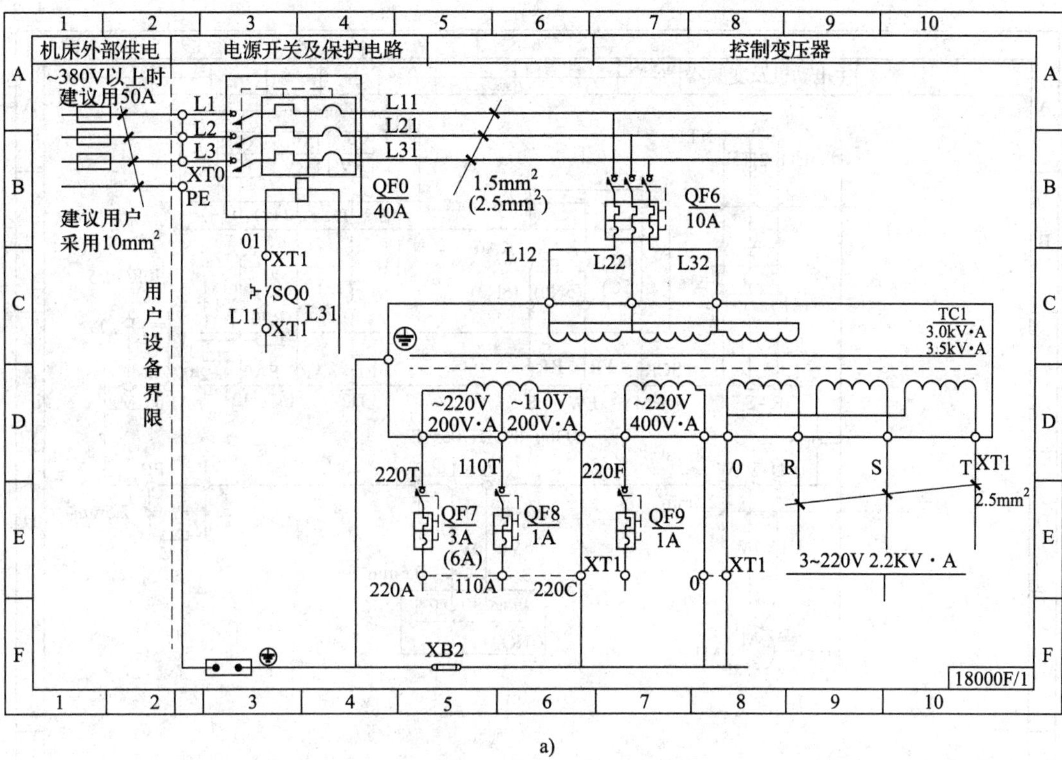

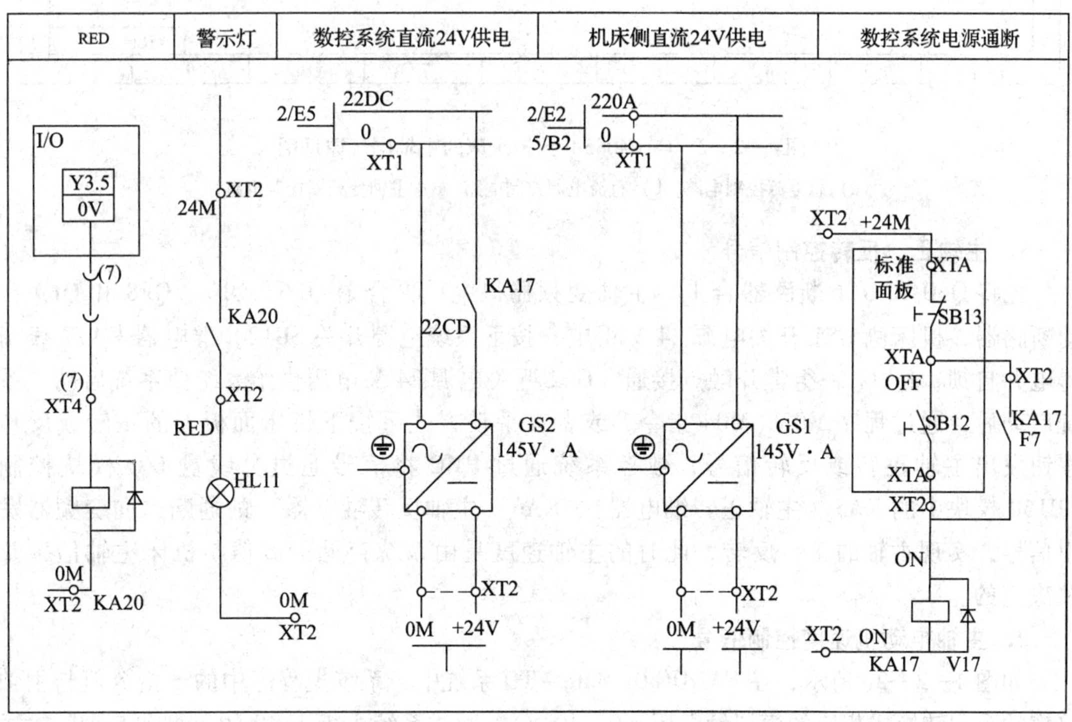

b)

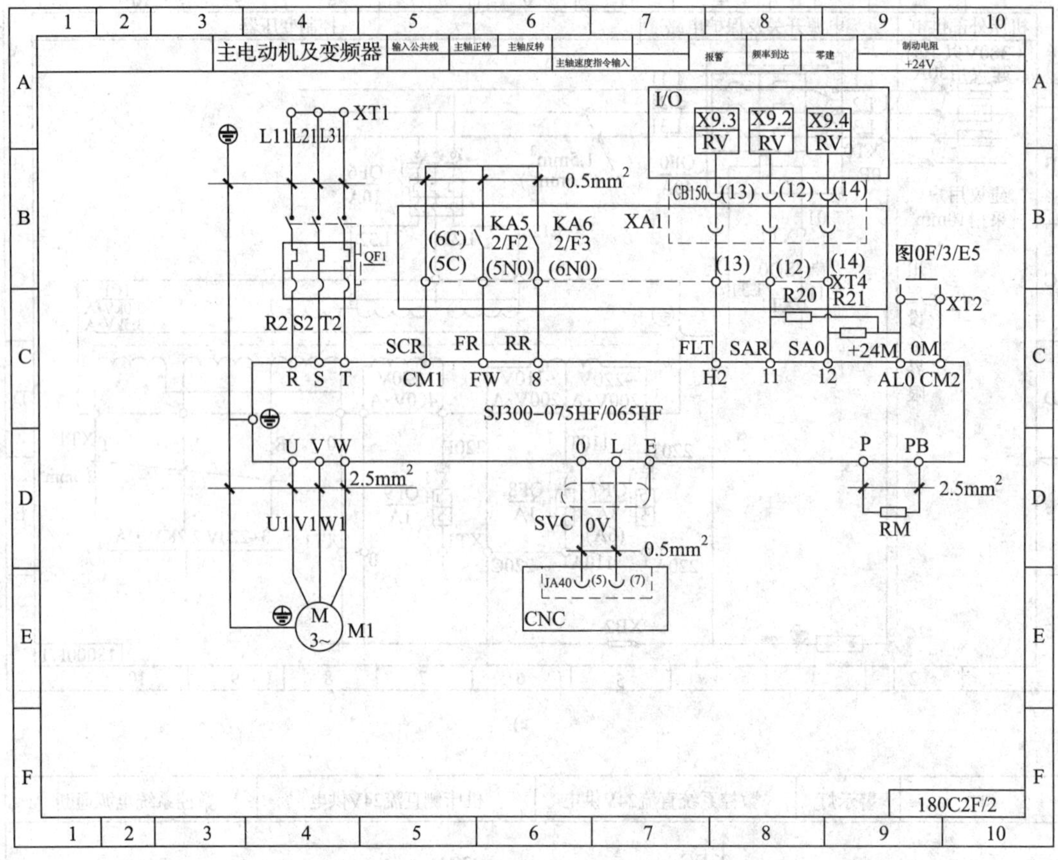

图 4—2—2　CAK4085di 数控车床的主轴电气原理图

a）总电源控制电路　b）直流电源控制电路　c）主轴变频器控制电路

**1. 主轴正、反转控制信号**

先将 QF0 和 QF1 断路器合上，主轴变频器得电。再合上 QF6、QF7、QF8 和 QF9 自动断路器，机床侧 GS1 开关电源 24 V 得电，按下系统电源开关 SB12，继电器 KA17 线圈得电并自锁，KA17 一组常开触点接通，GS2 开关电源 24 V 电压供给系统使系统启动。系统启动后，通过程序 M03、M04 指令，或者在手动方式下按下机床面板上的正转或反转按钮发出主轴正转或反转信号，数控系统通过 PMC 将信号通过分线盘 I/O 模块控制 CB150 模块中的 KA5（主轴正转继电器）、KA6（主轴反转继电器）的通断，向变频器发出信号，实现主轴的正、反转，此时的主轴速度是由系统存储的 S 值与机床主轴倍率开关决定的。

**2. 主轴电动机速度控制信号**

如图 4—2—2c 所示，在 FANUC 0i Mate－TD 系统中，系统把程序中的 S 指令值与主轴倍率的乘积转换成相应的模拟量电压（0～10 V），通过系统主板 JA40 的 7 脚和 5 脚，输送到变频器的模拟量电压频率给定端子 O 与 L 两端，从而实现主轴电动机的速度控制。

**3. 变频器故障输出信号**

当变频器出现故障时，变频器的故障输出端子 AL0 与 AL2 发出主轴故障信号，AL2 端子与 CB150 模块输入端子 13 脚（X9.3）相连接，通过 PMC 向系统发出急停信号，使系统停止工作，并发出报警信息。

**4. 主轴频率到达输出信号**

数控机床自动加工时，若系统的主轴速度到达检测功能参数设定为有效，系统执行进给切削指令（如 G01、G02、G03 等）前要进行主轴速度到达信号的检测，即通过变频器输出端 11 脚发出变频到达信号与 CB150 模块输入端子 12 脚（X9.2）相连接，PMC 检测到该信号后，切削才开始，否则系统进给指令一直处于待机状态。

**5. 日立 sj300 变频器的故障显示及处理**

主轴变频器一旦发生故障，变频器保护功能立即动作，变频器停止输出，并在变频器显示面板上显示相应的故障代码。具体的故障代码及处理方法见表 4—2—1。

**表 4—2—1　　变频器的故障代码及处理方法**

| 名称 | 情　况 | | 数字操作器显示 | 远程操作器/复制单元显示 |
|---|---|---|---|---|
| 过电流保护 | 电动机轴堵转或快速减速，变频器过流，则有可能导致故障。此时电流保护电路动作，变频器封锁输出 | 恒速时 | E01 | OC. Drive |
| | | 减速时 | E02 | OC. Decel |
| | | 加速时 | E03 | OC. Accel |
| | | 其他 | E04 | Over. C |
| 过载保护 | 当变频器检测到电动机过载时，内部电子热过载保护工作且变频器停止输出 | | E05 | Over. L |
| 制动电阻过载保护 | 当 BRD 超出再生制动电阻的使用比率时，过电压电路工作且变频器停止输出 | | E06 | OL. BRD |
| 过电压保护 | 当电动机的再生能量超过最大限度时，过电压电路工作且变频器停止输出 | | E07 | Over. V |
| EEPROM 错误 | 当由于干扰或持续高温造成内部 EEPROM 寄存器出现问题时，变频器停止输出 | | E08 | EEPROM |
| 低电压 | 当变频器输入电压降低，控制电路将不能正常工作。低电压电路工作且变频器停止输出 | | E09 | Under. V |
| CT 错误 | 当变频器内的电流传感器发生异常情况时，变频器停止输出 | | E 10 | CT |
| CPU 错误 | 如果 CPU 错误动作导致故障，变频器停止输出 | | E 11 | CPU1 |
| 外部跳闸 | 如果智能输入端子出现 EXT 信号，变频器封锁输出（在外部跳闸功能选择时） | | E 12 | EXTERNAL |

续表

| 名称 | 情　况 | 数字操作器显示 | 远程操作器/复制单元显示 |
| --- | --- | --- | --- |
| USP 错误 | 变频器仍为 RUN 模式时若电源恢复，将显示错误（当选定 USP 功能时有效） | E 13 | USP |
| 对地短路保护 | 上电时检测变频器输出和电动机之间的接地故障 | E 14 | GND. Flt |
| 输入过电压保护 | 输入电压高于规定值时，上电后检测 60 s 之后过电压电路工作且变频器停止输出 | E 15 | OV. SRC |
| 瞬时电源故障保护 | 瞬时停电超过 15 ms，变频器停止输出。如停电时间过长，则认为是正常电源故障。但是，如果变频器启动或运行指令还保留着时，则将重启 | E 16 | Inst. P. F. |
| 温度异常 | 当主电路由于冷却风扇停转而温度升高时，变频器停止输出 | E21 | OH. FIN |
| 门阵列错误 | CPU 和门阵列之间的通信错误 | E23 | GA |
| 缺相保护 | 当电源缺相时，变频器停止输出 | E24 | PH. Fail |
| IGBT 错误 | 当检测到输出瞬时过电流时，变频器封锁输出，以保护逆变模块 | E30 | IGBT |
| 电子热保护错误 | 检测电动机热保护电阻值。出现过热时，变频器切断输出 | E35 | TH |
| 制动异常 | 等待时间（b124）内，变频器释放制动后检测不到制动开/关信号（ON/OFF）［在制动控制选择（b120）使能时］ | E36 | BRAKE |

## 变频器的维护与检查

变频器主要由半导体元件构成，如果使用不当，或者维护保养工作跟不上，就会出现故障，导致变频器不能正常工作。因此，必须进行日常的检查，防止不利的工作环境如温度、湿度、粉尘和振动的影响，并防止因部件使用寿命降低而引起其他故障。日常检查与定期检查内容见表 4—2—2。

表 4—2—2　　变频器日常检查与定期检查内容

| 检查部分 | 检查项目 | 检查内容 | 检查日常 | 周期定 | 期 | 检查形式 | 判别标准 | 仪器 |
|---|---|---|---|---|---|---|---|---|
| 全部 | 环境 | 环境温度、湿度、尘埃 | O | | | 参考变频器说明书 | 温度范围在 -10 ~ 50℃，现场无露水且湿度低于 90% | 温度计<br>湿度计<br>记录器 |
| | 全部设备 | 是否有不正常的震动和声音 | O | | | 观察、倾听 | 没有异常 | |
| | 电源电压 | 主电路电压 | O | | | 变频器端子 R，S，T 相电压的测量 | 在交流电压允许变化范围内 | 仪表<br>数字万用表 |
| 主电路 | 全部 | （1）兆欧表检查在主电路端子和接地端之间的电阻<br>（2）是否所有螺钉都拧紧<br>（3）是否有过电压指示<br>（4）清洁 | | O<br>O<br>O | O | （1）将接头 J61 从变频器内部移走后，去掉变频器主电路端和控制端的输入输出线路，将端子 R，S，T，U，V，W，P，PD，N，RB 短接，用兆欧表测量它和地端间电阻<br>（2）重新夹紧<br>（3）观察 | （1）超过 5 MΩ<br>（2）（3）无异常 | DC500 V 级兆欧表 |
| | 连接导体电气线 | （1）导体中是否有弯曲<br>（2）电线外皮是否被损坏 | | O<br>O | | （1）（2）通过观察 | （1）（2）无异常 | |
| | 端子台 | 是否有损坏 | | O | | 通过观察 | 无异常 | |
| | 逆变部分器件 | 整流部分器件每个端子之间电阻检查 | | | O | 断开变频器连接，用 R×1 欧姆量程的万用表测量 R，S，T 和 P，N 之间，U，V，W 和 P，N 之间的电阻 | 参考变频器说明书 | 模拟仪表 |
| | 滤波电容器 | （1）是否有液体漏出<br>（2）安全阀是否出来，是否膨胀<br>（3）静电容量的测量 | O<br>O | O | | （1）（2）通过观察<br>（3）电容测量 | （1）（2）无异常<br>（3）超过 80% 额定容量为正常 | 电容表 |
| | 继电器 | （1）操作中是否有异常声音<br>（2）接点是否有损坏 | | O<br>O | | （1）通过听<br>（2）通过观察 | （1）无异常<br>（2）无异常 | |
| | 电阻器 | （1）电阻绝缘器上是否有裂缝或污点<br>（2）是否存在线路破坏 | | O<br>O | | （1）通过观察。陶瓷电阻，绕线电阻类<br>（2）断开与另一边的连接、用检测器测量 | （1）无异常<br>（2）电阻误差在 ±10% 以内 | 万用表、数字万用表 |

续表

| 检查部分 | 检查项目 | 检查内容 | 检查日常 | 周期<br>定 | 期 | 检查形式 | 判别标准 | 仪器 |
|---|---|---|---|---|---|---|---|---|
| 控制电路保护电路 | 操作检查 | （1）确认变频器单独运行时各相输出电压是否平衡<br>（2）进行回路保护动作测试、保护及显示电路没有异常 | O<br>O | | | （1）测量变频器输出端U，V，W的相电压<br>（2）模拟短接或打开变频器的输出保护电路 | （1）相电压平衡200 V/400 V级在4 V/8 V之内<br>（2）按回路，运行无异常 | 数字万用表，整流型电压表 |
| 冷却系统 | 冷却风扇 | （1）是否有异常振动或声音<br>（2）连接部件是否松动 | O | O | | （1）没电时用手转一下<br>（2）通过观察 | （1）转动正常<br>（2）无异常<br>2~3年更换 | |
| 显示 | 显示 | （1）灯是否亮<br>（2）清洁 | O | O | | （1）观察<br>（2）用布擦净 | 灯亮 | |
| | 仪表 | 直接读数是否正常 | O | | | 检查面板上仪表指示值 | 满足正常值、控制值 | 电压表<br>电流表 |
| 电动机 | 全部 | （1）是否有异常信号、声音<br>（2）是否有异常气味 | O<br>O | | | （1）通过听、感觉、观察<br>（2）有异常气味，确认是否出现过热、烧焦等 | （1）（2）无异常 | |
| | 绝缘电阻 | 兆欧表检查<br>（所有端子与接地端） | | | O | 断开与U，V，W和电动机的连线 | 超过5 MΩ | DC500 V兆欧表 |

注：电容器使用寿命依赖于外界温度。

变频器维护和检查时的注意事项如下：

（1）在关掉输入电源后，应至少等5 min后才可以开始检查（还要证实充电发光二极管已经熄灭），否则会引起触电。

（2）维修、检查和部件更换必须由专业人员进行。开始工作前，应取下身上所有金属物品，如手表、手镯等。应使用带绝缘保护的工具。

（3）不要擅自改装变频器，否则易引起触电和损坏产品。

（4）变频器维修之前，须确认输入电压是否有误。例如，将380 V电源接入220 V变频器会出现“炸机”（炸电容、压敏电阻、模块等）。

## 二、变频主轴驱动系统常见电气故障的诊断与处理方法

数控机床的主轴驱动系统在实际应用中出现故障的概率比较高。当主轴驱动系统发生故障时，通常有三种表现形式：一是在CRT或操作面板上显示报警内容或报警信息；二是在主轴驱动装置上用报警灯或数码管显示主轴驱动装置的故障；三是主轴工作不正常，但无任何报警信息。常见的故障有主轴电动机不转、主轴电动机振动或噪声太大、主轴转速不稳定

或异常、主轴发生过流报警、主轴定位抖动等。

要想快速准确地排除故障，必须对故障现象产生的原因进行全面的分析，明确分析故障的思路与方法，并能正确诊断与处理故障。主轴驱动系统常见故障的诊断与处理方法见表4—2—3。

**表4—2—3　　主轴驱动系统常见故障的诊断与处理方法**

| 故障现象 | 诊断与处理方法 |
| --- | --- |
| 主轴电动机不转 | （1）CNC系统至主轴驱动装置的控制信号未满足主轴旋转的条件。如转向信号、速度给定电压信号等。重点检查CNC系统是否有速度控制信号输出；检查转向信号是否接通<br>（2）主轴启动条件是否满足。通过I/O状态，确定主轴启动条件如润滑、冷却等条件是否满足<br>（3）主轴驱动装置故障。更换或返回厂家维修<br>（4）主轴电动机动力线断线或电动机与主轴驱动器连接不良<br>（5）机械连接脱落。如高/低挡齿轮切换用的离合器啮合不良<br>（6）机床负载太大。调整负载 |
| 主轴电动机振动或噪声太大 | （1）电气方面的故障主要有：<br>1）电源缺相或电源电压不正常。检查电源正常，驱动器异常，应根据参数说明书，设置好相关参数<br>2）电动机异常。应检查电动机，重点检查轴承<br>3）反馈不正确。确保接线正确，且反馈装置正常<br>（2）机械方面的故障主要有：主轴齿轮啮合不良或主轴负载太大。重新调整或减轻负载 |
| 主轴转速不稳定或异常 | （1）速度指令不正常。检查指令发送接口（D/A模块），或更换数控装置<br>（2）测速装置或速度反馈信号不正常。检查与更换测速装置<br>（3）反馈信号受外界干扰。重点处理好接地，做好屏蔽处理<br>（4）电动机不正常。检查电动机<br>（5）CNC参数设置不当。参考手册重新设定 |
| 主轴发生过流报警 | （1）电动机有故障。检查电动机<br>（2）动力连接线接触不良。检查并处理<br>（3）机床切削用量过大。调整切削用量<br>（4）主轴频繁正、反转等。减少频繁操作<br>（5）驱动装置有故障。设定相关参数或更换驱动装置 |
| 主轴定位抖动 | （1）准停时设置参数不当。重新设置参数<br>（2）机械准停时，限位开关失灵。检查更换限位开关<br>（3）采用磁性传感器准停时，磁性体间隙不正常或传感器失灵。调整间隙或更换传感器<br>（4）主轴编码器有故障。更换编码器<br>（5）反馈连接线不良。检修连接线<br>（6）编码器受到干扰。排除干扰或更换变频器 |

## 三、典型故障的分析与诊断流程

### 1. 故障一：主轴电动机不能启动

故障分析与诊断：机床通电后在手动方式下，按下主轴启动按钮，主轴电动机不能启动。出现此故障时，可以参考表 4—2—3 的相关内容和通过查阅机床使用说明书，参考电路原理图，协助分析和确定故障。其分析与诊断流程如图 4—2—3 所示。

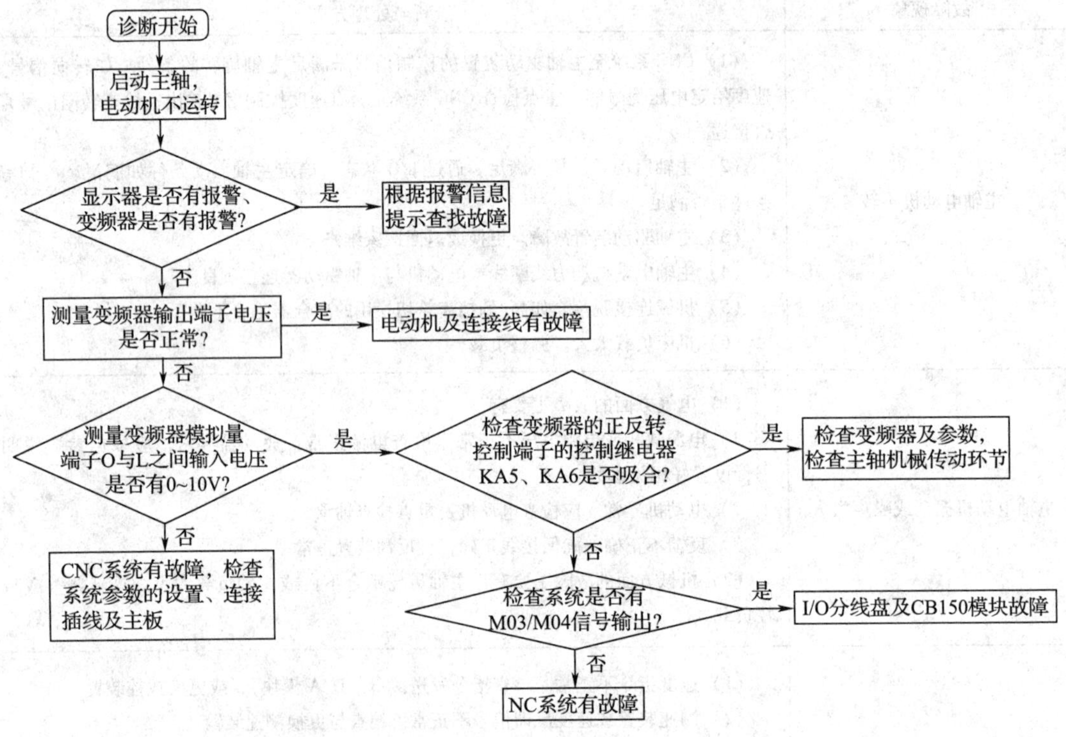


图 4—2—3　主轴电动机不能启动故障的分析与诊断流程

### 2. 故障二：由变频器出现报警而引起系统急停报警

故障分析与诊断：机床通电后在手动方式下，按下主轴启动按钮，CNC 系统出现急停报警，通过查看是变频器出现报警而引起系统急停报警。当变频器系统出现故障时，首先要观察变频器指示屏中出现的故障代码，根据故障代码的含义，对变频器本身的硬件故障及参数设置进行检查、维修。如果变频器主轴驱动系统出现故障时变频器无故障代码显示，此时应重点检查参数的设置或变频器外围控制信号，其故障的分析与诊断流程如图 4—2—4 所示。

### 3. 故障三：主轴速度不能调整

故障分析与诊断：机床通电后在手动方式下，按下主轴启动按钮，当系统主轴速度指令改变时，变频器主轴出现速度不能调整，或者转速差较大等故障。当出现此故障时，可以参考表 4—2—3 内容，并结合相关资料分析、查找故障。其分析与诊断流程如图 4—2—5 所示。

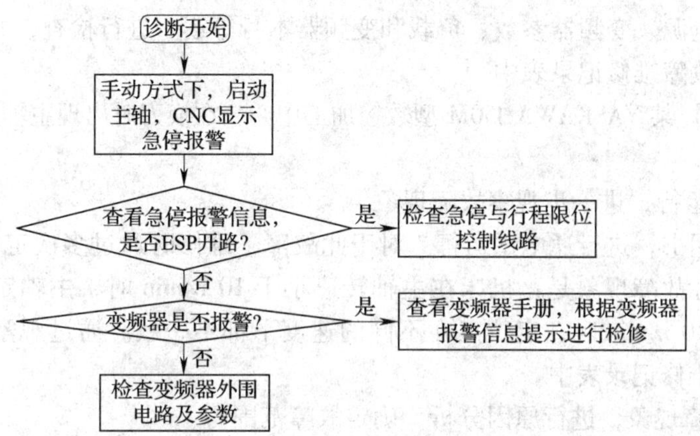


图 4—2—4　系统急停报警故障的分析与诊断流程

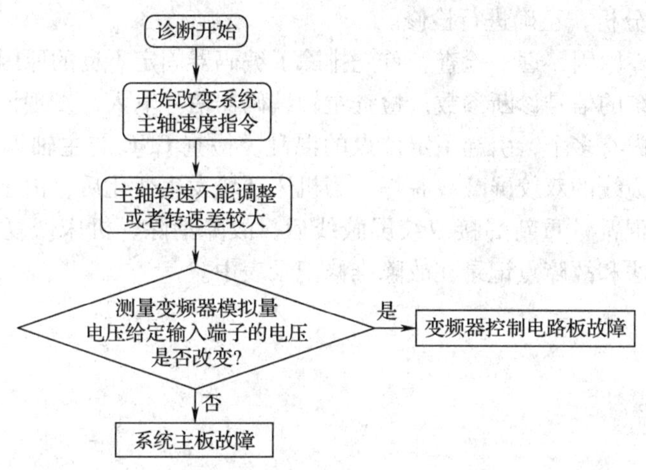


图 4—2—5　主轴速度不能调整故障的分析与诊断流程

## 四、故障检修实例

【故障实例 1】CAK4085di 型数控车床通电后（系统采用 FANUC 0i Mate－TD 系统），在手动方式下，按下主轴启动按钮，变频器发生 E03 报警，引起系统急停报警。

【检修过程】

（1）根据故障现象，进行原因分析，确定故障范围。

接通 CAK4085di 型数控机床电源后，在手动方式下，按下主轴启动按钮，主轴启动时，CNC 系统出现急停报警。通过进一步分析和检查，发现机床启动时变频器也发生 E03 报警，从而确定故障是由变频器发生报警而引起系统报警。根据所学的知识和查阅变频器手册可知，变频器 E03 报警属于加速过流。引起 E03 报警的故障原因通常是电网电压异常、变频器加速时间太短、负载过重、变频器本身有故障等。通过上述原因分析，确定故障范围，并把故障原因详细记录在故障维修记录表中。

（2）根据故障分析，正确进行检修。

根据分析的故障原因，参考变频器说明书中的故障对策处理及图 4—2—4 所示检修流程图，分别对输入电源、变频器参数、负载和变频器本身等逐一进行检查，并把故障排除方法和故障点记录在故障维修记录表中。

【故障实例 2】某 YASKAWA J50M 型数控加工中心，在换刀时出现主轴定位不准的故障。

【检修过程】

（1）通电试运行，进一步观察故障现象。

根据操作说明书，进行通电试运行。对于此故障，维修时通过多次定位进行反复试验，确认本故障的实际故障现象是：机床在主轴转速小于 10 r/min 时，主轴定位位置正确；但在主轴转速大于 10 r/min 时，定位点在不同的速度下都不一致。通过观察，把故障现象详细地记录在故障维修记录表中。

（2）根据故障现象，进行原因分析，确定故障范围。

分析主轴定位的过程，分析可能引起故障的原因，具体见表 4—2—3。通过上述原因分析，确定故障范围，并把故障原因详细记录在故障维修记录表中。

（3）根据故障分析，正确进行检修。

根据分析的故障原因，逐一检查，首先排除了编码器固定不良的原因。进一步检查编码器的连接，通过系统的信号诊断参数，检查主轴编码器信号输入，发现该机床的主轴零位脉冲输入信号在一转内有多个，引起了定位点的混乱。检查 CNC 与主轴编码器的连接，发现主轴编码器连接电缆线的双绞屏蔽线脱焊。当机床环境发生变化后，由于线路的干扰，引起了主轴零位脉冲的混乱。重新焊接双绞屏蔽线后，故障消除，机床恢复正常工作。通过检修，把故障排除方法和故障点记录在故障维修记录表中。

## 数控机床主轴驱动系统故障维修实例

【故障实例 1】

故障现象：一台配套 FANUC 11M 系统的卧式加工中心，在加工时主轴突然停止运行，驱动器显示过电流报警。

故障分析与诊断：检查交流主轴驱动器主回路，发现再生制动回路、主回路的熔断器均熔断，经更换后机床恢复正常。但机床正常运行数天后，再次出现同样故障。

由于故障重复出现，证明该机床主轴系统存在问题，根据报警现象，分析可能存在的主要原因有：

（1）主轴驱动器控制板不良。

（2）电动机连续过载。

（3）电动机绕组存在局部短路。

在以上几点中，根据现场实际加工情况，电动机过载的原因可以排除。考虑到换上元器件后，驱动器可以正常工作数天，故主轴驱动器控制板不良的可能性也较小。因此，故障原因可能性最大的是电动机绕组存在局部短路。维修时仔细测量电动机绕组的各相电阻，发现

U 相对地绝缘电阻较小，证明该相存在局部对地短路。拆开电动机检查发现，电动机内部绕组与引出线的连接处绝缘套已经老化。经重新连接后，对地电阻恢复正常。再次更换元器件后，机床恢复正常，故障不再出现。

【故障实例 2】

故障现象：一台配套 OKUMA OSP700 系统，型号为 XHAD765 的数控机床，出现“主轴刀具检测异常”报警，系统处于急停状态。

故障分析及处理：该故障多是由于系统认为主轴无刀时，人为在主轴中插入了刀具；或在系统认为主轴有刀的状态下，人为取下了主轴刀具，再换操作方式后发生。而主轴传感器 SQ10、SQ11、SQ12 出现故障的可能性较小。只要将方式切换至回零方式，复位启动后，将主轴中刀具取下或插上，保持实际状态与系统内主轴刀具状态一致即可。如果不是由于上述人为原因发生的故障，则要打开 PLC 数据或梯形图，检查上述三个开关信号 ISPTC1、ISPTL1、ISPTU1 是否能正常接收，再依此检查开关有无故障。按上述方法检查发现 SQ11 开关插头进油造成接触不良，经处理后恢复正常。

【故障实例 3】

故障现象：一台配套 FANUC 6M 系统的卧式加工中心，手动、自动方式下主轴均不旋转，驱动器、CNC 无报警显示。

故障分析与诊断：用 MDI 方式，执行“S100 M03”指令，系统“循环启动”指示灯亮，检查 NC 诊断参数，发现系统已经正常输出 S 代码与 SF 信号，说明 NC 工作正常。

检查 PLC 程序，对照主轴启动条件以及内部信号的状态，主轴启动的条件已满足。进一步检查主轴驱动器的信号输入，也已经满足正常工作的条件。因此可以确认故障在主轴驱动器本身。

根据主轴驱动器的测量、检测端的信号状态，逐一对照检查信号的电压与波形，最后发现驱动器 D/A 转换器有数字信号输入，但其输出电压为“0”。将 D/A 转换器集成电路芯片（芯片型号：DAC80－0B1）拔下后检查，发现有一插脚已经断裂。修复后，机床恢复正常。

【故障实例 4】

故障现象：配套某系统的数控车床，主轴电动机驱动采用三菱公司的 E540 变频器，在加工过程中，变频器出现过压报警。

故障分析与诊断：仔细观察机床故障发生的过程，发现故障总是在主轴启动、制动时发生，因此，可以初步确定故障与变频器的加/减速时间设定有关。当加/减速时间设定不当时，如主电动机启/制动频繁或时间设定太短，变频器的加/减速无法在规定的时间内完成，则通常容易产生过电压报警。修改变频器参数，适当增加加/减速时间后，故障消除。

【故障实例 5】

故障现象：某加工中心，配套 611 A 主轴驱动器，在执行主轴定位指令时，发现主轴存在明显的位置超调，系统无故障报警，定位位置也正确。

故障分析与诊断：由于系统无报警，主轴定位动作正确，可以确认故障是由于主轴驱动器或系统调整不良引起的。逐一检查、调整加/减速时间、提高速度环比例增益、降低速度环积分时间等，发现本机床主轴驱动器参数中，驱动器的加/减速时间设定为 2 s，此值明显过大。更改参数，设定加/减速时间为0.5 s后，位置超调消除，机床恢复正常。

【故障实例6】

故障现象：一台配套某系统的立式加工中心，主轴在低速时（低于120 r/min）时，S指令无效，主轴以120 r/min固定转速运转。

故障分析与诊断：由于主轴在低速时以120 r/min固定转速运转，可能的原因是主轴驱动器有120 r/min的转速模拟量输入，或是主轴驱动器控制电路存在不良。

为了判定故障原因，检查CNC内部S代码信号状态，发现它与S指令值一一对应；但测量主轴驱动器的数模转换输出（测两端CH2），发现即使是在S为0时，D/A转换器虽然无数字输入信号，但其输出仍然为0.5 V左右的电压。由于本机床的最高转速为2 250 r/min，当D/A转换器输出0.5 V左右时，电动机转速应为120 r/min左右，因此可以判定故障原因是D/A转换器（型号：DAC80）损坏引起的。更换同型号的集成电路后，机床恢复正常。

【故障实例7】

故障现象：大连机床厂CKA6136车床，配置FANUC 0i TC系统，机床启动过程中，主轴稍微转动一下，系统出现急停报警，变频器出现过流报警。

故障分析与诊断：根据故障现象分析，造成系统急停主要是变频器过电流而引起的。变频器出现过电流的原因可能是参数设置不当，如变频器加速时间设置过短，则变频器输出频率的变化远远超过电动机频率的变化，变频器启动时因过流而跳闸。依据不同的负载情况相应地调整加速时间，故障依旧。进一步分析检测输出负载无短路发生，主轴负载也正常（主轴负载过大如机械卡死也会引起过电流），怀疑是变频器检测电路有问题，拆下变频器检测发现霍尔传感器不良。更换同型号的霍尔传感器，故障排除，机床恢复正常。

【故障实例8】

故障现象：大连机床厂CKA6136车床，配置FANUC 0i Mater-TC系统，机床主轴正转不运转，系统无报警。

故障分析与诊断：图4—2—6所示为变频主轴电气控制原理图。在MDI方式下运行主轴正转指令，观察电气柜中继电器KA1动作，说明PLC输出信号Y0.0为高电平（正常）；进一步检查发现KA1常开触点接触不良。更换KA1继电器，故障排除，机床恢复正常。

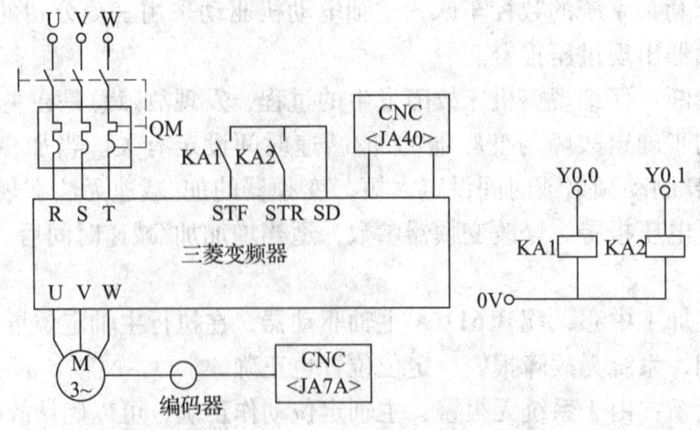


图4—2—6 CKA6136车床变频主轴电气控制原理图

# 技能实训 8　变频主轴驱动系统的电气线路检修

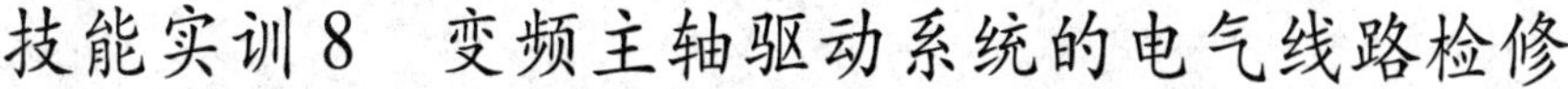

## 一、实训目的

1. 掌握数控机床主轴驱动系统电气线路故障的分析与检修方法。
2. 掌握数控机床变频主轴驱动系统常见电气故障的检修方法。
3. 掌握变频器的故障代码及处理方法。

## 二、设备与工具清单

常用设备与工具清单见表 4—2—4。

表 4—2—4　　常用设备与工具清单

| 序号 | 设备与工具 | 型号与名称 | 数量 |
|---|---|---|---|
| 1 | 数控车床 | CAK4085di 数控车床 | 1 台 |
| 2 | 电工常用工具 | 自定 | 1 套 |
| 3 | 仪器仪表 | 自定 | 1 套 |
| 4 | 机床说明书 | — | 1 本 |

## 三、实训内容及步骤

### 1. 设置故障

（1）设置数控机床主轴电动机不运转故障。

（2）设置数控机床变频器报警故障。

①由教师或同组学生设置故障，且必须是机床在使用中的常见故障。

②设置故障时必须在停电状态下进行，切忌更改线路和损坏元件等，确保人身和设备安全。

### 2. 检修步骤

（1）数控机床主轴电动机不运转的故障检修，可参考故障检修实例中的检修步骤，并结合图 4—2—3 所示检修流程图，逐项进行检查，直到找到故障点，并详细填写故障维修记录表（见表 4—2—5）。

（2）数控机床变频器报警的故障检修，可参考故障检修实例中的检修步骤，并结合图 4—2—4 所示检修流程图，逐项进行检查，直到找到故障点，并详细填写故障维修记录表（见表 4—2—6）。

（3）故障修复，通电试运行。

（4）检修完毕，切断电源，清扫场地。

1）操作时应切断机床电源，并将拆下的导线进行绝缘处理。排除故障时应注意断电、验电，确保安全。

2）应在指导教师的监督下进行程序及参数传输，并确保设备正常。拔下传输电缆操作应在断电情况下进行。

3）在实际维修中，当发生故障时为了尽快恢复，最为重要的是要正确把握故障情况，并进行适当的处理。因此，应按照图4—2—7所示步骤确认故障情况。

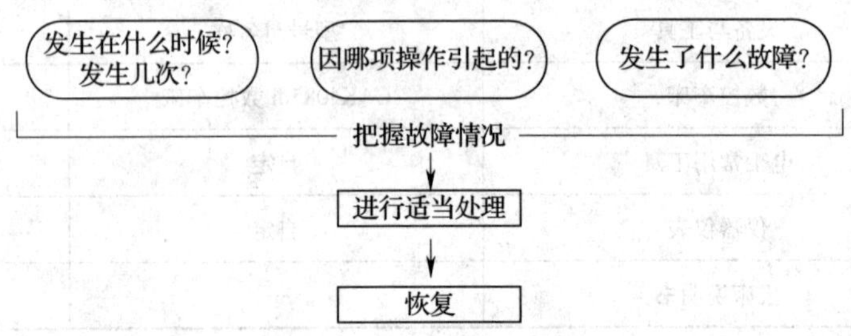


图4—2—7　维修步骤

## 四、故障维修记录表填写

**表4—2—5　　数控机床主轴电动机不运转故障维修记录表**

| 维修时间 | | 维修人员 | | |
|---|---|---|---|---|
| 设备名称 | 数控车床 | 设备型号 | | |
| 故障现象 | | | | |
| 诊断与维修 | 可能故障部位 | 是否正常 | 排除方法 | 维修用零配件 |
| | | | | |
| | | | | |
| | | | | |
| | | | | |
| 维修小结 | | | | |
| 维修后试运行确认维修结果 | | | | |

表4—2—6 数控机床变频器报警故障维修记录表

| 维修时间 | | 维修人员 | | |
|---|---|---|---|---|
| 设备名称 | 数控车床 | 设备型号 | | |
| 故障现象 | | | | |
| 诊断与维修 | 可能故障部位 | 是否正常 | 排除方法 | 维修用零配件 |
| | | | | |
| | | | | |
| | | | | |
| | | | | |
| 维修小结 | | | | |
| 维修后试运行<br>确认维修结果 | | | | |

## 五、评分标准

完成任务后，学生先按照表4—2—7进行自我测评，再由指导教师评价审核。

表4—2—7 测评表

| 序号 | 项目 | 考核内容及要求 | 配分 | 评分标准 | 扣分 | 得分 |
|---|---|---|---|---|---|---|
| 1 | 材料准备 | 检查工具（5分）、资料（5分）是否准备齐全 | 10 | 1. 工具不齐全，每少一件扣1分<br>2. 资料不齐全，扣5分 | | |
| 2 | 故障现象勘察 | 1. 通电前，检查机床外观、电气元器件（5分）<br>2. 正确通电试运行（5分）<br>3. 正确描述故障现象（5分） | 15 | 1. 不能全面检查机床外观、电气元器件，每漏检一处扣1分<br>2. 不能正确通电试运行，扣5分<br>3. 不能描述故障现象，扣5分 | | |
| 3 | 故障原因分析 | 1. 故障分析思路正确、清晰（5分）<br>2. 故障原因分析正确、完整（15分）<br>3. 正确查阅资料（5分） | 25 | 1. 思路不清晰或不正确，扣5分<br>2. 不能正确分析故障原因或分析不完整，每错一处扣3分<br>3. 不能查阅资料，扣5分 | | |

续表

| 序号 | 项目 | 考核内容及要求 | 配分 | 评分标准 | 扣分 | 得分 |
|---|---|---|---|---|---|---|
| 4 | 故障处理 | 1．对故障部位进行维修（25分）<br>2．试运行，对维修效果进行验证（5分） | 30 | 1．工具使用不正确，扣5分<br>2．停电不验电，扣5分<br>3．思路不清晰，扣10分 | | |
| | | | | 1．不会试运行或维修试运行结果不正确，扣2分<br>2．不能对维修部位恢复，扣3分 | | |
| 5 | 安全文明生产 | 应符合国家安全文明生产的有关规定 | 10 | 违反安全文明生产有关规定不得分 | | |
| 6 | 实操过程记录 | 填写清晰、准确 | 10 | 填写不准确不得分 | | |
| 指导教师评价 | | | | | 总得分 | |

# 第五章

# 数控机床位置检测系统故障检修

## §5—1　数控机床位置检测装置的组成及工作原理

1. 熟悉位置检测装置的要求与类型。
2. 掌握常用脉冲编码器、光栅和感应同步器的结构、工作原理及使用。
3. 了解旋转变压器和磁栅尺的结构、工作原理及应用。

**一、数控机床位置检测装置的要求**

检测元件是数控机床闭环伺服系统的重要组成部分，它的作用是检测位移、角位移和速度的实际值，把反馈信号传送回数控装置或伺服装置（构成闭环控制），与数控装置发出的指令信号相比较，若有偏差，经放大后控制执行部件，向消除偏差的方向运动直至偏差等于零为止。在数控机床的闭环控制中，检测装置是保证机床工作精度和效率的关键。用于数控机床的检测装置应满足下列要求：

1. 工作可靠，抗干扰能力强，受温度和湿度等环境因素的影响小。

2. 满足精度和速度的要求。其分辨率应在 0.001 ~ 0.01 mm 范围内，测量精度应满足 ±（0.002 ~ 0.02）mm/m，运动速度应满足 0 ~ 50 m/min。

3. 满足测量精度、检测速度和测量范围的要求。

4. 使用和维修方便，成本低，适合机床的工作环境。

**二、位置检测装置及位置检测元件**

**1. 位置检测装置的分类**

位置检测装置按被测物理量的不同，可分为直线位移测量装置和旋转角位移测量装置；按检测信号不同，可分为模拟式和数字式两种。

**2. 常用位置检测元件的种类**

数控机床常用的位置检测元件见表 5—1—1。

表 5—1—1　　数控机床常用的位置检测元件

| 类型 | 数字式 | 模拟式 |
| --- | --- | --- |
| 旋转式 | 光电编码器和圆光栅 | 旋转变压器和圆形感应同步器 |
| 直线式 | 直线光栅尺、激光干涉仪和编码尺 | 直线感应同步器和磁栅尺 |

半闭环控制的数控机床的位置检测元件一般是脉冲编码器和旋转变压器；而闭环控制的数控机床的位置检测元件一般是光栅尺、感应同步器和磁栅尺等直线位移装置。

## 三、常用位置检测元件的原理与使用

### 1. 脉冲编码器

脉冲编码器是一种旋转式测量元件，通常装在被检测轴上，随被测轴一起转动，可将被测轴的角位移转换成电脉冲。脉冲编码器按照内部结构和检测方式，可分为接触式、光电式和电磁式三种；按照编码方式，可分为增量式编码和绝对式编码两种。

（1）增量式光电编码器

1）结构。增量式光电编码器主要由转轴、LED 光源、光栏板、零标志槽、光敏元件、光电盘、印制电路板和电源及信号连接座等组成。图 5—1—1 所示为增量式光电编码器外形与结构示意图。

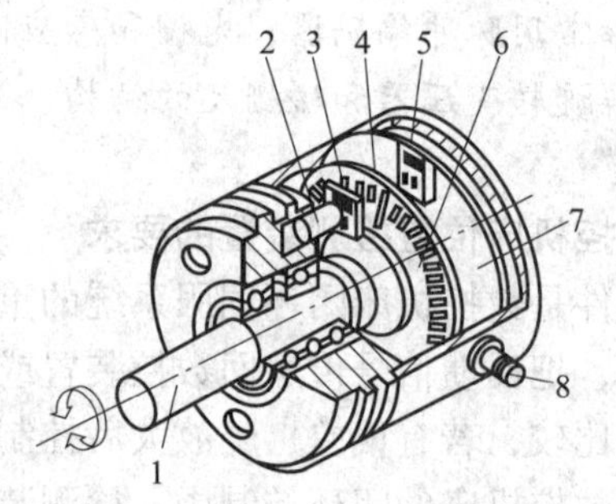


图 5—1—1　增量式光电编码器外形与结构

1—转轴　2—LED 光源　3—光栏板　4—零标志槽　5—光敏元件　6—光电盘
7—印制电路板　8—电源及信号线连接座

①光电盘可用玻璃研磨抛光制成，在玻璃表面镀一层不透明的铬，然后用照相腐蚀法制成狭缝用于透光。狭缝的数量可以为几百条或几千条。

②光电盘也可以用精致的金属圆盘，在圆周上开出一定数量的等分圆槽缝，或在一定的圆周上钻出一定数量的孔，使圆盘形成相等数量的透明和不透明区域。

2）工作原理。增量式光电编码器是以脉冲形式输出的传感器，能够把回转件的旋转方向、旋转角度和旋转速度准确检测出来。

图 5—1—2 所示为增量式光电编码器的工作原理图。可转动的光电盘上的辐射状窄缝与两组静止不动的光栏板上的窄缝群相对应，当光电盘转动时，从两组检测窄缝上通过的光强度呈正弦规律变化，因此装在检测窄缝对面的光电接收器上产生的电流也呈正弦规律变化。DA 和 DB 上得到的信号经信号处理电路的放大和整形，获得图 5—1—3b 所示的输出方波。*A* 相比 *B* 相超前 90°，设 *A* 相超前 *B* 相时为正方向旋转，则 *B* 超前 *A* 时就是反方向旋转。利用 *A* 相与 *B* 相的相位关系，可以判别编码器的旋转方向。*Z* 相产生的脉冲为基准脉冲，又称零点脉冲，它是圆盘旋转一周在固定位置上产生的一个脉冲，可以作为坐标原点的信号，车削螺纹时作为起刀点的信号。

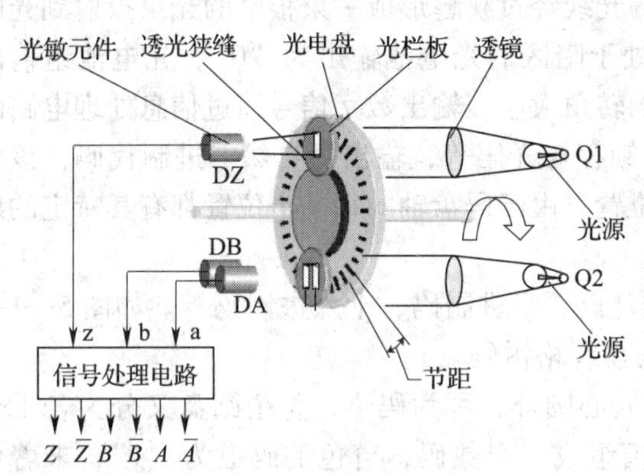


图 5—1—2 增量式光电编码器的工作原理图

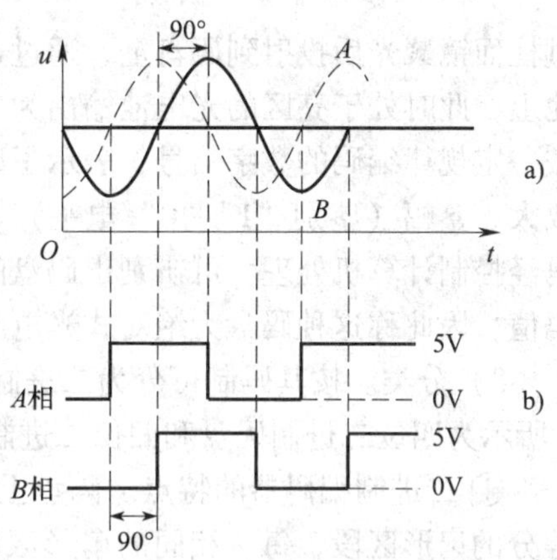


图 5—1—3 增量式光电编码器的波形

①增量编码器无法输出轴转动的绝对位置信息，只能反映两次读数之间转轴角位移的增量。

②增量编码器原理、构造简单，机械平均寿命可在几万小时以上，抗干扰能力强，可靠性高，适合于长距离传输。

（2）绝对式光电编码器

增量式编码器的缺点是有可能由于噪声或其他外界干扰产生计数错误，若因停电、刀具破损而停机，事故排除后不能再找到事故前执行部件的正确位置。采用绝对式编码器可以克服这些缺点，它可以直接把被测转角用数字代码表示出来，且每一个角度位置均有其对应的测量代码，因此这种测量方式即使断电或切断电源，也能读出转动角度。

1）结构。绝对式光电编码器主要由光源、柱面镜、码盘、扫描刻线板和光电池等组成，如图 5—1—4 所示。

2）工作原理。绝对式编码器是直接输出数字信号的传感器，在它的圆形码盘上沿径向有若干同心码道，码道上刻有按一定规律分布的透明区和不透明区；扫描刻线板上有一条径向狭缝，光电池的排列与扫描刻线板上的狭缝平行对齐且与码道一一对应。光源发出的光经

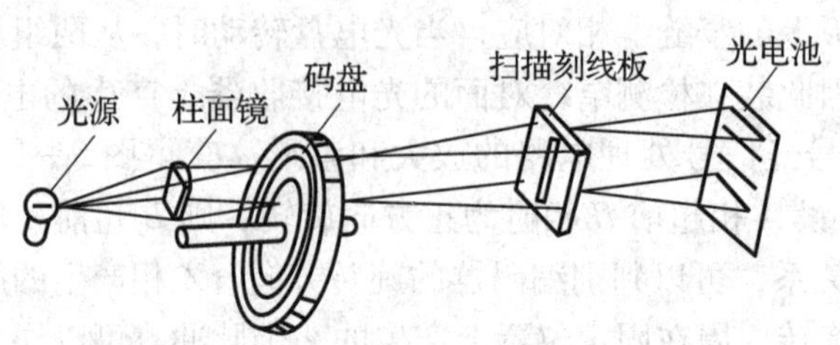


图 5—1—4　绝对式光电编码器的结构

过柱面镜聚光后投射到码盘上，通过透明区的光线经过狭缝形成一束很窄的光束投射到光电池上，此时处于亮区的光电池输出为“1”，处于暗区的光电池输出为“0”，光电池组输出按一定规律编码的数字信号，表示了码盘轴的转角大小。输出数字信号通过信息处理电路的放大、鉴幅（鉴别“1”“0”电平）、整形、锁存与译码等，输出为自然二进制代码，该代码经控制计算机处理，可辨别出码盘的实际位置。由于码盘轴的每一个位置都有其特定的编码值，因此称这种码盘为绝对式光电编码盘。

3）分类。按其码制可分为二进制码、循环码、十进制码、十六进制码等。如图 5—1—5 所示为四位二进制码盘和四位二进制循环码盘（格雷码盘）。

① 二进制编码器的特点。码盘上有许多同心圆环，称为码道，整个圆盘又分为若干个等分的扇形区段，每一相同的扇形区段的码道组成一个数码，着色的码道为“1”，未着色的码道为“0”，内环码道为数码的高位，按规律组成的二进制编码如图 5—1—5a 所示。若码盘顺时针方向转动，就可依次得到 0000、0001、0010、…、1111 的二进制代码输出，并且每一代码均各自代表每一确定的位置。

② 二进制循环码编码器的特点。$n$ 位循环码盘，有 $2n$ 个不同的编码，分辨率为 360°/$2n$；当码盘转到相邻的区域时，任意相邻的两个二进制数之间只有一位是不同的，最末一个数与第一个数也是如此循环，如图 5—1—5b 所示。在译码器中不易产生误读。即使制作和安装不很准确，产生的误差也不可能超过码盘自身的分辨率。

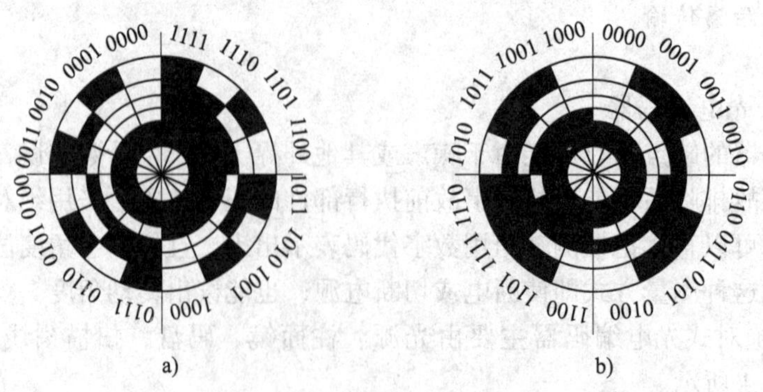


图 5—1—5　编码器码盘

a）二进制码盘　b）二进制循环码盘（格雷码盘）

由于制造精度、安装质量或工作过程中的意外等原因，二进制代码码盘有时会引起读码错误，因此码盘常采用二进制循环编码方式，以提高读数的可靠性。

（3）光电编码器在数控机床上的应用

1）编码器是数控车床加工螺纹时必不可少的检测元件。常用的编码器有光电编码器和磁栅编码器，如图 5—1—6 所示为光电编码器在数控车床主轴上的应用。其光电编码器的工作轴安装在与数控车床的主轴同步转动的位置上，可准确测量出车床主轴的转速及旋转零点的位置，并以脉冲的方式将这些信号送入到数控装置中，以便进行螺纹插补运算及控制。

图 5—1—6　光电编码器在数控车床主轴上的应用

2）在数控机床进给伺服控制系统中，大多采用光电式增量脉冲编码器，安装形式有两种：一种是与驱动电动机同轴连接，称为内装式编码器；另一种是编码器安装在传动链的末端，称为外装式编码器。在进给伺服控制系统中，利用编码器测量伺服电动机的转速、转角，并通过伺服控制系统控制其各种运行参数，如图 5—1—7 所示。*X* 轴和 *Z* 轴端部分别配有光电编码器，用于角位移测量和数字测速。角位移通过丝杠螺距能间接反映溜板或刀架的直线位移。根据脉冲的数目可得出被测轴的角位移；根据脉冲的频率可得出被测轴的转速；根据 *A*、*B* 两相的相位超前、滞后关系可判断被测轴的旋转方向。

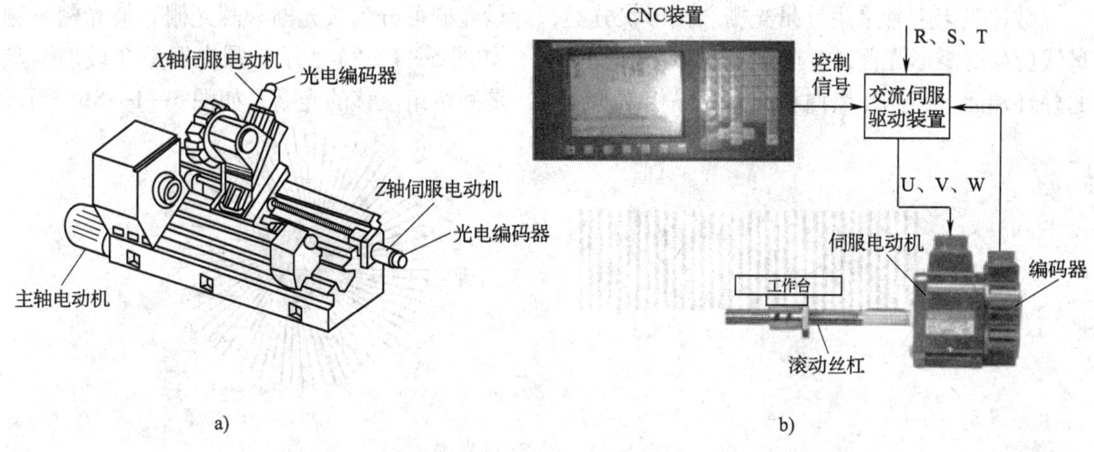


图 5—1—7　编码器在数控进给伺服控制系统中的应用

提示

①增量式编码器原理构造简单，机械平均寿命可在几万小时以上。抗干扰能力强，可靠性高，适合于长距离传输。

②绝对式编码器没有累积误差，电源切断后位置信息不会丢失，可以直接读取角度坐标的绝对值，不必“寻零”。

（4）编码器使用注意事项

1）旋转编码器由精密器件构成，故当受到较大的冲击时，可能会损坏其内部功能，因此安装时不要给轴施加直接的冲击。

2）编码器轴与机器之间应采用柔性连接器，不要采用硬连接。

3）拆解旋转编码器会损坏其防油和防滴性能，因此不允许拆解旋转编码器。防滴型产品不宜长期浸在水、油中，表面有水、油时应擦拭干净。

4）配线应在电源断开的状态下进行，注意电源的极性，不要把输出线与电源线短路，防止损坏输出回路。

5）配线时应远离高压线、动力线，并尽量用最短距离的配线，以避免各种感应信号造成误动作或损坏编码器。

6）避免因导体电阻及线间电容的影响而产生信号间的干扰，应采用电阻小、线间电容低的双绞线或屏蔽线。

**2．光栅**

光栅是根据莫尔条纹原理制成的一种脉冲输出数字式传感器，广泛应用于数控机床等闭环控制系统的线位移和角位移的自动检测以及精密测量，测量精度可达几微米。只要能够转换成位移的物理量，如速度、加速度、振动、变形等，均可测量。

（1）光栅的种类

数控机床上常采用计量光栅。按形状分类，计量光栅可分为长光栅和圆光栅。长光栅是测量线位移的矩形光栅，并随被测长度增加而加长，如图 5—1—8a 所示。圆光栅是在玻璃圆盘的外环端面上，制作黑白相间、间隔相等的线纹，是测量角位移的光栅，如图 5—1—8b 所示。

a）

b）

图 5—1—8　计量光栅

a）长光栅　b）圆光栅

（2）数控机床常用光栅的结构

数控机床上主要采用透射式直线光栅。它主要由光源、透镜、标尺光栅（主光栅）、指示光栅和光电接收元件组成，如图 5—1—9 所示。直线光栅通常由一长和一短两个光栅尺配套使用。其中，长光栅尺称为标尺光栅，是测量的基准；短光栅尺称为指示光栅。两个光栅尺是刻有均匀密集线纹的透明玻璃片，线纹密度为 25 条/mm、50 条/mm、100 条/mm、250 条/mm 等，线纹之间距离相等。

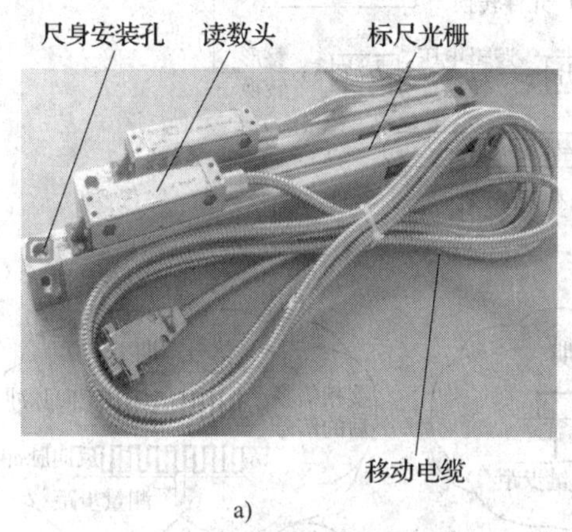


a）

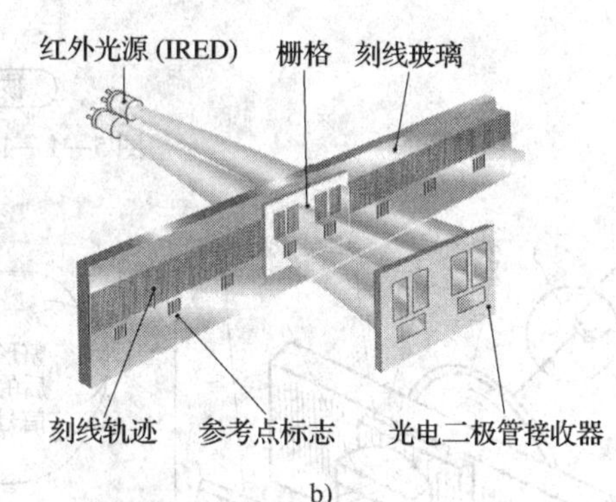


b）

图 5—1—9　直线式光栅外形和结构图

a）外形　b）结构

（3）工作原理

1）莫尔条纹原理。把两块具有相等栅距 $W$ 的标尺光栅和指示光栅平行安装，且让它们的刻线在一个平面内形成一个很小的夹角 $\theta$，这样两块光栅的刻线相交，当平行光线垂直照射标尺光栅时，则在相交区域出现明暗交替、间隔相等的粗大条纹，称为莫尔条纹，如图 5—1—10 所示。当两个光栅尺沿与刻线垂直的方向相对移动时，莫尔条纹沿刻线方向移动。当光栅尺移动 1 个栅距时，莫尔条纹正好移动 1 个节距。这样，只要通过光电元件检测出莫尔条纹移动的数目和方向，就可以知道光栅移动的栅距数和移动的方向。

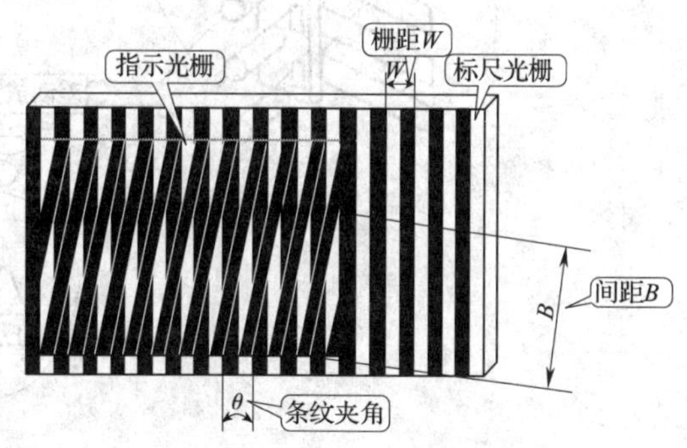


图 5—1—10　莫尔条纹

莫尔条纹是由若干光栅条纹共同形成的，可以平均掉栅距之间的固有相邻误差，消除了由于栅距不均匀、断裂等造成的误差，因此光栅的测量精度较高。

提示

如果标尺光栅不动，将指示光栅逆时针方向转过一个角度（$+\theta$），然后向左移动，则莫尔条纹向下移动；当指示光栅向右移动时，莫尔条纹向上移动。若将指示光栅顺时针转过一个角度（$-\theta$）时，则情况与上述情况相反。

2）光栅的测量电路。光栅测量位移通过光栅读数头将莫尔条纹的光信号转换成电脉冲信号，如图5—1—11所示为信号的变换过程，如图5—1—12所示为光栅测量电路。

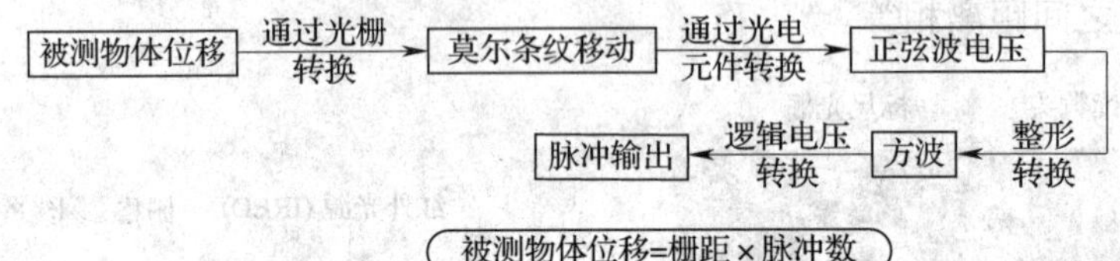


图5—1—11　信号的变换过程

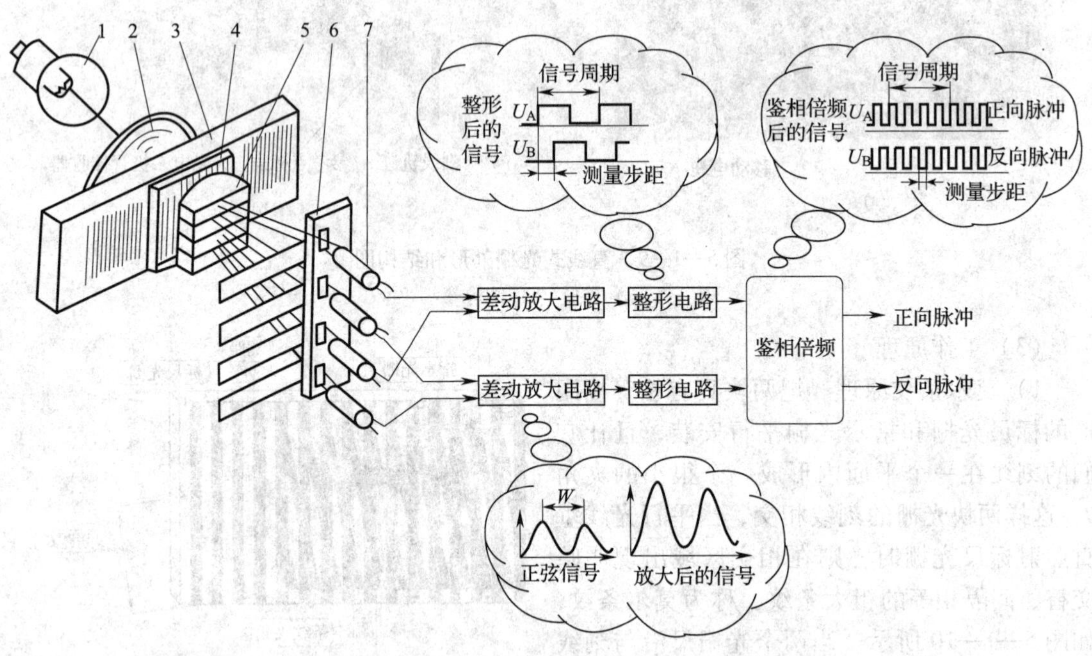


图5—1—12　光栅测量电路

1—灯泡　2—聚光镜　3—标尺光栅　4—指示光栅　5—4个聚光镜　6—狭缝　7—4个光电二极管

提示

光栅读数头由光源、聚光镜、标尺光栅、指示光栅、光敏元件、信号处理（包括放大、整形和鉴相倍频）电路等组成，如图5—1—12左侧所示。常见的有垂直入射式光栅读数头和反射式光栅读数头。

（4）光栅在数控机床上的应用

在数控机床闭环控制系统中，标尺光栅往往固定在床身上不动，而指示光栅随溜板一起移动。测量时它们相互平行放置，并保持0.05～0.1 mm的间隙。由于闭环控制系统包括了全部进给机构，它可以检测出机械传递误差并能在控制系统电路中给予修正。例如，由滚珠丝杠温度特性导致的位置误差、反向间隙、滚珠丝杠螺距误差导致的运动特性误差等。因此，数控机床中光栅作为主要的位置检测元件，光栅完成工作台的位移、速度和方向的检测。如图5—1—13所示是光栅尺在数控铣床上的应用。

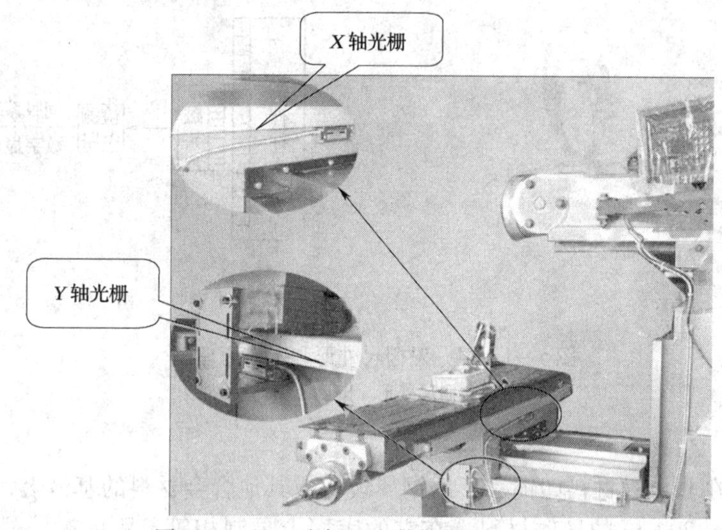


图5—1—13　光栅尺在数控铣床上的应用

提示

1）光栅具有很高的分辨率。直线光栅分辨率可达0.1 μm。

2）响应速度快，可实现动态测量，易实现检测与数据处理的自动化。

3）对使用环境要求高，油污及振动对其精度影响很大。

4）制造成本高。

（5）光栅的使用注意事项

1）光栅传感器与数显表插头座插拔时，应关闭电源后进行。

2）尽可能外加保护罩，防止任何异物进入光栅传感器壳体内部。及时清理溅落在尺上的切屑和油液，每隔一定时间用乙醇混合液（乙醇与水的体积比1:1）清洗擦拭光栅尺面及指示光栅面，保持光栅尺清洁，避免破坏光栅尺线条纹分布而引起测量误差。

3）定期检查各安装连接螺钉是否松动。

4）光栅传感器严禁剧烈振动及摔打，以免损坏光栅尺。如光栅尺断裂，光栅传感器即失效。

5）光栅传感器应尽量避免在有严重腐蚀作用的环境中工作，以免腐蚀光栅铬层及光栅尺表面，破坏光栅尺质量。

**3. 磁栅尺**

磁栅尺是一种采用电磁方法记录磁波数目的高精度位置检测装置，它由磁性标尺、磁头和检测电路组成，如图 5—1—14 所示。利用录磁的原理，将一定周期变化的正弦波或脉冲电信号，用录磁磁头记录在磁性标尺的磁膜上，作为测量的基准。检测时，用拾磁磁头将磁性标尺上的磁信号转换成电信号，经过检测电路处理后，将计量磁头相对于磁尺之间的位移量转化为控制信号输入到数控系统。

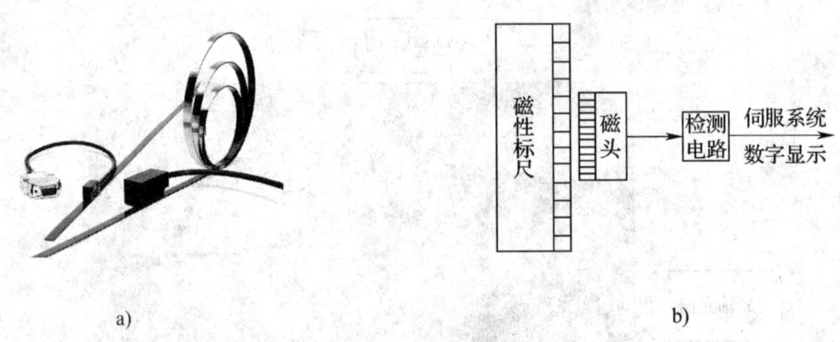


图 5—1—14　磁栅尺外形和工作原理图

a）磁栅尺外形　b）工作原理

（1）材料

磁性标尺是在非导磁材料如铜、不锈钢、玻璃或其他合金材料的基体上，涂敷、化学沉积或电镀一层 10 ~ 20 μm 的导磁材料，在它的表面上录制相等节距的磁信号，磁信号的节距一般为 0. 05 mm、0. 1 mm、0. 2 mm、1 mm。为了防止磁头对磁性膜的磨损，通常在磁性膜上涂一层厚 1 ~ 2 mm 的耐磨塑料保护层。

（2）工作原理

磁头是进行磁电转换的变换器，它把反映空间位置的磁信号检测出来，转化成电信号输送到检测电路中去。根据数控机床的要求，为了在低速运动和静止时也能进行位置检测，必须采用磁通响应型磁头（见图 5—1—15）。单个磁头的输出信号很小，实际使用中常将几个到几十个磁头以一定的方式连接起来，组成多间隙磁头。

（3）磁栅尺的特点及应用

1）磁栅尺对使用环境的条件要求较低，对周围磁场的抗干扰能力较强，在油污、粉尘较多的地方使用有较好的稳定性。

2）磁信号录制方便，成本低廉。当发现所录磁栅不合适时可抹去重录。

3）磁栅尺属于非接触式测量，安装维护方便，精度高。

4）行程长，量程可达 30 m。在大型金属切削机床如大型镗床、铣床，水下测量，木材、石材加工机床（工作环境粉尘很重），金属板材压轧设备（大型成套设备）等方面广泛应用。

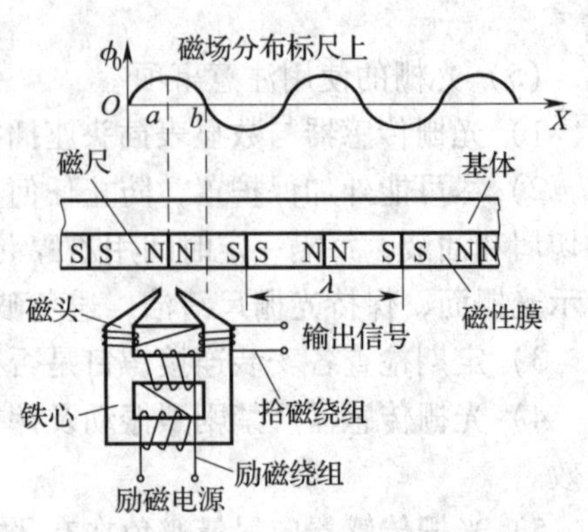


图 5—1—15　磁通响应型磁头

5）注意对磁栅传感器的屏蔽。磁栅外面应有防尘罩，防止铁屑进入。不要在仪器未接地时插拔磁头引线插头，以防止磁头磁化。

**4．感应同步器**

（1）感应同步器的结构

感应同步器是利用两个平面形绕组的电磁感应原理，将直线位移或转角位移转换成电信号的电磁式位置检测元件。感应同步器按其结构特点，分为直线式和旋转式两种。

1）直线感应同步器。测量直线位移的感应同步器称为直线感应同步器，它由定尺和滑尺组成，如图 5—1—16 所示。定尺与滑尺平行安装，且保持一定间隙。安装时定尺组件与滑尺组件分别安装在机床的不动部件（如床身）和移动部件（如工作台）上，滑尺自然接地。

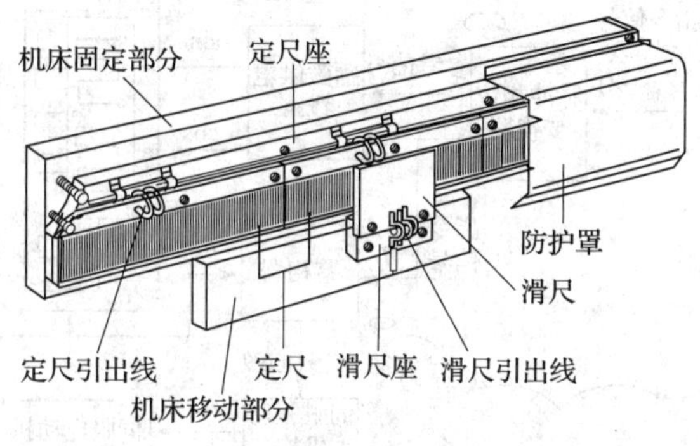


图 5—1—16　直线感应同步器

2）圆盘感应同步器。测量转角位移的感应同步器称为圆盘感应同步器，它由转子和定子组成，形状呈圆片形，如图 5—1—17 所示。圆盘感应同步器定子和转子绕组的制造工艺与直线感应同步器相同，它的定子相当于直线感应同步器的滑尺，它的转子相当于直线感应同步器的定尺。

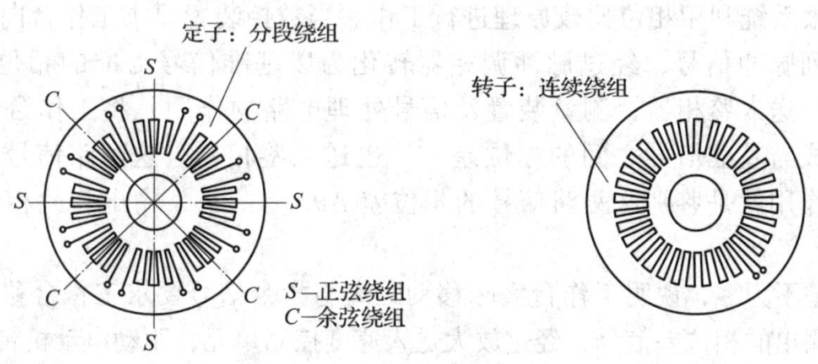


图 5—1—17　圆盘感应同步器

（2）直线感应同步器的工作原理

直线感应同步器的定尺和滑尺上的平面绕组面对面地相互平行放置，并且保持（0.25 ±0.05）mm 的气隙。定尺上的感应电动势随滑尺相对于定尺的移动呈现周期性变化。因此，可以通过测量定尺中的感应电动势的大小和相位，来确定定尺与滑尺的相对位置，从而控制机床工作台的移动。

作为位置测量装置安装在数控机床上的感应同步器，有两种工作方式：鉴相式和鉴幅式。

1）鉴相式。在该系统中，感应同步器通过测量定尺中的感应电动势的相位，来确定定尺与滑尺的相对位置。图 5—1—18 所示是鉴相式检测系统原理框图。

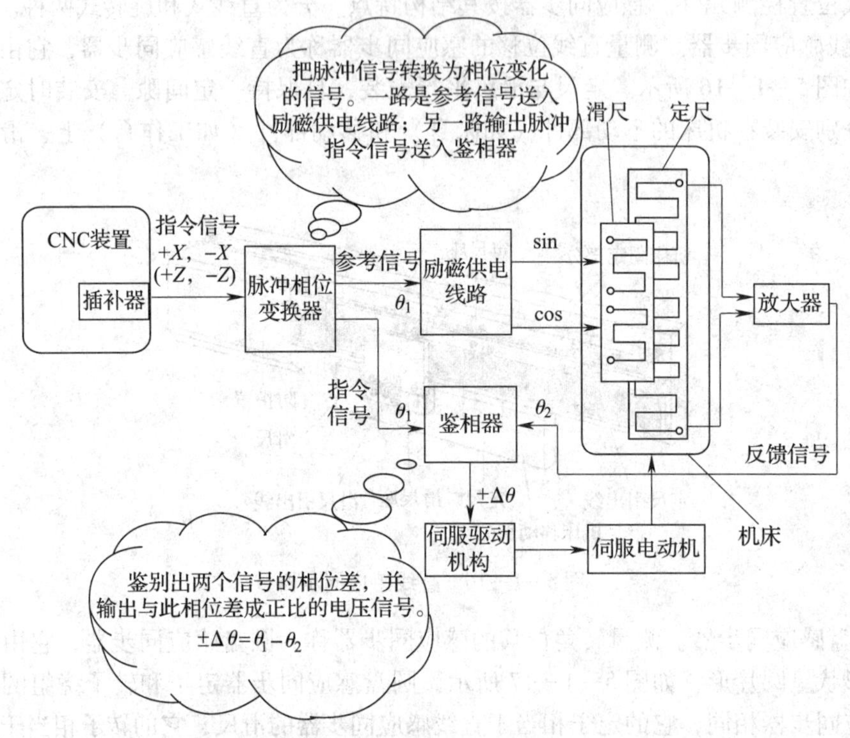


图 5—1—18　鉴相式检测系统原理框图

鉴相式伺服系统利用相位比较原理进行工作。当数控装置要求工作台向一个方向移动时，产生一系列脉冲信号，经过脉冲调相器转化为以基准信号为准的相位变化信号 $\theta_1$，并作为指令信号送入鉴相器；测量装置及信号处理电路的作用是将工作台的位移量检测出来，并表达成与基准信号之间的相位差 $\theta_2$，也送入鉴相器。这两路信号同频率、同周期。鉴相器的作用就是鉴别这两路信号的相位差 $\Delta\theta = \theta_1 - \theta_2$，输出与此相位差成正比的电压信号。

如果相位差不为零，说明工作台实际移动距离与指令信号要求工作台移动的距离不相等。鉴相器检测出的相位差信号，经过放大送入速度控制单元，驱动电动机带动工作台向消除误差的方向移动。直到鉴相器检测出相位差为零，输出电压也为零，工作台将停止移动，表明工作台的感应同步器的实际位置与指令信号要求的位置一致。

2）鉴幅式。在该系统中，感应同步器根据输入和输出电压的幅值变化，来确定滑尺和定尺的相对位移。图 5—1—19 所示是鉴幅式检测系统原理框图。

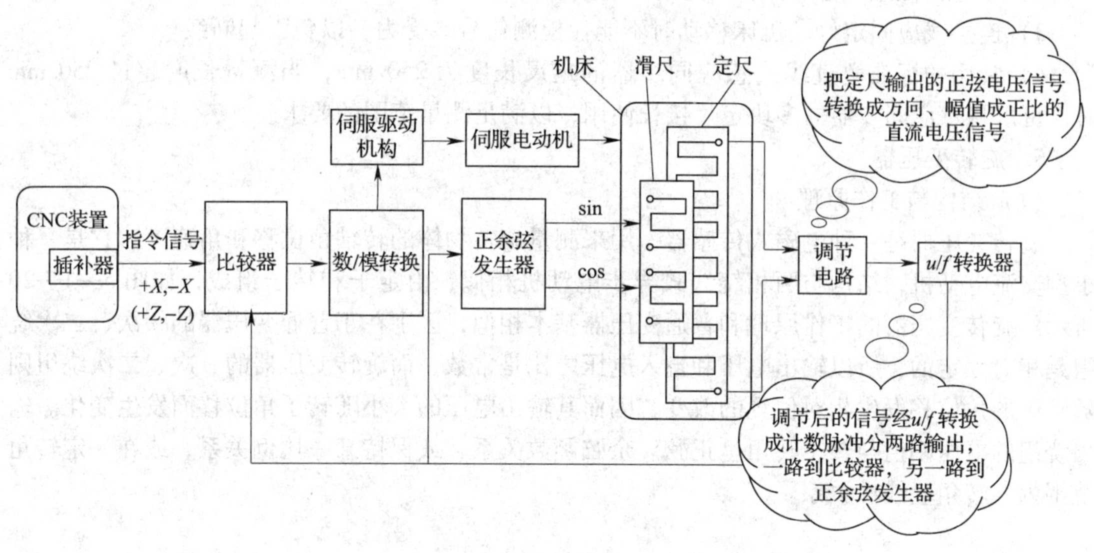


图 5—1—19　鉴幅式检测系统原理框图

在鉴幅式系统比较前，数控装置和测量装置的信号处理电路都是零脉冲输出，因此比较器的脉冲输出也为零，工作台静止。数控装置发出指令信号，要求工作台移动一定的位移量，比较器的输出不为零，经过数/模转换电路转换，数字脉冲信号转换成电压信号，经过放大，驱动伺服电动机带动工作台移动。同时，鉴幅式感应同步器产生感应电压信号，经过信号处理线路转换成数字脉冲信号，作为反馈信号传输给比较器。反馈信号与指令信号比较，如果两路信号相等，则比较器输出信号为零，工作台不移动；如果两路信号不相等，比较器输出的信号将驱动伺服电动机带动工作台继续移动，直到比较器输出信号为零为止，以消除实际移动距离与指令信号的差别。

①感应同步器精度高、稳定性好，测量精度主要取决于尺子的精度。

②测量长度不受限制。当测量长度大于 250 mm 时，可以采用多块定尺接长。行程为几米到几十米的中型或大型机床上，工作台位移的直线测量，大多数采用直线感应同步器来实现。

③对环境的适应性较强，维护简单，使用寿命长。感应同步器的定尺和滑尺互不接触，因此无任何摩擦、磨损，使用寿命长，且无须担心元件老化等问题。

④抗干扰能力强，工艺性好，成本较低，便于成批生产。

（3）感应同步器的使用注意事项

1）安装时，必须保持定尺和滑尺相对平行，两平面的间隙约为 0. 25 mm，滑尺移动时平行度误差应小于 0. 1 mm。

2）防止铁屑进入定尺和滑尺之间，以免损坏定尺表面。

3）连接线应固定好，机床移动时不能让检测信号线受力，以免引起断线。

4）常用的标准型直线式感应同步器的定尺长度为 250 mm，当测量长度超过 250 mm 时，可以将感应同步器的多块定尺接长使用，以满足测量范围的要求。

**5. 旋转变压器**

（1）结构与工作原理

旋转变压器是一种电磁式传感器，用来测量旋转物体的转轴角位移和角速度。它是一种小型交流电动机，结构与两相绕线式异步电动机相似，由定子和转子组成，如图 5—1—20 所示。旋转变压器的工作原理和普通变压器基本相似，区别在于普通变压器的一次、二次绕组是相对固定的，所以输出电压和输入电压之比是常数，而旋转变压器的一次、二次绕组则随转子的角位移发生相对位置的改变，因而其输出电压的大小随转子角位移而发生变化。输出绕组的电压幅值与转子转角呈正弦、余弦函数关系，或保持某一比例关系，或在一定转角范围内与转角呈线性关系。

a）

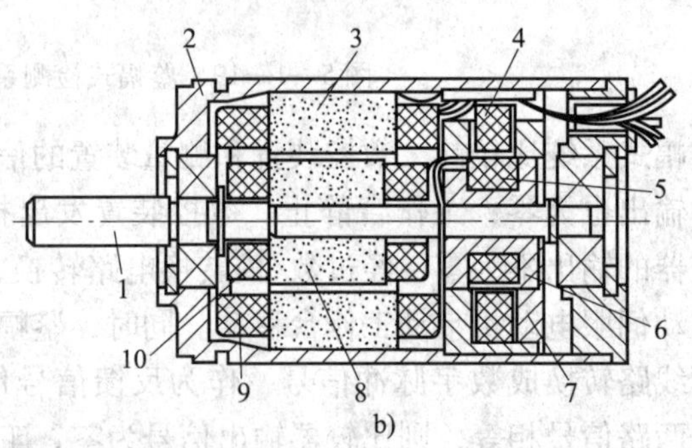


b）

图 5—1—20　旋转变压器实物与结构图

a）实物图　b）结构图

1—电动机轴　2—外壳　3—分解器定子　4—变压器定子绕组　5—变压器转子绕组　6—变压器转子　7—变压器定子　8—分解器转子　9—分解器定子绕组　10—分解器转子绕组

（2）旋转变压器的分类

按输出电压与转子转角间的函数关系，旋转变压器主要分为三大类：

1）正—余弦旋转变压器。其输出电压与转子转角的函数关系呈正弦或余弦函数关系。

2）线性旋转变压器。其输出电压与转子转角呈线性函数关系。线性旋转变压器按转子结构又分为隐极式和凸极式两种。

3）比例式旋转变压器。其输出电压与转子转角成比例关系。

（3）旋转变压器的信号变换

旋转变压器的信号输出是频率和励磁频率相同、幅值随着转角做正弦或余弦变化的两相正交的模拟信号，此信号通过 RDC（旋转变压器数字变换器）电路变换成角度量。目前采用的大多都是专用集成电路。例如，美国 AD 公司的 AD2S1200、AD2S1205 型旋转变压器带有参考振荡器的 12 位数字 R/D 变换器，AD2S1210 型旋转变压器的 10～16 位数字、带有参考振荡器的数字可变 R/D 变换器。

图5—1—21所示为旋转变压器和RDC的连接示意图。位置信号和速度信号都是绝对值信号，它们的位数由RDC的类型和实际需要决定（10~16位）。有两种形式的输出，一种是串行或并行；另一种是利用DSP（数字信号处理器）技术和软件技术，进行旋转变压器位置和速度变换。

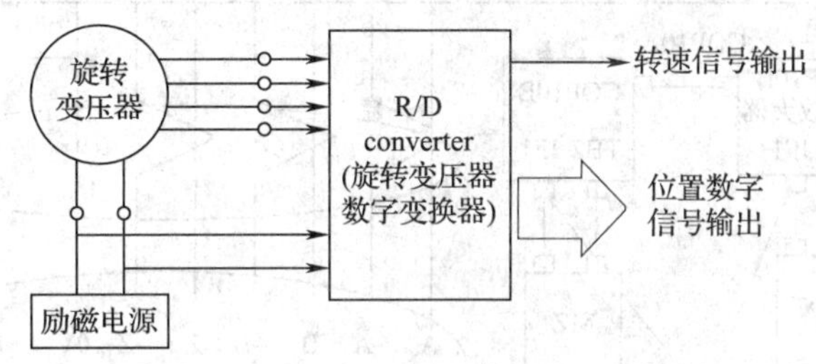


图5—1—21　旋转变压器和RDC的连接图

（4）旋转变压器的应用

旋转变压器是一种精密角度、位置、速度检测装置，广泛应用在伺服控制系统、机器人系统、机械工具、汽车、电力、冶金、纺织、印刷、航空航天、船舶、兵器、电子、矿山、油田、水利、化工、轻工、建筑等领域的角度、位置检测系统中。也可用于坐标变换、三角运算和角度数据传输，作为两相移相器用在角度—数字转换装置中。

# §5—2　数控机床位置检测系统线路分析与故障检修

1. 掌握半闭环、全闭环位置检测系统线路连接。
2. 掌握位置检测系统常见故障的诊断与处理方法。
3. 掌握位置检测系统典型故障的分析与诊断流程。

## 一、位置检测线路分析

### 1. 半闭环位置检测系统线路连接

在数控机床的进给半闭环控制中，检测装置是保证机床工作精度和效率的关键。在数控机床进给伺服控制系统中，大多采用伺服电动机内装式编码器。当轴卡接口COP10A-1输出脉宽调制指令，并通过FSSB串行光缆与伺服放大器接口COP10B相连接，伺服放大器整形放大后，通过动力线输出驱动电流到伺服电动机，电动机转动后，利用同轴的编码器测量伺服电动机的转速、转角，并反馈到伺服控制系统，控制其各种运行参数。图5—2—1所示为FANUC 0i Mate-TD系统中的*X*/*Z*轴伺服驱动中的位置反馈线路连接，即主轴编码器接线。

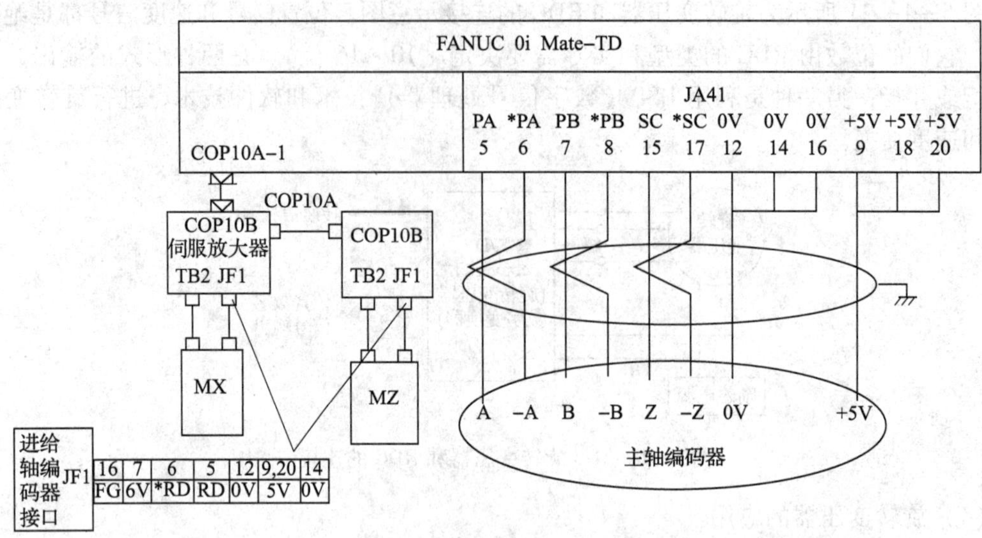


图 5—2—1 FANUC 0i Mate－TD 系统半闭环位置检测反馈线路连接图

在数控车床中为了加工螺纹，把编码器的工作轴安装在与数控车床的主轴同步转动的位置上，可准确测量出车床主轴的转速及旋转零点的位置，并以脉冲的方式将这些信号送入数控装置中，以便进行螺纹插补运算及控制。

**2. 全闭环位置检测系统线路连接**

当半闭环控制不能满足机床控制精度要求时，就需要外置反馈装置，如光栅和磁栅尺等，FANUC 系统中称为“分离型编码器”。图 5—2—2 所示为分离型编码器的连接图。当使用分离型编码器或直线尺时，按图 5—2—2 所示连接。分离型编码器接口单元应通过光缆连接到 CNC 控制单元上。

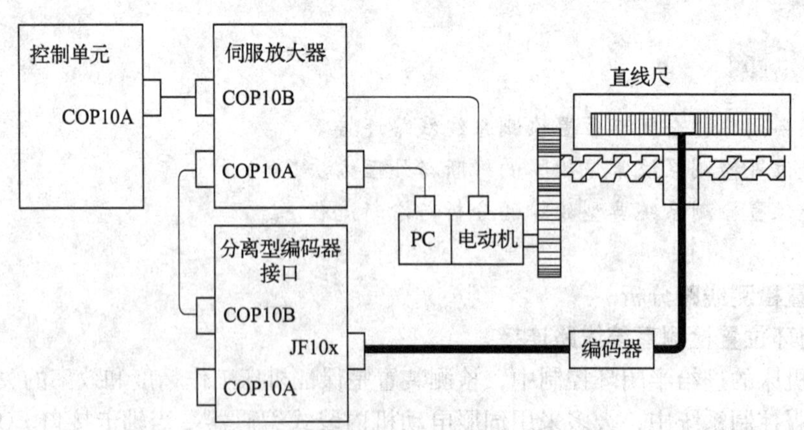


图 5—2—2 分离型编码器的全闭环连接

## 二、位置检测系统常见故障诊断与处理方法

**1. 机械振荡（加/减速时）**

（1）脉冲编码器出现故障。此时应重点检查速度检测单元中反馈线端子上的电压是否

在某几点出现下降，如有下降则表明脉冲编码器不良，应更换编码器。

（2）脉冲编码器十字联轴器可能损坏，导致轴转速与检测到的速度不同步。应更换联轴器。

（3）测速发电机出现故障。测速发电机电刷磨损、卡阻故障较多，应拆开测速发电机，小心拆下电刷，在细砂纸上打磨几下，同时清扫换向器的污垢，再重新装好。如果不能修复测速发电机，则应更换。

**2. 机械运动异常快速（飞车）**

在检查位置控制单元和速度控制单元工作情况的同时，还应重点检查以下方面：

（1）检查脉冲编码器接线是否错误，即编码器接线是否为正反馈，*A* 相和 *B* 相是否接反。如果接线错误，应重新接线。

（2）检查脉冲编码器联轴器是否损坏。如果损坏，应及时更换联轴器。

（3）检查测速发电机端子是否接反，励磁信号线是否接错。如果接线错误，应重新接线。

**3. 主轴不能定向移动或定向移动不到位**

检查定向控制电路的设置并调整，检查定向板、主轴控制印制电路板并调整。调整的同时，应检查位置检测器（编码器）是否工作良好，此时一般要测编码器的输出波形，通过输出波形是否正常来判断编码器的好坏。

**4. 坐标轴进给时振动**

（1）检查机床进给丝杠与电动机的连接是否良好。如果连接不良，应重新调整。

（2）检查整个伺服系统是否稳定，重点检查伺服参数，并试着调整。

（3）检查脉冲编码器是否良好。如果不良，应更换编码器。

（4）检查联轴器连接是否平稳可靠。如果松动，应重新调整紧固。

（5）检查电动机线圈是否短路。如果线圈短路，应修理电动机或更换新电动机。

**5. 位置控制出现报警**

（1）FANUC 系统产生 4 * 0 和 4 * 1 报警（* 代表坐标轴）。主要原因：正在运行中的轴的实际位置误差超过机床参数所设定的允许值，则产生轮廓误差监视报警；如果是测量硬件有故障，则产生测量装置监控报警。先检查机械传动方面，然后对各轴的极限参数进行修改，如果故障依旧，则检查编码器、放大器驱动板等。

（2）FANUC 系统产生 P/S090 报警。主要原因有：

1）脉冲编码器不良。应检修或更换编码器。

2）编码器连接线开路或接触不良。应检查连接线并修复。

3）脉冲编码器电源电压太低。通过调整电源电压中的 15 V，使主电路板的 +5 V 端子上的电压值在 4.95 ~5.10 V 范围内。

4）不能正常返回参考点时出现此报警。因起始点离参考点太近，应使起始点远离参考点后，重新执行返回参考点；如果采用绝对位置检测器进行返回参考点时出现此故障，除了确定上述条件外，还要确定脉冲编码器的一转信号是否正常，否则，应重新切断电源再开机，然后再返回参考点。

（3）FANUC 0i 伺服驱动系统位置测量报警号为 ALM300 ~ ALM387。其中，ALM300 ~

ALM309 为绝对编码器报警；ALM330/ ALM331 为感应同步器报警；ALM360 ~ ALM387 为串行编码器报警。具体的原因与处理可参考维修手册。

## 三、典型故障的分析与诊断流程

故障现象：某 FANUC 系统数控车床，开机后系统显示 ALM416 报警。

故障分析与诊断：机床通电后系统显示 ALM416 报警。出现此故障时，通过报警信息提示和查阅机床维修说明书可知，ALM416 报警的含义是“位置测量系统断线报警”。进一步分析并检查系统的诊断参数，DGN202 bit4 = 1，证明故障原因是电动机内装式串行脉冲编码器断线。再进一步检查 X、Z 轴编码器连接电缆，发现 X 轴位置编码器连接电缆存在部分断线。重新更换编码器电缆后，报警排除，机床 X、Z 轴恢复正常工作。其故障分析与诊断流程如图 5—2—3 所示。

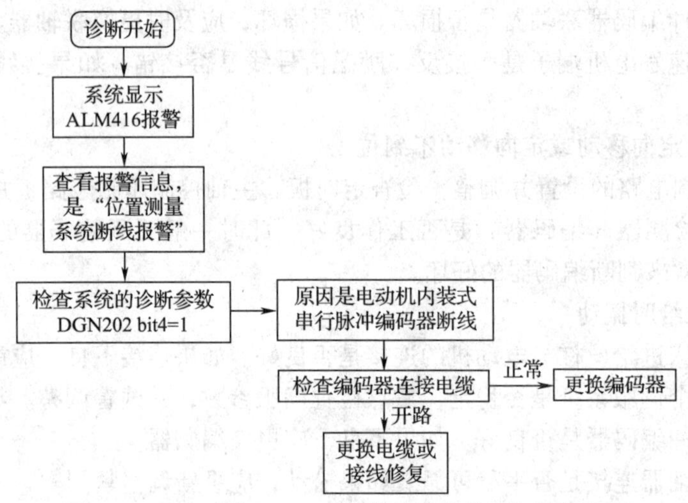


图 5—2—3　系统 ALM416 报警故障的分析与诊断流程

## 四、故障检修实例

【故障实例】某立式加工中心采用 FANUC 0i 系统，系统振荡、噪声大，伴有 ALM416 号报警。

【检修过程】

在实际维修中，检修前应悬挂“机床维修中，请勿靠近”等警示牌。

### 1. 通电试运行，进一步观察故障现象

根据操作说明书，进行通电试运行，仔细观察故障现象，发现系统振荡、X 轴噪声大，经常出现 ALM416 号报警。把故障现象详细地记录在故障维修记录表中。

### 2. 根据故障现象，进行原因分析，确定故障范围

该立式加工中心采用 FANUC 0i 系统，全闭环控制 X 轴，经常出现 ALM416 号报警。

位置反馈采用西班牙发格公司生产的光栅尺，通过查看 FANUC 系统维修说明书可知，ALM416 号报警为断线报警，可能原因有反馈电缆断线或接触不良；也可能是光栅尺有问题。通过上述原因分析，确定故障范围，并把故障原因详细地记录在故障维修记录表中。

**3. 根据故障分析，正确进行检修**

根据分析的故障原因，参考维修说明书中的故障对策处理及图 5—2—3 所示检修流程，分别对电缆和光栅尺等逐一进行检查与排除，并把故障排除方法和故障点记录在故障维修记录表中。

## 数控机床位置检测系统故障维修实例

【故障实例 1】

故障现象：数控立式铣床配备 FANUC 3MA 数控系统，在运行过程中，*Z* 轴产生 31 号报警。

故障分析与诊断：查数控机床维修手册得知，31 号报警表示位置控制环节中误差寄存器内容大于参数规定值。根据 31 号报警提示，人为调整加大误差寄存器设定值，用手摇脉冲发生器驱动 *Z* 轴，31 号报警消除，但又产生了 32 号报警。32 号报警表示 *Z* 轴误差寄存器的内容超过最大值，将设定参数再调小，32 号报警消除，但 31 号报警又出现，反复修改机床参数，均不能排除故障。将位置控制诊断号 DGNOS 800（*X* 轴）、801（*Y* 轴）和 802（*Z* 轴）调出，发现 *X* 轴的位置偏差 800 号在 $-1 \sim -2$ 间变化，*Y* 轴的位置偏差 801 号在 $-1 \sim +1$ 间变化，而 *Z* 轴的位置偏差 802 号为 0，无任何变化，说明 *Z* 轴控制有故障。为进一步确定故障是在 *Z* 轴控制单元还是在编码器上，采用交换法，将 *Z* 轴和 *Y* 轴驱动输出电缆和编码器反馈信号同时互换，此时，诊断号 801 号数值变为 0。数控机床 802 号数值有了变化，这说明 *Z* 轴位置控制单元没有问题，故障出在与 *Z* 轴伺服电动机同轴连接的编码器上，更换 *Z* 轴上同型号的编码器，故障排除，机床恢复正常。

【故障实例 2】

故障现象：一台采用直流伺服驱动系统的美国产数控磨床，*E* 轴运动时产生“EAXIS EXECESS FOLLOWING ERROR”报警。

故障分析及处理：观察故障发生过程，在启动 *E* 轴时，*E* 轴开始运动，CRT 上显示 *E* 轴数值变化，当数值变到 14 时，突然跳变到 471，分析确认为反馈部分存在问题。更换位置反馈板后，故障消除。

【故障实例 3】

故障现象：一台配备 FANUC 0MC 数控系统的 XH754 数控机床，加工中出现 319 号报警。

故障分析及处理：查维修手册，提示故障原因为 *X* 轴脉冲编码器异常或通信错误，查诊断号760，发现其诊断位有多处置位，维修手册提示为脉冲编码器不良或反馈电缆不良。先检测 $X$ 轴编码器电缆插头 M185 正常，故判断是 $X$ 轴串行编码器有问题。为确认，在电气柜内将 M184 与 M194、M185 与 M195 及相应电动机三相驱动线缆进行交换，发现故障报警变为339，故障变为 $Z$ 轴，证实 $X$ 轴编码器不良。更换编码器后，故障排除。

【故障实例4】

故障现象：某配备 SIEMENS 8M 系统的进口加工中心，出现114号报警。

故障分析及处理：查手册可知，114号报警提示为 $Y$ 轴测量有故障，电缆损坏或信号不良。

该机测量采用海德汉直线光栅尺，根据故障内容查 $Y$ 轴电缆正常。为判断光栅尺是否正常，将 $Y$ 轴光栅尺插到与其能配用的光栅数显表上通电，用手转动 $Y$ 轴丝杠，发现 $Y$ 轴坐标不变，说明光栅尺故障。拆下该光栅尺，发现一光电池线头脱落。重新焊接好后通电检查，数显表显示跟随光栅变化。再将光栅尺装回机床，开机报警消除，机床恢复正常。

【故障实例5】

故障现象：一台配备 FANUC 0MC 数控系统，型号为 XH754 的数控机床，主轴编码器出现“1001 Spindle Alarm”“409 Servo Alarm（serialerr）”报警。

故障分析及处理：主轴伺服数码管显示“AL－42”，维修资料提示为主轴编码器一转信号未产生。检查编码器电缆正常。将主轴编码器拆下，拆开发现其玻璃光栅上有一层油雾，用无水酒精清洗晾干，安装后开机，故障消失。将主轴定向重新调整后，机床恢复正常。

【故障实例6】

故障现象：某数控铣床，配备 DECKEL 系统，位置检测装置采用 HEIDENHAIN LS907 光栅尺，故障报警为 $Z$ 轴检测系统脏污。

故障分析与诊断：系统启动后，移动 $Z$ 轴时，低速时比较稳定，当跟随误差超过60 mm时，机床就过冲，并发出该报警，且上升时不报警，下降时报警。根据报警内容，首先确认光栅尺是否需要清洁。拆下后检查，发现光栅尺外壳上有较多润滑油，这是由于对光栅尺的保护措施不到位，长时间使用后，机床导轨润滑油顺着床身流到光栅尺部位。清洗光栅尺，安装后重试，还发生光栅尺报警。这时，分析光栅尺是否本身有故障。正好该机床 $Y$ 轴光栅尺与 $Z$ 轴规格、型号相同，采用置换法将两根光栅尺进行互换，结果 $Y$ 轴出现测量系统故障，可以确定是光栅尺本身的故障，进一步对光栅尺进行鉴定，确认读数头有故障。更换读数头，机床恢复正常。

【故障实例7】

故障现象：一台 CAK5085 数控车床，配备 FANUC 0i Mate－TC 数控系统，主轴速度显示不正常。

故障分析与诊断：启动机床，当主轴给定400 r/min 时，转速显示在5～500 r/min 之间变化。故障原因可能出在编码器与机械连接不良，编码器同步带不合适，编码器与 CNC 系统连接线不良和主轴编码器不良等。通过对上述原因逐一进行检查，当试着更换编码器后，故障排除。

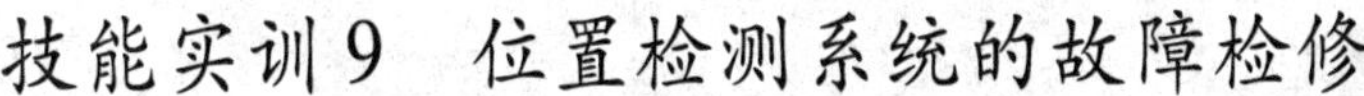

# 技能实训9　位置检测系统的故障检修

## 一、实训目的

1. 了解位置检测元件的工作原理。

2. 能够对数控机床位置检测元件进行安装调整，并能够对常见故障进行排除。

## 二、设备与工具清单

常用设备与工具清单见表5—2—1。

**表5—2—1　　常用设备与工具清单**

| 序号 | 设备与工具 | 型号与名称 | 数量 |
|---|---|---|---|
| 1 | 数控车床 | CAK4085di数控车床 | 1台 |
| 2 | 电工常用工具 | 自定 | 1套 |
| 3 | 仪器仪表 | 自定 | 1套 |
| 4 | 机床说明书和维修说明书 | — | 各1本 |

## 三、实训内容及步骤

### 1. 设置故障

设置数控机床位置检测线路故障。

①由教师或同组学生设置常见故障，且必须是机床使用中的常见故障。

②设置故障时必须在停电状态下进行，切忌更改线路和损坏元件等，确保人身和设备安全。

### 2. 检修步骤

（1）手动操作机床，观察机床故障现象。

（2）根据故障现象，结合所学知识并参考故障检修实例中的检修步骤，进行逐项检查，直到找到故障点，并详细填写故障维修记录表（见表5—2—2）。

（3）故障修复，通电试运行。

（4）检修完毕，切断电源，清扫场地。

操作提示

①操作时应切断机床电源，排除故障时应注意断电、验电，确保安全。

②学生应在指导教师的监督下进行操作。

③拆卸与安装位置检测元件时，不能敲击检测元件。

## 四、故障维修记录表填写

表 5—2—2　　数控机床位置检测线路故障维修记录表

<table>
<tr><td>维修时间</td><td colspan="2"></td><td>维修人员</td><td></td></tr>
<tr><td>设备名称</td><td colspan="2">数控车床</td><td>设备型号</td><td></td></tr>
<tr><td>故障现象</td><td colspan="4"></td></tr>
<tr><td rowspan="5">诊断与维修</td><td>可能故障部位</td><td>是否正常</td><td>排除方法</td><td>维修用零配件</td></tr>
<tr><td></td><td></td><td></td><td></td></tr>
<tr><td></td><td></td><td></td><td></td></tr>
<tr><td></td><td></td><td></td><td></td></tr>
<tr><td></td><td></td><td></td><td></td></tr>
<tr><td>维修小结</td><td colspan="4"></td></tr>
<tr><td>维修后试运行<br>确认维修结果</td><td colspan="4"></td></tr>
</table>

## 五、评分标准

完成任务后，学生先按照表 5—2—3 进行自我测评，再由指导教师评价审核。

表 5—2—3　　　　　　　　　　　　**测评表**

| 序号 | 项目 | 考核内容及要求 | 配分 | 评分标准 | 扣分 | 得分 |
|---|---|---|---|---|---|---|
| 1 | 材料准备 | 检查工具（5 分）、资料（5 分）是否准备齐全 | 10 | 1．工具不齐全，每少一件扣 1 分<br>2．资料不齐全，扣 5 分 | | |
| 2 | 故障现象勘察 | 1．通电前，检查机床外观、电气元器件（5 分）<br>2．正确通电试运行（5 分）<br>3．正确描述故障现象（5 分） | 15 | 1．不能全面检查机床外观、电气元器件，每漏检一处扣 1 分<br>2．不能正确通电试运行，扣 5 分<br>3．不能描述故障现象，扣 5 分 | | |
| 3 | 故障原因分析 | 1．故障分析思路正确、清晰（5 分）<br>2．故障原因分析正确、完整（15 分）<br>3．正确查阅资料（5 分） | 25 | 1．思路不清晰或不正确，扣 5 分<br>2．不能正确分析故障原因或分析不完整，每错一处扣 3 分<br>3．不能查阅资料，扣 5 分 | | |
| 4 | 故障处理 | 1．对故障部位进行维修（25 分）<br>2．试运行，对维修效果进行验证（5 分） | 30 | 1．工具使用不正确，扣 5 分<br>2．停电不验电，扣 5 分<br>3．思路不清晰，扣 10 分<br>1．不会试运行或维修试运行结果不正确，扣 2 分<br>2．不能对维修部位恢复，扣 3 分 | | |
| 5 | 安全文明生产 | 应符合国家安全文明生产的有关规定 | 10 | 违反安全文明生产有关规定不得分 | | |
| 6 | 实操过程记录 | 填写清晰、准确 | 10 | 填写不准确不得分 | | |
| 指导教师评价 | | | | | 总得分 | |

# 第六章

# 数控机床 PLC 电气故障检修

## §6—1　数控机床 PLC 控制

1. 了解数控机床 PLC 的基本知识。
2. 能够读懂数控机床 PLC 梯形图。
3. 掌握 FANUC 系统 PMC 梯形图窗口的基本操作。

### 一、数控机床 PLC 概述

#### 1. 数控机床 PLC 的形式

数控机床用可编程控制器完成数控机床的各种执行机构的逻辑顺序控制，即用 PLC 程序代替继电器控制线路，实现数控机床的辅助功能、主轴转速功能、刀具功能的译码和控制等。数控机床常用的 PLC 主要有两类：一类是专门为机床应用而设计制造的内装型 PLC；另一类是独立型（或称通用型）PLC，其输入/输出信号接口技术规范、输入/输出点数、程序存储容量以及运算和控制功能等均满足数控机床控制的要求。

（1）内装型 PLC

内装型 PLC 从属于 CNC 装置。PLC 硬件电路既可与 CNC 装置的其他电路制作在同一块印制电路板上，又可以制作成独立的电路板。PLC 与 CNC 之间的信号传递在 CNC 装置内部完成。PLC 与机床侧（MT）的信号传递则通过 PLC 的输入/输出接口来实现，其连接如图 6—1—1 所示。该数控装置的硬件和软件整体结构十分紧凑；既可与 CNC 共用 CPU，也可以单独使用 CPU；不单独配置 I/O 接口，而使用系统本身的 I/O 接口。采用内装型 PLC 的数控装置，可以具备某些高级的控制功能，如梯形图编辑和传送功能等。

目前，CNC 厂家在其生产的 CNC 产品中，大多数都采用内装型 PLC，使其结构更加紧凑。

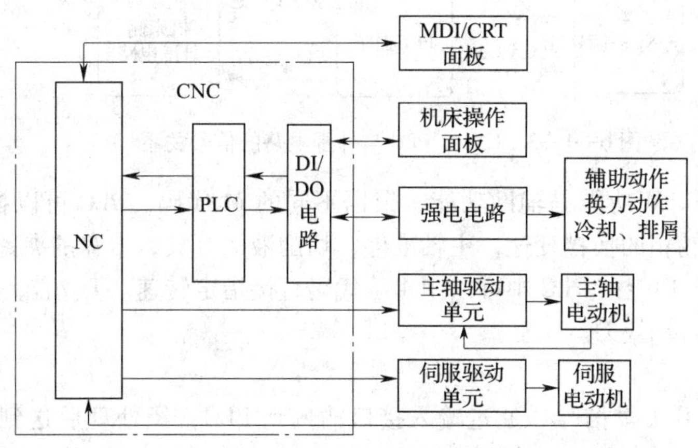

图 6—1—1　内装型 PLC

（2）独立型 PLC

如图 6—1—2 所示为采用独立型 PLC 的数控机床系统框图。

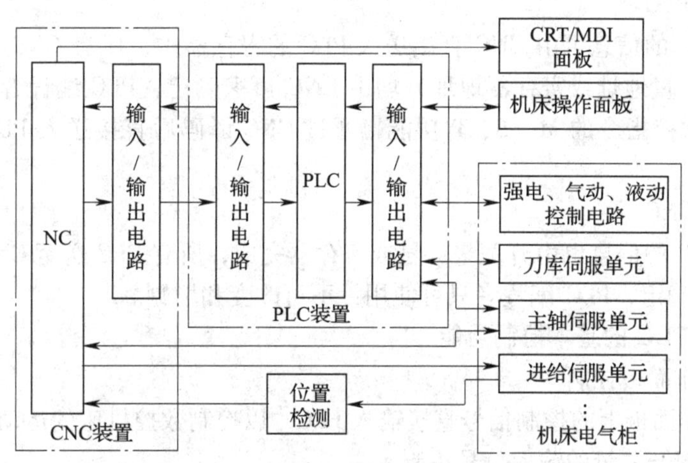

图 6—1—2　采用独立型 PLC 的数控机床系统框图

独立型 PLC 独立于 CNC 装置，大多数采用模块化结构，输入/输出点数可以通过输入/输出模块的增减灵活配置，具有完备的硬件和软件功能，能独立完成规定的控制任务。

**2. PLC 与数控装置、机床侧之间的信息交换**

PLC 作为 CNC 与机床（MT）之间的信号转换电路，既要与 CNC 进行信号转换，又要与机床侧外围开关进行信号交换。图 6—1—3 所示为 CNC、PLC 与外围电路的信号关系。

（1）PLC 至 MT

CNC 输出的数据经 PLC 的逻辑处理，通过输出接口送至机床侧。CNC 到机床的主要信

图6—1—3　CNC、PLC与外围电路的信号关系

号有M、S、T等代码。M功能是辅助功能，根据不同的M代码，PLC可以控制主轴的正、反转和停止，主轴齿轮箱的换挡变速，主轴准停，切削液的开关，卡盘的夹紧、松开，机械手的取刀、放刀等。S功能在PLC中可以用4位代码直接指定转速。T功能是数控机床通过PLC管理刀库，进行自动换刀。

（2）MT至PLC

从机床侧输入的开关量信号，通过输入接口输入到PLC，经处理后送到CNC装置中。机床侧传给PLC的信号主要是机床操作面板上的各种开关、按钮及检测信号等信息。大多数信号的含义及所配置的输入地址，均可由PLC程序编制者或程序使用者自行定义。数控机床生产厂家可以方便地根据机床的功能和配置，对PLC程序和地址分配进行修改。

（3）CNC至PLC

CNC送至PLC的信息可由CNC直接送入PLC的寄存器中，所有CNC送至PLC的信号含义和地址（开关量地址或寄存器地址）均由CNC厂家确定，PLC编程者只可使用，不可改变和增删。如数控指令的M、S、T功能，通过CNC译码后直接送入PLC相应的寄存器中。

（4）PLC至CNC

PLC送至CNC的信息也由开关量信号或寄存器完成，所有PLC送至CNC的信号地址与含义由CNC厂家确定，PLC编程者只可使用，不可改变和增删。

**3. 数控机床PLC的基本控制功能**

（1）机床操作面板控制

可将机床操作面板上的控制信号直接输入PLC，以控制数控机床的运动。

（2）机床外部开关量的输入信号控制

可将机床侧的开关信号送入PLC，经过逻辑运算后输出给控制对象。这些开关量包括控制开关、行程开关、接近开关、压力开关、流量开关和温控开关等。

（3）输出信号控制

PLC的输出信号经强电控制部分的继电器、接触器，通过机床侧的液压或气动电磁阀，对刀塔、机械手、分度装置和回转工作台等装置进行控制，另外还对冷却泵电动机、润滑泵电动机等动力装置进行控制。

（4）伺服控制

对主轴和伺服进给驱动装置的使能条件进行逻辑判断，确保伺服装置的安全工作。

（5）故障诊断处理

PLC收集强电部分、机床侧和伺服驱动装置的反馈信号，检测出故障后将报警标志区的相应报警标志位置位，数控系统根据被置位的标志位显示报警号和报警信息，以便于故障诊断。

## 二、FANUC 数控系统 PMC

FANUC 数控系统 PLC 又称为 PMC，有 PMC－A、PMC－B、PMC－C、PMC－D、PMC－G 和PMC－L 等多种型号，它们分别使用不同的 FANUC 系统，如 0i Mate－TD 系统 PMC 采用 PMC－L 型号。

### 1. PMC 信号地址、类型

PMC 的信号地址是指与机床侧的输入/输出信号、与 CNC 之间的输入/输出信号、内部继电器、保持性存储器内的数据等各信号存在场所的编号。在 PMC 程序中所需的四种类型的地址如图 6—1—4 所示，相关的 PMC 地址符号与信号种类见表 6—1—1。

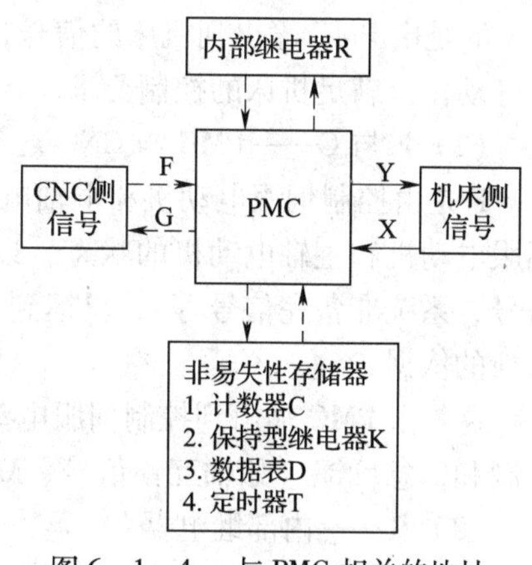


图 6—1—4　与 PMC 相关的地址

表 6—1—1　　地址符号与信号种类

| 字母 | 信号类型 | 地址号 |
|---|---|---|
| X | 来自机床侧的信号（MT→PMC） | X0～X127（外装 I/O 模块） |
| Y | 由 PMC 输出到机床侧的信号（PMC→MT） | Y0～Y127（外装 I/O 模块） |
| F | 来自 NC 侧的输入信号（NC→PMC） | F0～F255 |
| G | 由 PMC 输出到 NC 的信号（PMC→NC） | G0～G255 |
| R | 内部继电器 | R0～R999 |
| A | 信息显示请求信号 | A0～A24 |
| C | 计数器 | C0～C79 |
| K | 保持型继电器 | K0～K19 |
| T | 可变定时器 | T0～T79 |
| D | 数据表地址 | D0～D1859 |
| L | 标记号地址 | — |
| P | 子程序号标志 | — |

提示

图 6—1—4 中，实线表示与 PMC 相关的输入/输出信号经由 I/O 板的接收电路和驱动电路传送；虚线表示与 PMC 相关的输入/输出信号仅在存储器中传送，如在 RAM 中传送。这些信号的状态都可以在 CRT 上显示。

(1) X 与 Y——MT 与 PMC 之间的信号

X 是来自机床侧的输入信号（如极限开关、刀位信号、操作按钮等检测元件），PMC 接收从机床侧各检测装置反馈回来的输入信号，在控制程序中进行逻辑运算，作为机床动作的条件及外围设备进行自诊断的依据。

Y 是由 PMC 输出到机床的信号，在控制程序中输出信号控制机床侧的接触器、信号指示灯动作，满足机床的控制要求。

（2）F 与 G——PMC 与 CNC 之间的信号

F 是由控制伺服电动机和主轴电动机的系统部分输入到 PMC 的信号，系统部分就是将伺服电动机和主轴电动机的状态，以及请求相关机床动作的信号（移动中信号、位置检测信号、系统准备完信号等），反馈到 PMC 中进行逻辑运算，以作为机床动作的条件及进行自诊断的依据。

G 是由 PMC 输出到控制伺服电动机和主轴电动机的系统部分的信号，对系统部分进行控制和信息反馈（如轴互锁信号、M 代码执行完毕信号等）。

（3）R——内部继电器

R 经常在程序中作辅助运算用，其地址从 R0 到 R9117，共 1 118 字节。R0 到 R999 作为通用中间继电器，R9000 后的地址作为 PMC 系统程序保留区域，不能作为继电器线圈使用。

（4）A——信息显示请求信号

A 信号共 25 个字节、200 位，共计 200 个信息数。PMC 通过从机床侧各检测装置反馈回来的信号和系统部分的状态信号，对机床所处的状态经过程序的逻辑运算后进行自诊断。若为异常，使 A 为 1。当指定的 A 地址被置为 1 后，报警显示屏幕上便会出现相关的信息，帮助查找和排除故障。

（5）C——计数器

C 地址共 80 个字节，用于设计计数值的地址，每 4 个字节组成一个计数器（其中 2 个字节作为保存预置值，另外 2 个字节作为保存当前值用），也就是说共有 20 个计数器（计数器号为 1 ~ 20）。

（6）K——保持型继电器

其中，K0 ~ K16 为一般通用地址；K17 ~ K19 为 PMC 系统软件参数设定区域，由 PMC 使用。在数控系统运行过程中，若发生停电事故，输出继电器和内部继电器全部成为断开状态。当电源再次接通时，输出继电器和内部继电器都不可自动恢复到断电前的状态，所以停电保持用继电器就用于当需要保存停电前的状态、并在再次运行时再现该状态的情形。

（7）T——定时器

T 共 80 个字节，用于存储设定时间，每 2 个字节组成一个定时器，共 40 个，定时器号为 1 ~ 40。

（8）D——数据表

D 共 1 860 个字节，在 PMC 程序中，某些时候需要读写大量的数字数据，D 就是用来存储这些数据的非易失性存储器。

（9）L——标记地址

L 共有 9 999 个标记数，用于指定标号跳转（JMPB、JMPC）功能指令中跳转目标标号。在 PMC 中，相同的标号可以出现在不同的指令中，只要在主程序和子程序中是唯一的就可以。

（10）P——子程序号标志

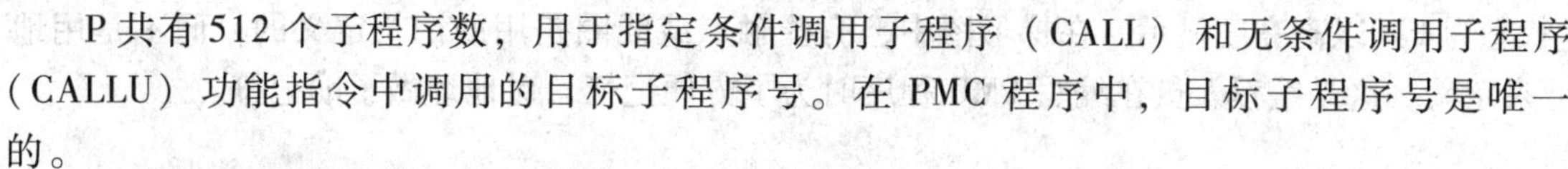

P 共有 512 个子程序数，用于指定条件调用子程序（CALL）和无条件调用子程序（CALLU）功能指令中调用的目标子程序号。在 PMC 程序中，目标子程序号是唯一的。

**2. PMC 信号地址格式**

PMC 地址格式由地址号和位号（0～7）表示，如图 6—1—5 所示。

在地址号的开头必须指定一个字母，用来表示表 6—1—1 中所列的信号类型。在功能指令中指定字节单位的地址时，位号可以省略，如 X127。

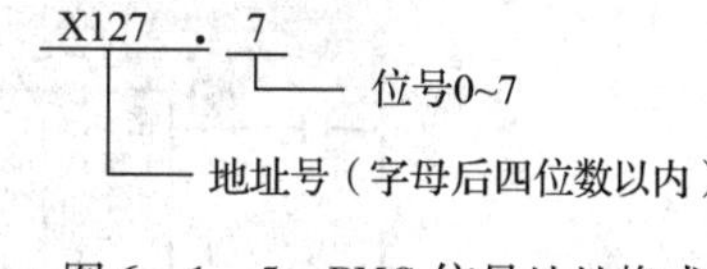


图 6—1—5　PMC 信号地址格式

（1）在 PMC 程序中，机床侧的输入信号（X）和系统部分的输出信号（F）是不能作为线圈输出的。

（2）对于输出线圈而言，输出地址不能重复定义，否则该地址的状态不能被确定，必要时使用中间继电器线圈。

（3）定时器号（T）、计数器号（C）不能重复使用，但梯形图中同一地址的触点可以认为是无穷数量的。

**3. PMC 的基本指令和功能指令**

梯形图是直接从传统的继电器控制演变而来的，通过使用梯形图符号组合成的逻辑关系构成了 PMC 程序。PMC 的基本指令有 RD、RD. NOT、WRT、WRT. NOT、AND、AND. NOT、OR、OR. NOT、RD. STK、RD. NOT. STK、AND. STK、OR. STK、SET、RST 共 14 个。

在编写程序时通常有两种方法：一是使用助记符语言（即基本功能指令）；二是使用梯形图符号。当使用梯形图符号编写时，不需要理解 PMC 指令就可以直接进行程序的编写。由于梯形图易于理解、便于阅读和编辑，因而成为编程人员的首选。FANUC 数控系统使用梯形图符号进行编程。

**三、FANUC 数控系统 PMC 梯形图操作**

FANUC 数控系统可以通过屏幕对 PMC 实施操作，实现各种信号的监控与诊断、PLC 寄存器的参数设定、梯形图程序的显示、编辑以及系统参数查阅等。

**1. 查阅梯形图**

（1）在数控装置操作面板上按两次“SYSTEM”键，再按“+”扩展键，显示屏显示“PMC 梯图”窗口。

（2）按下“PMCLAD”软键/“梯形图”软键，进入“PMC 梯图”窗口，如图 6—1—6 所示。在该窗口中，可以通过上、下翻页键或光标移动键查看所有的程序。

（3）在 CRT 屏幕中，触点和线圈断开（状态为 0）以低亮度显示，触点和线圈闭合

(状态为1)以高亮度显示。在梯形图中，有些触点或线圈是用助记符定义的，而不是用地址来定义。这是编程人员在编写PMC程序时为了方便记忆，对地址做了助记符。

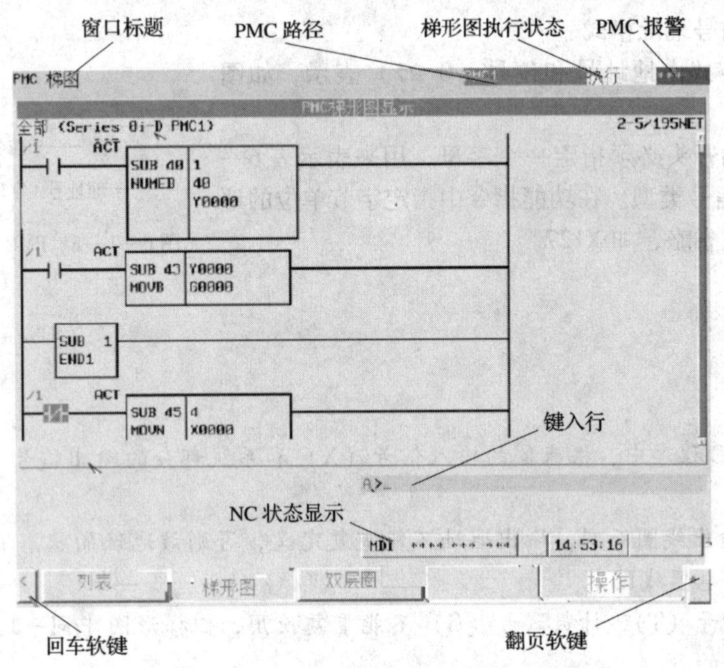


图6—1—6　PMC梯形图窗口

**2. 在梯形图中查找触点、线圈、行号和功能指令**

在梯形图中，快速、准确地查找想要的内容，是日常保养和维修过程中经常进行的操作，必须熟练掌握。

(1) 查找触点

1) 在“PMC梯图”窗口中，按“操作”软键，再按“搜索”软键，进入查找窗口。

2) 键入要查找的触点，如“X9.5”，然后按下“搜索”软键。搜索命令执行后，窗口中梯形图的第一行就是所要查找的触点。

提示

查找地址(如“X9.5”)时，系统会从梯形图的开始位置向下查找；当再次查找同一地址(如二次搜索“X9.5”)时，系统会从当前梯形图的位置向下查找，直到到达该地址在梯形图中最后出现的位置后，才会重新回到梯形图的开始位置再次向下查找。

(2) 查找线圈

使用“搜索”软键，还可以查找线圈。例如，键入“Y8.3”，然后按下“W－搜索”

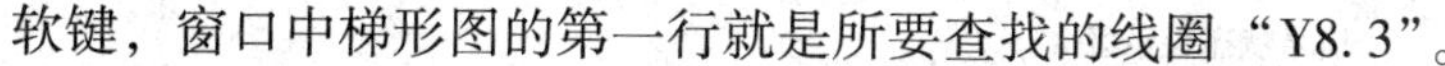

软键，窗口中梯形图的第一行就是所要查找的线圈“Y8.3”。

（3）查找行号

对梯形图比较熟悉后，根据梯形图的行号查找触点或线圈是另一种快捷方法。

键入要查找的触点所在行数，如“30”（即第 30 行），然后按下“搜索”软键，这时便可在窗口中调出第 30 行的梯形图。

（4）查找功能指令

键入功能指令的编号，如“27”（即 SUB27），然后按下“F－搜索”软键，窗口中梯形图的第一行就是所要查找的功能指令。

查找功能指令与查找触点、线圈的方法的差异在于所需键入的内容不同。前者需要键入的是功能指令的编号，而后者键入的是地址。

**3. 信号状态的监控**

信号状态监控界面可以显示触点和线圈的状态。

（1）在数控装置操作面板上按两次“SYSTEM”键，再按“＋”扩展键，显示屏显示 PMC 窗口。

（2）按“PMCMNT”软键/“信号”软键，进入“PMC 维修”窗口，其窗口显示监控界面如图 6—1—7 所示。

（3）输入所要查找的地址（如“X8.4”），接着按下“搜索”软键，窗口的第一行显示所寻找的地址的状态。

（4）此时按下急停按钮，X8.4 由常闭状态变成常开状态，可清楚地看到其监控的状态。

**4. 与编辑 PMC 有关的操作**

FANUC 数控系统不但可以在 CRT 上显示 PMC 程序，而且可以进入编辑界面，根据用户的需求对 PMC 程序进行编辑和其他操作。

（1）进入程序编辑状态

1）选择“EDIT”（编辑）运行方式，按两次“SYSTEM”键/按“＋”扩展键/“PMC-CNF”软键，最后按“设定”键，将“编辑许可”项设为“是”，将“编辑后保存”项设为“是”；按“＜”键，返回“PMC 维修”窗口。

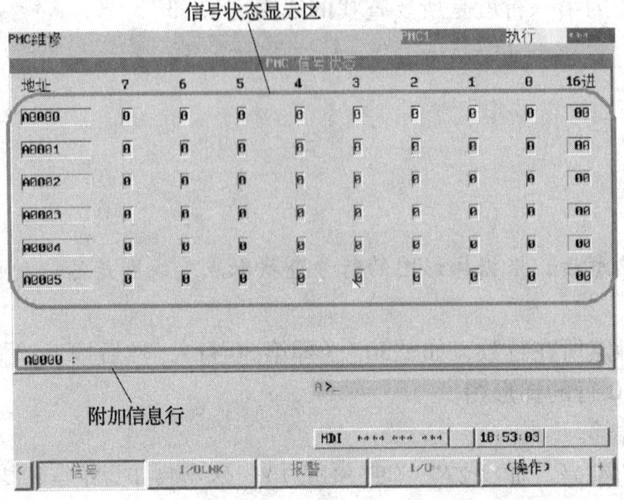


图 6—1—7　信号状态监控窗口

2）按“PMCLAD”软键/“梯形图”软键/“操作”软键/“编辑”软键/“缩放”软键，在此可以进行程序的编辑。

程序编辑窗口如图 6—1—8 所示。

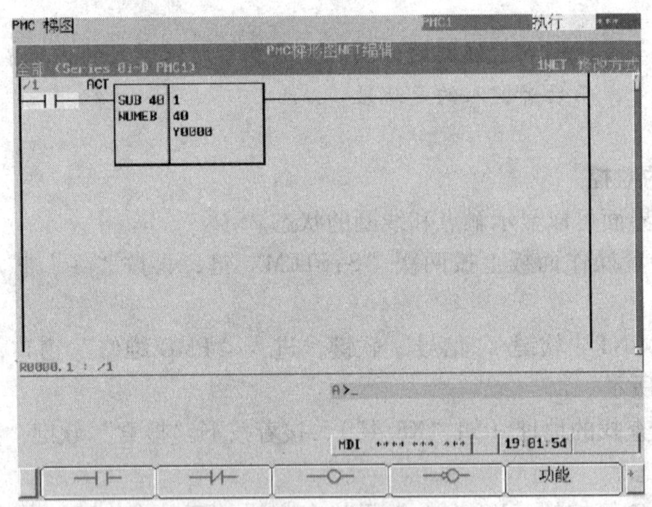


图 6—1—8　程序编辑窗口

（2）输入梯形图

以输入图 6—1—9 所示的梯形图（R0620. 2 的导通不断地产生 R0620. 3 的上升沿脉冲）为例。具体操作如下：

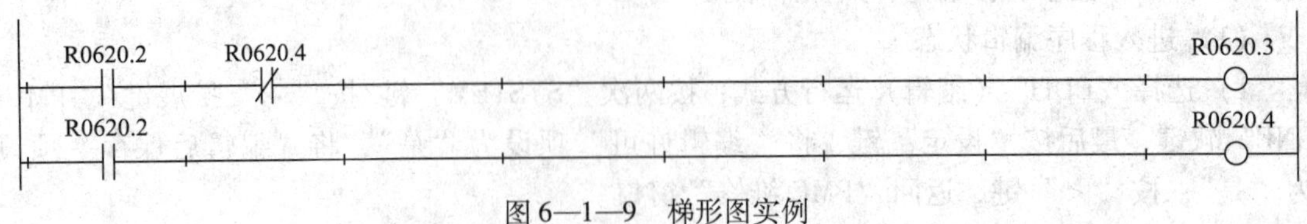


图 6—1—9　梯形图实例

1）将光标移动到起始位置，然后按下“ ⊣⊢ ”软键，其被输入到光标位置处。

2）用地址键和数字键键入“R0620. 2”，然后按下“INPUT”键，在触点上方显示地址，光标右移。

3）按下“ ⊣/⊢ ”软键，输入地址“R0620. 4”，然后按下“INPUT”键，在常闭触点上方显示地址，光标右移。

4）按下“ —○⊣ ”软键，此时自动扫描出一条向右的横线，并且在靠近右垂线附近输入了继电器的线圈符号。

5）输入地址“R0620. 3”后，按下“INPUT”键，光标自动移到下一行起始位置。

6）按下“ ⊣⊢ ”软键，输入地址“R0620. 2”，然后按下“INPUT”键，在其上方显示地址，光标右移。

7）按下“ —○⊣ ”软键，此时自动扫描出一条向右的横线，并且在靠近右垂线附近输入了继电器的线圈符号。

8）输入地址“R0620. 4”后，按下“INPUT”键，光标自动移到下一行起始位置。

在 CRT 屏幕上每行可以输入 7 个触点和一个线圈，超过的部分不能被输入。在关闭电源前，应先保存梯形图，并退出编辑界面。否则，编辑状态下的梯形图会丢失。

（3）修改顺序程序梯形图

1）如果某个触点或者线圈的地址错了，把光标移到需要修改的触点或线圈处，在 MDI 键盘上键入正确的地址，然后按下“INPUT”键，就可以修改地址了。

2）如果要在程序中进行插入操作，按照图 6—1—10 所示顺序，按“+”扩展键，将显示具有“行插入”“左插入”“右插入”“取消”“结束”的窗口（见图 6—1—11），就可以对程序进行插入修改了。

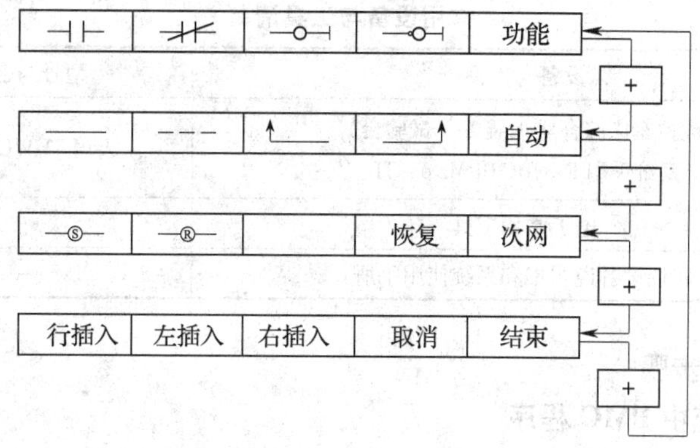


图 6—1—10 程序的插入操作顺序

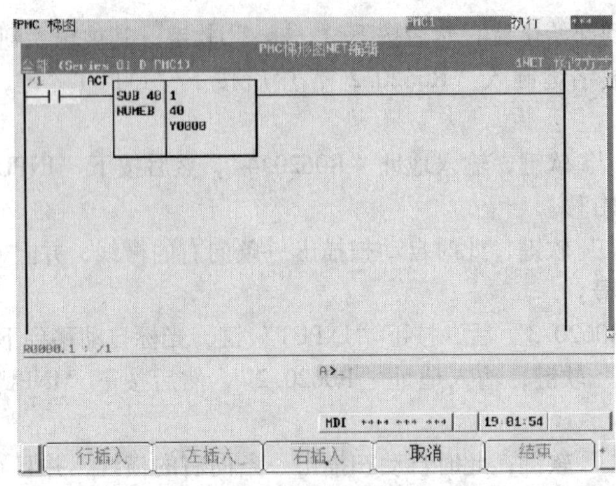


图 6—1—11　程序的插入修改

3）将光标移动到需要删除的位置后，可用以下三种软键进行删除操作：

“ ____ ”软键：用于删除水平线、触点、线圈。

“ ↑___ ”软键：用于删除光标左上方纵线。

“ ___↑ ”软键：用于删除光标右上方纵线。

# 技能实训 10　数控系统 PMC 的界面操作

## 一、实训目的

1．掌握数控系统中查阅梯形图的方法。

2．掌握信号状态的监控方法。

3．掌握数控系统中与 PMC 的编辑有关的操作。

## 二、设备与工具清单

常用设备与工具清单见表 6—1—2。

**表 6—1—2**　　**常用设备与工具清单**

| 序号 | 设备与工具 | 型号与名称 | 数量 |
|---|---|---|---|
| 1 | 数控车床综合实训装置（试验台）<br>系统采用 FANUC 0i Mate - TD | 天煌 THWLDF - 1 | 1 台 |
| 2 | 电工常用工具 | — | 1 套 |
| 3 | 实训设备说明书和系统使用手册 | — | 各 1 本 |

## 三、实训内容与步骤

### 1．查阅数控系统中 PMC 程序

操作步骤如图 6—1—12 所示。

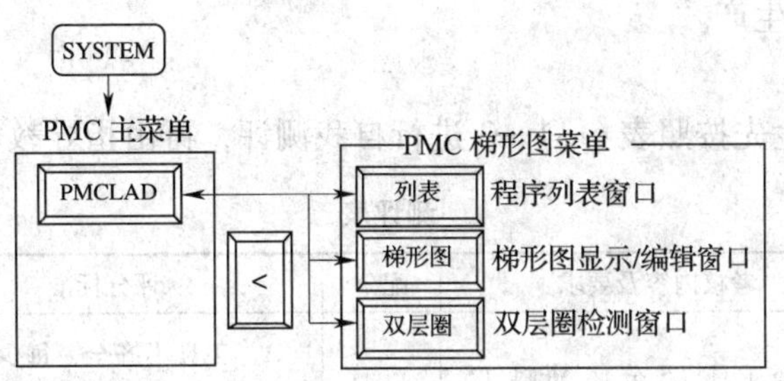


图 6—1—12　PMC 程序的查阅步骤

（1）在数控装置操作面板上按两次“SYSTEM”键，再按“＋”扩展键，显示屏显示 PMC 窗口。

（2）按下“PMCLAD”软键/“梯形图”软键，进入“PMC 梯图”窗口。可以通过上、下翻页键或光标移动键查看所有的程序。

**2. 监控 PMC 的信号状态**

操作步骤如图 6—1—13 所示。

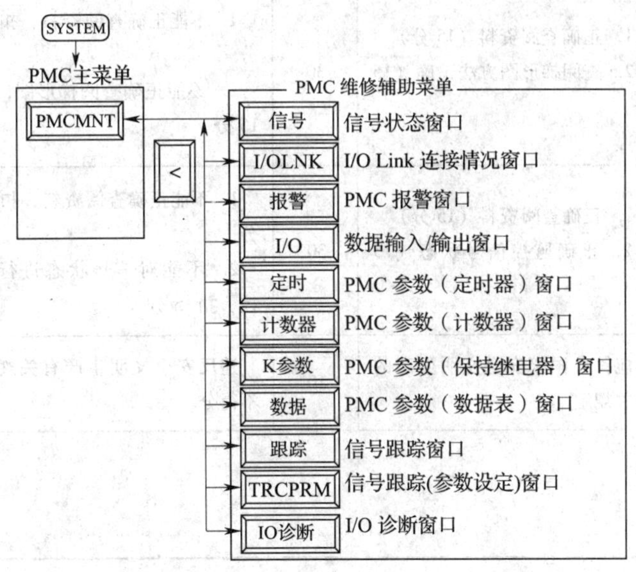


图 6—1—13　PMC 信号状态的监控步骤

（1）在数控装置操作面板上按两次“SYSTEM”键，再按“＋”扩展键，显示屏显示 PMC 窗口。

（2）按“PMCMNT”软键/“信号”软键，进入监控界面。

**四、注意事项**

1. 数控机床通电前，必须由指导教师对线路进行全面检查后再通电，未经教师检查不得擅自通电。

2. 由于实训设备已经调试好 PMC 程序，在操作过程中不要随意改动原有的 PMC 程序，以防影响机床的正常工作。

3．注意安全文明生产。

**五、评分标准**

完成任务后，学生先按照表6—1—3进行自我测评，再由指导教师评价审核。

**表6—1—3　　　　测评表**

| 序号 | 项目 | 考核内容及要求 | 配分 | 评分标准 | 扣分 | 得分 |
|---|---|---|---|---|---|---|
| 1 | 材料准备 | 检查工具（5分）、资料（5分）是否准备齐全 | 10 | 1．工具不齐全，每少一件扣1分<br>2．资料不齐全，扣5分 | | |
| 2 | 通电前检查 | 1．通电前，检查机床外观、电气元器件（10分）<br>2．正确通电试运行（10分） | 20 | 1．不能全面检查机床外观、电气元器件，每漏检一处扣1分<br>2．不能正确通电试运行，扣10分 | | |
| 3 | 查阅梯形图 | 1．正确查阅资料（15分）<br>2．查阅梯形图方法正确（15分） | 30 | 1．不能正确查阅资料，扣15分<br>2．不能正确查阅梯形图，扣15分 | | |
| 4 | 信号状态的监控 | 1．正确查阅资料（15分）<br>2．正确监控信号状态（15分） | 30 | 1．不能正确查阅资料，扣15分<br>2．不能对信号状态进行监控，扣15分 | | |
| 5 | 安全文明生产 | 应符合国家安全文明生产的有关规定 | 10 | 违反安全文明生产有关规定不得分 | | |
| 指导教师评价 | | | | | 总得分 | |

# §6—2　数控机床PMC故障诊断

1．掌握数控系统PMC的故障类型及原因。

2．掌握利用 PMC 进行故障诊断的方法。

3．能对数控机床相关功能的 PMC 控制梯形图进行分析。

数控机床所受的控制可分为两种：一种是实现对各坐标轴运动的数字控制；另一种是对机床输入/输出开关量信号的逻辑顺序控制，如主轴的起停、转换，刀具的更换，工件的夹紧、松开，液压、冷却、润滑系统的运行等。这些顺序控制主要是由 PMC 控制完成的。

当数控机床出现 PMC 方面的故障时，一般有三种表现形式：第一种是可通过 CNC 报警直接找到故障的原因；第二种是虽然有 CNC 报警显示，但引起故障的原因较多，查找比较困难；第三种是没有任何提示。

对于后两种情况，可以利用数控系统的自诊断功能，根据 PMC 的梯形图和输入、输出（I/O）状态信息来分析和判断故障的原因。这种方法是解决数控机床输入、输出故障的基本方法。

**一、通过 PMC 查找故障的基本方法**

**1．根据 PMC 的 I/O 状态诊断故障**

在数控机床中，由于输入、输出信号的传递都要通过 PMC 的 I/O 接口来实现，因此许多故障都会在 PMC 的 I/O 接口通道上反映出来。数控机床的这种特点为故障诊断提供了方便。只要维修人员判断出不是数控系统硬件故障，就可以先不必查看梯形图和有关电路图，而是首先通过查询 PMC 接口状态，寻找故障原因。

（1）在“PMC 状态”中，观察所需的输入开关量或系统变量是否已正确输入。如果上述信号没有正确输入，维修人员应重点检查外部电路。对于 M、S、T 指令的检查，维修人员可以编写一个检验程序，以自动或单段的方式执行，在执行的过程中观察相应的地址位。

（2）在“PMC 状态”中，观察所输出开关量或系统变量是否正确输出。如果没有上述信号的正确输出，维修人员应重点检查 CNC 侧，分析是否存在故障。

**2．根据 PMC 报警信息号诊断故障**

数控机床的 PMC 程序属于机床厂家的二次开发，即由厂家根据机床的功能和特点，编写相应的动作顺序以及报警文本。维修人员应对控制过程进行监控，当数控机床出现异常情况时，系统会发出相应报警信息。维修人员在维修过程中，要充分利用这些信息。

**3．通过梯形图监控、诊断故障**

根据 PMC 梯形图分析和诊断故障，是解决数控机床外围故障的基本方法。利用这种方法诊断数控机床故障时，维修人员首先应搞清楚机床的工作原理、动作顺序和联锁关系，然后利用数控装置的自诊断功能或通过机外编程器，根据 PMC 梯形图查看相关的输入、输出及标志位的状态，从而确定故障。

**4．通过 PMC 动态信号跟踪诊断故障**

通过 PMC 的动态信号跟踪，结合数控装置的工作原理，实时观察 I/O 及内部信号状态的瞬间变化，对确定和查找数控机床故障点非常有效。

## 二、数控机床PMC控制功能程序分析

FANUC 0i Mate－TD数控系统控制的PMC应用功能非常强大，下面主要以该数控车床润滑泵控制梯形图为例来学习识读梯形图。图6—2—1所示为CAK4085di数控车床的润滑泵控制原理图，图6—2—2所示为润滑泵控制梯形图。

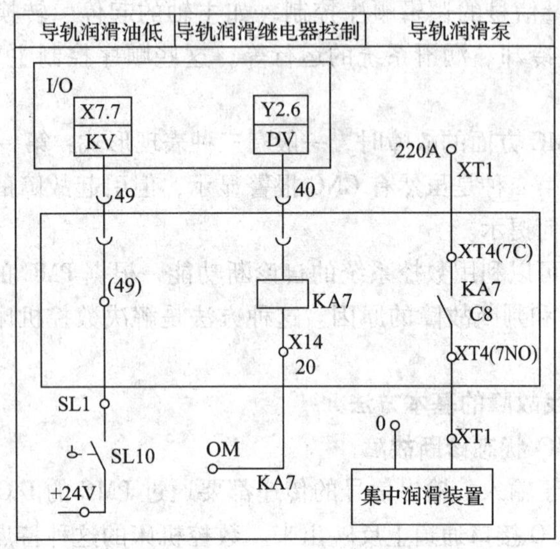


图6—2—1　润滑泵控制原理图

### 1. 首次开机润滑

在图6—2—2所示梯形图中，定时器7和定时器8组成润滑过程的间歇时间。当机床首次开机时，定时器7开始延时，延时时间到后，内部继电器R0207.0接通，其常开触点闭合，定时器8开始延时，同时输出接口Y2.6有效，KA7继电器得电，润滑泵运行。当定时器8延时时间到，R0207.1接通，其常闭触点切断R0207.0回路，首次润滑停止。

### 2. 机床运行过程中的润滑

机床运行过程中，通过可变定时器TMR0001和TMR0002设定自动润滑间歇时间。机床自动润滑时间由固定定时器TMRB0022设定，通过TMRB0022定时器延时接通内部继电器R0207.5，其常闭触点断开，切断润滑指令继电器R0207.2，机床完成一次润滑自动控制。

### 3. 润滑油位过低报警

当机床润滑系统油位下降到极限位置时，机床润滑系统报警灯闪烁，提示操作者需要加润滑油。

## 三、典型故障的分析与诊断流程

1. 故障一：某配备FANUC 0i系统的数控铣床，开机后，在手动（JOG）状态下机床不能正常运转。

故障分析与诊断：机床手动操作无效，而自动方式操作正常时，故障分析过程如下。

（1）系统状态未在手动状态。通过观察PMC梯形图（见图6—2—3）中的G43.2、G43.1、G43.0的状态，来判断机床手动方式开关是否有效，以判断工作方式开关及位置、连接线是否正常。

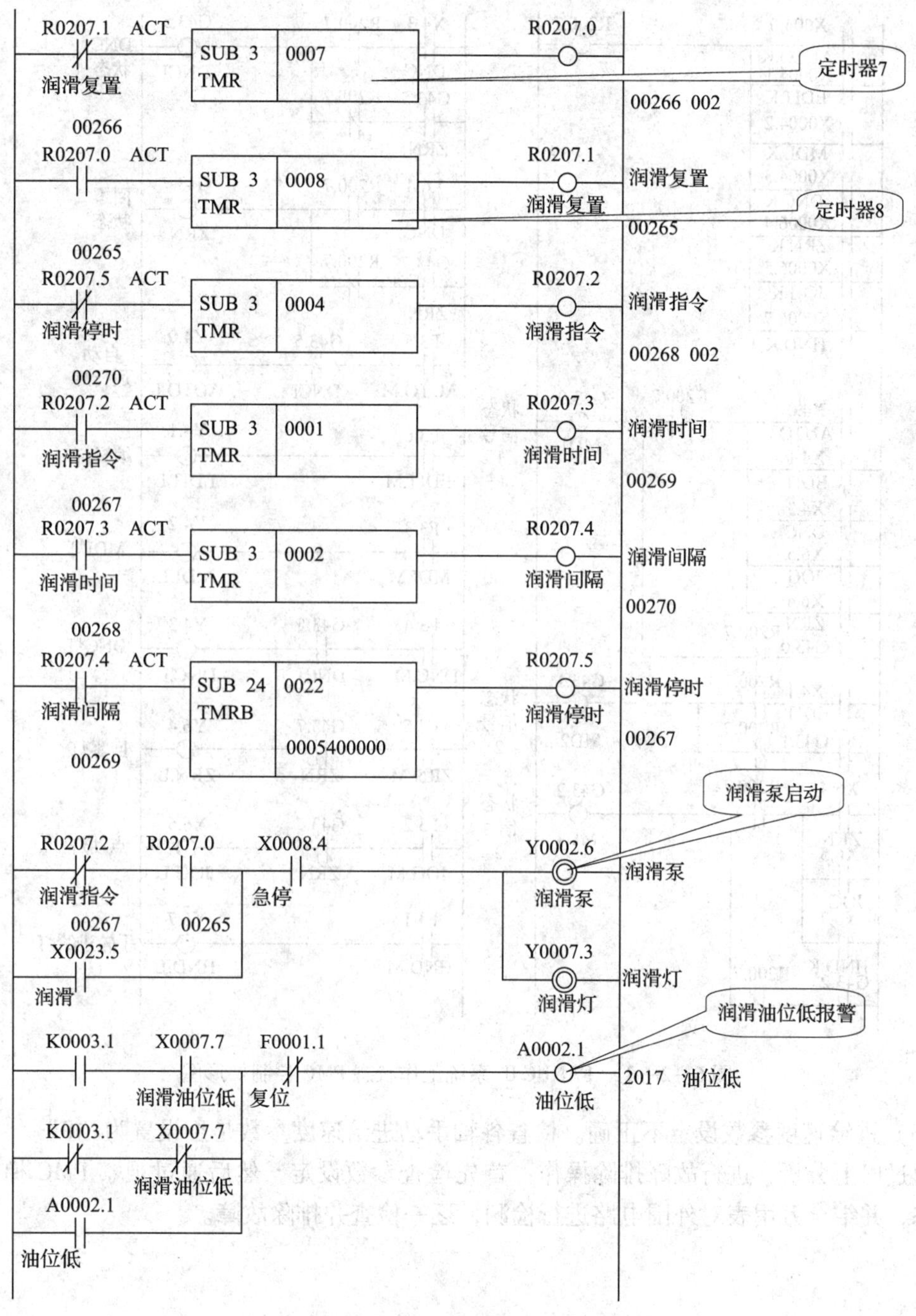


图6—2—2　润滑泵控制梯形图

（2）进给轴和方向选择信号未输入。通过观察PMC梯形图中的G100.0、G100.1、G100.2（第1、2、3轴正方向选择）以及G102.0、G102.1、G102.2（第1、2、3轴负方向选择）的状态（“0”或“1”），来判断哪一轴的进给方向信号没有输入。

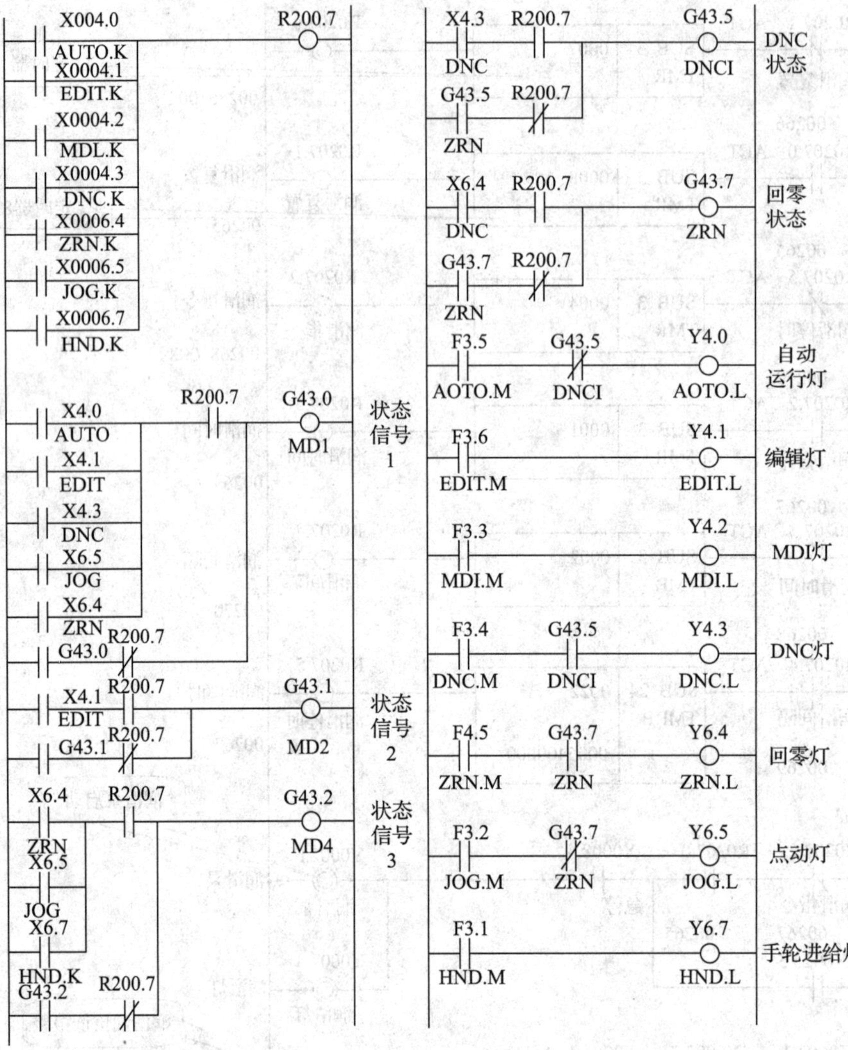

图 6—2—3　FANUC 0i 系统工作状态 PMC 控制梯形图

（3）进给速度参数设定不正确。检查各轴手动进给速度参数是否设置为“0”。

通过以上分析，进行故障排除操作：首先检查参数设定，然后通过观察 PMC 梯形图信号状态，并结合万用表对外围电路进行检测，逐一检查并排除故障。

提示

PMC 的 I/O 接口状态一般要根据厂家提供的“输入、输出信号一览表”来确定。在显示屏上，PMC 程序中所用的地址都是以“0”（或“.”）和“1”的位模式显示其状态。

"0"表示断开状态（不动作），"1"表示接通状态（动作）。

2. 故障二：CAK4085di 数控车床（配备 FANUC 0i Mate - TD 系统），在手动方式下，冷却泵电动机不运转。

故障分析与诊断：机床通电后，在手动方式下，按下操作面板上的冷却泵启动键，继电器 KA1 不吸合，冷却泵电动机不运转。查阅相关维修手册，并结合原理图分析，确定其故障。分析与诊断过程如下：

（1）识读原理图。根据原理图（见图 6—2—4）分析，继电器 KA1 不吸合的可能原因是 Y2.0 接口无信号输出。通过测量，确认 Y2.0 接口无输出信号。

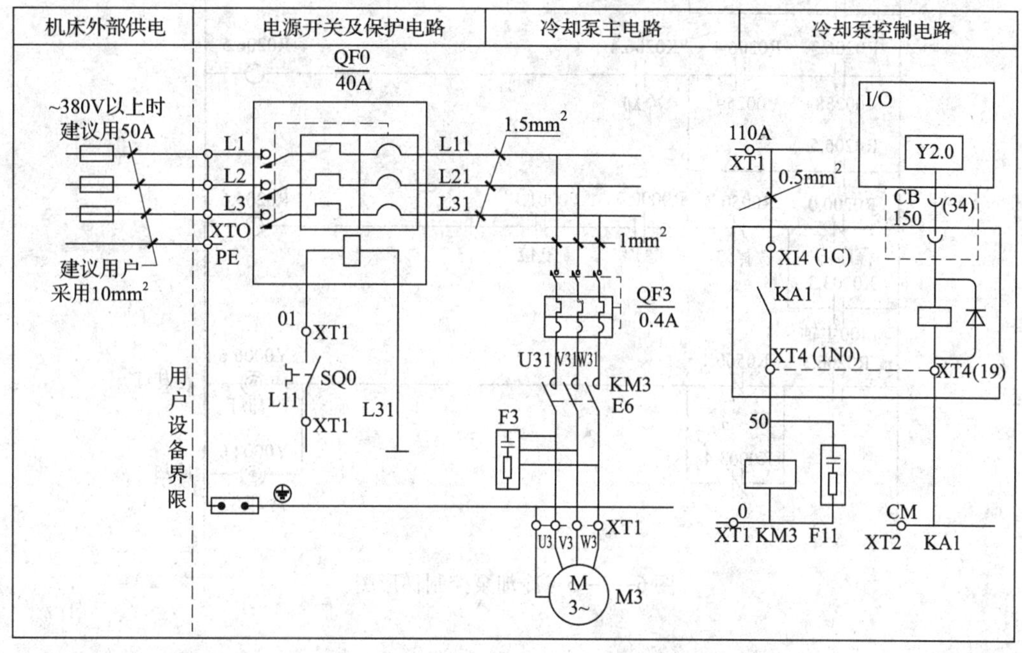


图 6—2—4　CAK4085di 数控车床冷却泵控制线路原理图

（2）根据操作说明书，进入"PMC 梯图"监控窗口，如图 6—2—5 所示。按下冷却泵启动按键（对应的输入接口为 X0025.4），观察梯形图触点的变化。发现 X0025.4 不闭合，分析故障原因是按键及信号传输线路有断路。

（3）断电后，测量信号线及按键，确定故障点。

通过以上分析，进行故障排除操作：识读电路原理图，根据 PMC 梯形图信号的变化状态，结合万用表对外围电路进行检测，逐一检查并排除故障。

**四、故障检修实例**

【故障实例】某数控铣床采用 FANUC 0i MC 数控装置，接通系统电源后，出现"PMC STOP"报警，机床无法正常运行。

【检修过程】

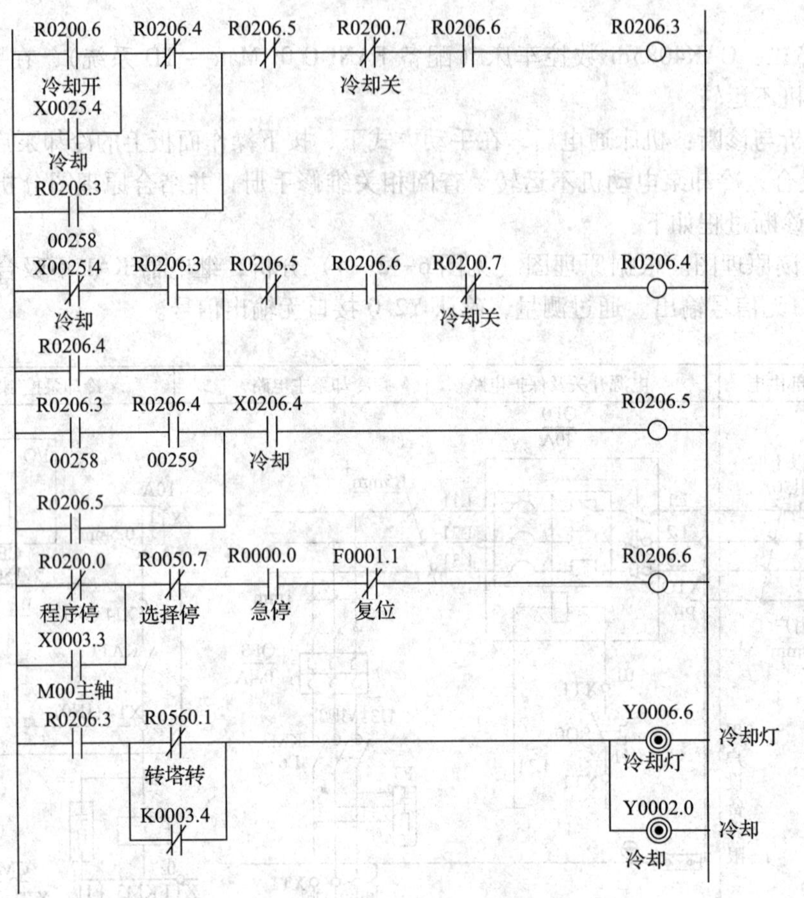


图 6—2—5　冷却泵控制梯形图

在实际维修中，检修前应悬挂“机床维修中，请勿靠近”等警示牌。检修时，按照“先简单，后复杂”的原则进行。

**1. 根据故障现象，进行原因分析，确定故障范围**

通过查看 FANUC 系统维修说明书和相关知识分析可知，造成“PMC STOP”报警的主要原因有：一是 PMC 硬件故障，使 PMC 在启动时无法完成初始化；二是 PMC 程序丢失或参数设置错误，使 PMC 强制停止。通过上述原因分析，确定故障范围，并把故障原因详细地记录在故障维修记录表中。

**2. 根据故障分析，正确进行检修**

根据分析的故障原因，参考维修说明书中的故障对策进行处理。

(1) 先进行软件检查，利用 PMC 查看梯形图的存在，查看内部保持性继电器 K900#2 是否为“1”。

(2) 硬件检查（一般硬件故障需返厂检修）。

通过上述步骤进行逐一检查与排除，并把故障排除方法和故障点记录在故障维修记录表中。

## 数控机床 PMC 故障维修实例

【故障实例 1】

故障现象：某配备 SIEMENS 802D 系统的四轴四联动数控铣床，开机后，发现操作面板上“NC. ON”指示灯不亮，但开机过程正常，无报警，手动回参考点时 CRT 显示“坐标轴无使能”。机床无法工作。

故障分析及处理：该机床此前工作一直很稳定，且从表面上看这两个故障没有直接的联系，故首先要排除指示灯不亮的故障。经测量，指示灯管脚两端无电压，而且没有发现线路上有断路或短路现象。查看 PLC 状态表，“NC. ON”指示灯输出信号为“Q1. 4 = 1”，同时又发现机床自动润滑输出信号为“Q0. 5 = 1”时，润滑电动机并不工作。经检查，线路没有问题，因此怀疑 PLC I/O 单元可能已损坏。更换同型号 PLC I/O 单元后，机床工作正常。

【故障实例 2】

故障现象：一台宁江 THM6350 卧式加工中心，配备 FANUC 0i－M 数控系统。在交换工作台时，按下“手动/自动启动”按钮后，托板（内工作台）升起，而托板架未上升，始终保持此状态，无法实现工作台的交换。

故障分析与诊断：该托板架的升降由液压系统控制。检查液压压力正常，查看控制托板架上升的电磁阀发现未执行。该电磁阀由继电器 KA13 的常开触点控制，而继电器 KA13 的线圈由 PMC 输出点 Y1004. 1 直接供给 24 V 电源。通过 PMC 状态显示功能检查 Y1004. 1 的状态，执行前后始终为“0”，即未给出信号。分析认为，某一输入条件未得到满足，使机床处于等待状态。决定从 Y1004. 1 入手，利用 PLC 梯形图动态显示功能来诊断故障。涉及的主要梯形图如图 6—2—6 所示。在手动方式下，正常交换工作台导通路径如图中箭头方向，即要满足 R0068. 3、R0062. 0 和 Y1003. 5 导通。从梯形图可以看出，R0068. 3 导通条件是 R0068. 2 和 R0062. 0 导通，R0062. 0 又由外部信号来控制。动态观察发现 X1004. 5 导通，X1006. 3 未变化。经查 X1006. 3 为托板（工作台）上升到位信号。用金属尺靠近感应头发现信号无变化，怀疑是感应器本身损坏，更换后故障依旧。进一步检查发现 24 V 导线断路，拆开护板后发现因油质腐蚀该导线一接头已断开，重新接好后，机床恢复正常。

【故障实例 3】

故障现象：换刀臂平移到位后，无拔刀动作。

故障分析与诊断：自动换刀控制如图6—2—7所示。ATC的动作起始状态是：主轴保持要交换的旧刀，换刀臂在B位置，刀库以将要交换的新刀具定位。自动换刀的顺序为：换刀臂左移（B→A）→换刀臂下降（从刀库拔刀）→换刀臂右移（A→B）→换刀臂上升→换刀臂右移（B→C，抓住主轴中刀具）→主轴液压缸下降（松刀）→换刀臂下降（从主轴拔刀）→换刀臂旋转180°（两刀具交换位置）→换刀臂上升（装刀）→主轴液压缸上升（抓刀）→换刀臂左移（C→B）→刀库转动（找出旧刀具位置）→换刀臂左移（B→A返回旧刀具给刀库）→换刀臂右移（A→B）→刀库转动（找下一把刀）。

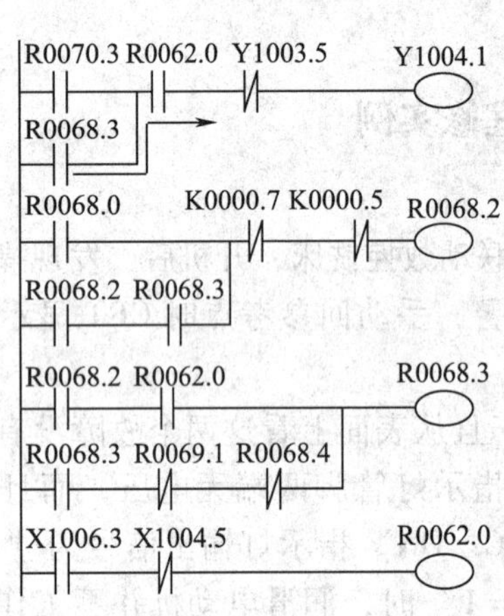


图6—2—6　梯形图

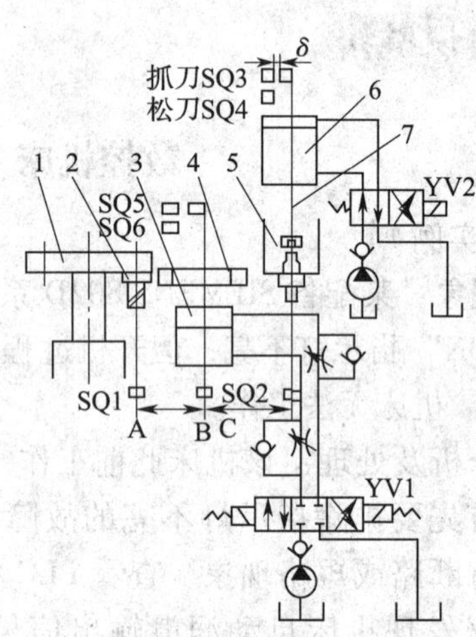


图6—2—7　自动换刀控制示意图

当换刀臂平移至C位置时，无拔刀动作，分析原因，有以下几种可能：

（1）SQ2无信号，所以未输出松刀电磁阀YV2的电压，主轴仍处于抓刀状态，换刀臂不能下移。

（2）松刀接近开关SQ4无信号，则换刀臂升降电磁阀YV1状态不变，换刀臂不下降。

（3）电磁阀有故障，给予信号也不动作。

逐步检查，发现SQ4未发出信号。进一步对SQ4进行检查，发现感应间隙过大，导致接近开关无信号输出，产生动作障碍。将感应间隙调至正常，故障消除。

【故障实例4】

故障现象：配备SIEMENS 810数控系统的加工中心，出现分度工作台不分度时的故障且无报警。

故障分析与诊断：根据工作原理分析，工作台分度时的齿条和齿轮啮合，这个动作是靠液压装置来完成的，由PLC输出Q1.4控制电磁阀YV14来执行。PLC相关部分的梯形图如图6—2—8所示。

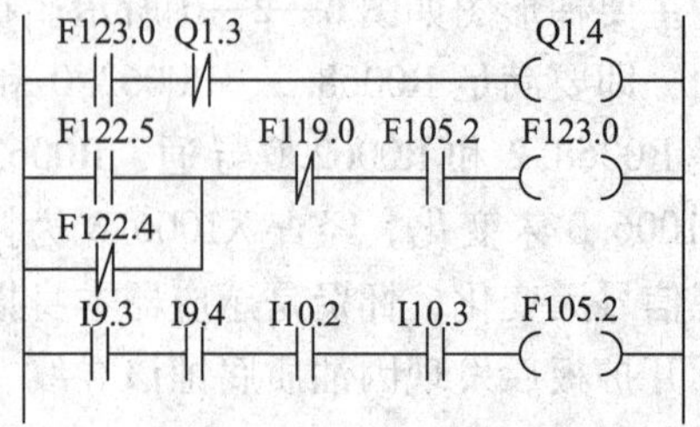


图6—2—8　分度工作台相关梯形图

通过数控系统的DIAGNOSIS中的“STATUS PLC”软键，实时查看Q1.4的状态，发现其状态为“0”；由

PLC 梯形图查看 F123. 0 也为“0”，按梯形图逐个检查，发现 F105. 2 为“0”，导致 F123. 0 为“0”；根据梯形图查看 STATUS PLC 中的输入信号，发现 I10. 2 为“0”，从而导致 F105. 2 为“0”。I9. 3、I9. 4、I10. 2、I10. 3 为 4 个接近开关的检测信号，以检测齿条和齿轮是否啮合。分度时，这 4 个接近开关都应有信号，即都应闭合，现在发现 I10. 2 未闭合。

检查机械部分确认机械是否到位，检查接近开关是否损坏。根据这个线索继续查看，最后发现反映二、三工位分度头起始位置的检测开关 I9. 4、I10. 2 动作不同步，导致工作台不旋转，进一步确认为三工位分度头产生机械错位。调整机械装置，使其与二工位同步后，故障消除。

【故障实例 5】

故障现象：某数控机床配备 FANUC 18iT 系统，按循环启动按钮后程序不运行，无报警。

故障分析与诊断：通过 PMC 诊断界面诊断 000 ~ 016，未发现异常，该机床梯形图如图 6—2—9 所示。其地址信号说明见表 6—2—1。经过进一步诊断，发现 Y0037. 0 DR. LT 没有导通，通过梯形图继续查找，发现液压系统中一压力继电器信号无输出，该信号将 Y0037. 0 截断。清洗相关压力继电器油路，恢复压力继电器信号，故障排除，机床正常工作。

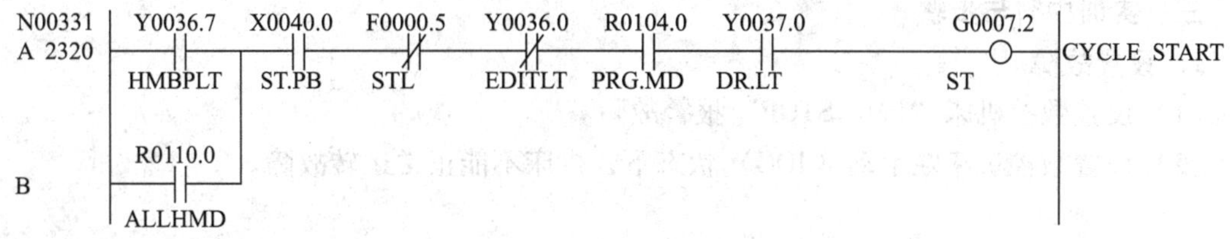


图 6—2—9　循环启动 PMC 梯形图

**表 6—2—1**　　**地址信号说明**

| 地址 | 信号 | 信号内容 |
|---|---|---|
| Y0036. 7 | HMBPLT | 零点建立灯（点亮） |
| R0110. 0 | ALLHMD | 所有轴回零完成 |
| X0040. 0 | ST. PB | 循环启动按钮 |
| F0000. 5 | STL | 循环启动灯（点亮） |
| Y0036. 0 | EDITLT | 编辑方式灯 |
| R0104. 0 | PRG. MD | 程序方式（MDI、MEM、DNCI） |
| Y0037. 0 | DR. LT | 机床运行灯亮 |

# 技能实训11　利用PMC诊断数控机床故障

## 一、实训目的

1. 学会利用PMC对数控机床故障进行诊断的方法。
2. 熟悉FANUC PMC的各功能界面的操作。
3. 能综合运用各种诊断界面对数控机床故障进行诊断。

## 二、设备与工具清单

常用设备与工具清单见表6—2—2。

表6—2—2　　常用设备与工具清单

| 序号 | 设备与工具 | 型号与名称 | 数量 |
|---|---|---|---|
| 1 | 数控车床（或数控车床综合实训装置） | CAK4085di数控车床 | 1台 |
| 2 | 电工常用工具 | 自定 | 1套 |
| 3 | 仪器仪表 | 自定 | 1套 |
| 4 | 机床说明书 | — | 1套 |

## 三、实训内容与步骤

### 1. 设置故障

（1）设置数控机床“PMC STOP”报警故障。

（2）设置数控机床在手动（JOG）状态下，机床不能正常运转故障。

1）由教师或同组学生设置故障，且必须是机床在使用中的常见故障。

2）设置故障时必须在停电状态下进行，切忌更改线路和损坏元件等，确保人身和设备安全。

3）设置软件参数故障时，要事先记录原参数数据，切忌乱设参数。

### 2. 检修步骤

（1）数控机床“PMC STOP”报警故障检修，可参考故障检修实例中的检修步骤进行逐项检查，直到找到故障点，并详细填写故障维修记录表，见表6—2—3。

（2）在手动（JOG）状态下，数控机床不能正常运转的故障检修，可参考相关原理图与PMC梯形图，对照上述典型故障分析步骤进行逐项检查，直到找到故障点，并详细填写故障维修记录表，见表6—2—4。

（3）故障修复，通电试运行。

（4）检修完毕，切断电源，清扫场地。

## 四、故障维修记录表填写

表 6—2—3 数控机床“PMC STOP”报警的故障维修记录表

| 维修时间 | | | 维修人员 | |
| --- | --- | --- | --- | --- |
| 设备名称 | | | 设备型号 | |
| 故障现象 | | | | |
| 诊断与维修 | 可能故障部位 | 是否正常 | 排除方法 | 维修用零配件 |
| | | | | |
| | | | | |
| | | | | |
| | | | | |
| 维修小结 | | | | |
| 维修后试运行确认<br>维修结果 | | | | |

表 6—2—4 手动（JOG）状态下数控机床不能正常运转的故障维修记录表

| 维修时间 | | | 维修人员 | |
| --- | --- | --- | --- | --- |
| 设备名称 | | | 设备型号 | |
| 故障现象 | | | | |
| 诊断与维修 | 可能故障部位 | 是否正常 | 排除方法 | 维修用零配件 |
| | | | | |
| | | | | |
| | | | | |
| | | | | |
| 维修小结 | | | | |
| 维修后试运行确认<br>维修结果 | | | | |

## 五、评分标准

完成任务后，学生先按照表6—2—5进行自我测评，再由指导教师评价审核。

**表6—2—5　　　　测评表**

| 序号 | 项目 | 考核内容及要求 | 配分 | 评分标准 | 扣分 | 得分 |
|---|---|---|---|---|---|---|
| 1 | 材料准备 | 检查工具（5分）、资料（5分）是否准备齐全 | 10 | 1. 工具不齐全，每少一件扣1分<br>2. 资料不齐全，扣5分 | | |
| 2 | 故障现象勘察 | 1. 通电前，检查机床外观、电气元器件（5分）<br>2. 正确通电试运行（5分）<br>3. 正确描述故障现象（5分） | 15 | 1. 不能全面检查机床外观、电气元器件，每漏检一处扣1分<br>2. 不能正确通电试运行，扣5分<br>3. 不能描述故障现象，扣5分 | | |
| 3 | 故障原因分析 | 1. 故障分析思路正确、清晰（5分）<br>2. 故障原因分析正确、完整（15分）<br>3. 正确查阅资料（5分） | 25 | 1. 思路不清晰或不正确，扣5分<br>2. 不能正确分析故障原因或分析不完整，每错一处扣3分<br>3. 不能查阅资料，扣5分 | | |
| 4 | 故障处理 | 1. 对故障部位进行维修（25分）<br>2. 试运行，对维修效果进行验证（5分） | 30 | 1. 工具使用不正确，扣5分<br>2. 停电不验电，扣5分<br>3. 思路不清晰，扣10分<br>4. 工时控制不合理，扣5分 | | |
| | | | | 1. 不会试运行或维修试运行结果不正确，扣2分<br>2. 不能对维修部位恢复，扣3分 | | |
| 5 | 安全文明生产 | 应符合国家安全文明生产的有关规定 | 10 | 违反安全文明生产有关规定不得分 | | |
| 6 | 实操过程记录 | 填写清晰、准确 | 10 | 填写不准确不得分 | | |
| 指导教师评价 | | | | | 总得分 | |

# 第七章

# 数控机床辅助装置故障检修

## §7—1　数控机床辅助装置简介

学习目标

1. 了解数控机床润滑和冷却系统的基本知识。
2. 了解数控机床自动换刀装置的结构、类型、特点。
3. 了解数控机床中液压与气动、排屑装置的基本知识。

数控机床的辅助装置是保证数控机床功能所必需的配套装置。常用的辅助装置包括润滑系统、冷却系统、自动换刀装置、液压与气动系统、排屑装置等。

**一、润滑系统**

润滑系统对于提高机床加工精度、延长机床使用寿命等有着十分重要的作用，其润滑对象主要包括机床导轨、滚珠丝杠（见图7—1—1）、传动齿轮及主轴箱等，润滑形式有电动间歇润滑泵和定量式集中润滑泵等。其中，电动间歇润滑泵（见图7—1—2）应用较多，可实现自动间歇、周期供油，润滑间歇时间和每次泵油量可根据润滑要求进行调整或参数设定。

**二、冷却系统**

数控机床的冷却系统主要用于在切削过程中冷却刀具与工件，同时也起冲屑作用。为了获得较好的冷却效果，冷却泵打出的切削液需要通过刀架或主轴前的喷嘴喷出，直接冲向刀具与工件的切削发热处。冷却泵的开、停分别由数控系统中的辅助指令 M08、M09 控制。

**三、自动换刀装置**

自动换刀装置是数控机床的重要执行机构，可使工件一次装夹后即可完成多道工序或全部工序加工，从而避免了多次定位带来的误差，减少了因多次安装造成的非故障停机时间，提高了生产效率和机床利用率。因此，自动换刀装置应当具备换刀时间短、刀具重复定位精度高、足够的刀具储备量、换刀空间小、动作可靠、使用稳定、刀具识别准确等特性。

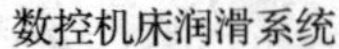


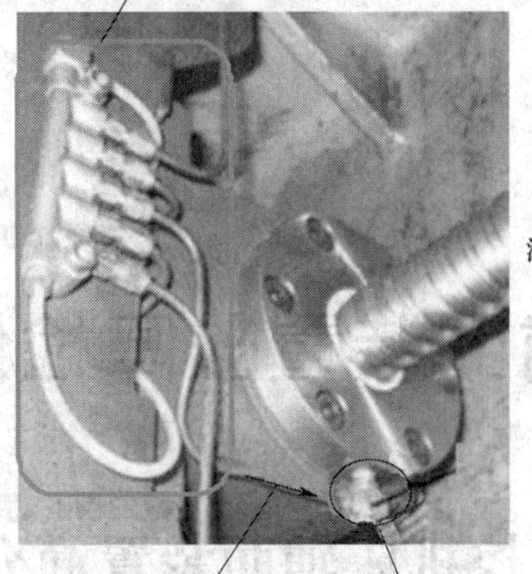

a)　　　　　　　　b)

图 7—1—1　数控机床滚珠丝杠和导轨的润滑

a）滚珠丝杠的润滑　b）导轨的润滑

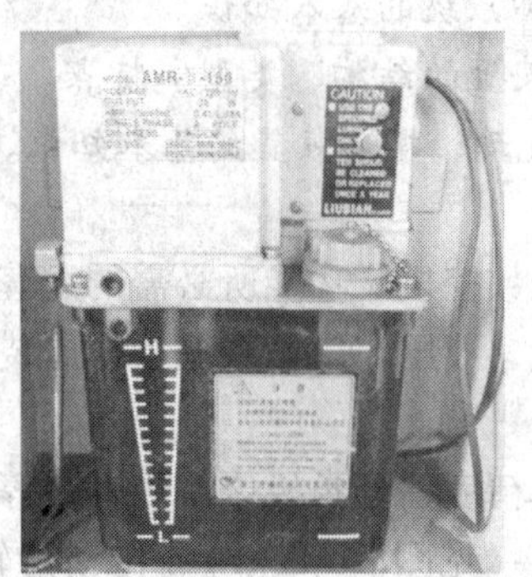

图 7—1—2　电动间歇润滑泵

自动换刀装置的形式多种多样，主要取决于机床的类型、工艺范围、使用刀具种类和数量。目前常用的自动换刀装置的类型、特点及适用范围见表 7—1—1。

**表 7—1—1　　　　自动换刀装置的类型、特点及适用范围**

| 类型 | | 特点 | 适用范围 |
|---|---|---|---|
| 转塔式 | 回转刀架 | 多为顺序换刀，换刀时间短、结构紧凑、容纳刀具较少 | 各种数控车床、数控车削加工中心 |
| | 转塔头 | 顺序换刀，换刀时间短、结构紧凑，刀具主轴都集中在转塔头上，刚度差，刀具主轴数受限制 | 数控钻床、数控镗床、数控铣床 |
| 刀库式 | 刀具与主轴之间直接换刀 | 换刀运动集中，运动部件少，刀库容量受限制 | 数控镗床、立式数控铣床、卧式数控加工中心 |
| | 机械手配合刀库进行换刀 | 刀库只完成选刀运动，机械手实现换刀动作，刀库容量大 | |

**1. 回转刀架换刀**

数控机床使用的回转刀架是最简单的自动换刀装置，有四工位刀架、六工位刀架等，即在其上装有四把、六把或更多的刀具。回转刀架必须具有良好的强度和刚度，以承受粗加工的切削力；同时要保证回转刀架在每次转位的重复定位精度。图 7—1—3 所示为常见数控车床回转电动刀架，适用于轴类、盘类零件的加工。

a)　　b)

图 7—1—3　常见数控车床回转电动刀架

a）四工位　b）六工位

**2. 更换主轴头换刀**

在带有旋转刀具的数控机床中，通过更换主轴头来换刀是一种简便方式。主轴头通常有卧式和立式两种，而且常用转塔的转位来更换主轴头，以实现自动换刀。在转塔的各个主轴头上，预先安装有各工序所需的旋转刀具。当数控装置发出换刀指令时，各主轴头依次转到加工位置，并接通主轴运动，使相应的主轴带动刀具旋转，而其他处于不加工位置上的主轴都与主运动脱开。

转塔主轴头换刀方式的主要优点在于省去了自动松夹、卸刀、装刀、夹紧以及刀具搬运等一系列复杂的操作，提高了换刀的可靠性，并显著地缩短了换刀时间。但是，由于空间位置的限制，主轴部件的结构不可能设计得十分坚实，因而影响了主轴系统的刚度。为了保证主轴的刚度，主轴数目必须加以限制，否则将会使结构尺寸大幅度增加。因此，转塔主轴头通常只用于工序较少、精度要求不太高的机床，如数控钻床等。

**3. 带刀库的自动换刀系统**

带刀库的自动换刀系统由刀库和刀具交换装置组成。刀库可以存放数量很多的刀具，因而能够进行复杂零件的多工序加工。它既可以安装在主轴箱的侧面或上方，也可作为单独部件安装到数控机床外部，并由搬运装置运送刀具。使用时，首先把加工过程中需要使用的全部刀具分别安装在标准刀柄上，在机外进行尺寸预调整后，按一定的方式放入刀库中。换刀时，先在刀库中进行选刀，并由刀具交换装置从刀库和主轴上取出刀具，在进行交换刀具之后，将新刀具装入主轴，把旧刀具放回刀库。

（1）刀库

刀库主要是储存加工刀具及辅助工具，并能依照程序的控制，正确选择刀具加以定位，配合自动换刀装置完成换刀工作。

根据容量、外形和取刀方式的不同，刀库分为圆盘式刀库、链条式刀库和斗笠式刀库等，具体见表 7—1—2。

表 7—1—2　　常见的刀库类型、结构形状、特点与应用

<table>
<tr><th>类型</th><th>结构形状</th><th>特点与应用</th></tr>
<tr><td>圆盘式刀库</td><td></td><td>结构简单，容量一般为 15 ~ 30 把刀，价格低，装配、调试方便，维护简单<br>进行刀具交换时，需搭配自动换刀机构（ATC）。通常应用在小型立式综合加工机床上</td></tr>
<tr><td>链条式刀库</td><td></td><td rowspan="2">采用电动机加机械凸轮结构，结构简单、紧凑；动作可靠；价格较高；刀库容量大，一般为 30 ~ 120 把刀，多采用链式刀库。刀座固定在环形链节上，有单排链和折叠回绕链，链环的形状可随机床布局制成各种形式<br>适用于刀库量容在 30 把以上的大型加工中心</td></tr>
<tr><td>加长链条式刀库</td><td></td></tr>
<tr><td>斗笠式刀库</td><td></td><td>体积小，安装方便，刀库容量一般为 16 ~ 24 把刀<br>在立式数控加工中心应用较多</td></tr>
</table>

（2）刀库的选刀方式与刀具识别

按照数控装置的刀具选择指令，从刀库中挑选各工序所需要的刀具的操作，称为自动换刀。目前，在刀库中选择刀具主要有顺序方式和任选方式两种。

1）顺序选刀方式。刀具的顺序选刀方式是将刀具按加工工序的顺序，依次放入刀库的每一个刀座内。每次换刀时，刀库按顺序转动一个刀座的位置，并取出所需要的刀具。已经使用过的刀具可以放回原来的刀座内，也可以按顺序放入下一个刀座内。

顺序选刀方式下，刀库不需要刀具识别装置，驱动控制也较简单，可以直接由刀库的分度来实现。因此，刀具的顺序选择方式具有结构简单、工作可靠等优点。其缺点是：更换不

同工件时，必须重新排列刀库中的刀具顺序；由于刀库中的刀具在不同的工序中不能重复使用，因此增加了刀具的数量和刀库的容量，从而大大降低了刀具和刀库的利用率；此外，必须严格按照加工顺序装刀，一旦刀库内刀具的顺序装错，将会造成严重的生产事故。

2）任意选刀方式。这种方式是刀库根据程序指令的要求来选择所需要的刀具。刀具在刀库中不必按照工件的加工顺序排列，可任意存放。每把刀具（或刀座）都编有代码，自动换刀时刀库旋转，每把刀具（或刀座）都经过特殊装置接受识别。当某把刀具的代码与数控指令的代码相符合时，该把刀具被选中，并将刀具送到换刀位置，等待机械手来抓取。

刀库中刀具的排列顺序与工件加工顺序无关，相同的刀具可重复使用。因此，刀具数量比顺序选刀方式的刀库中刀具数量少些，刀库体积也相应小些。采用任意选刀方式的自动换刀系统必须安装有刀具识别装置，用以识别刀具代码。

在任意选刀方式下，刀具编码方式主要有三种。

①刀具编码方式。采用特殊结构的刀柄，并对每把刀具进行编码。换刀时通过编码识别装置，根据数控系统发出的换刀指令代码，在刀库中寻找所需要的刀具。这种编码方式装刀、换刀方便，刀库容量减小，还可避免因刀具顺序的差错而造成的事故。

②刀座编码方式。对刀库的刀座进行编码，并将与刀座编码相对应的刀具一一放入指定的刀座中，然后根据刀座编码选取刀具。由于这种编码方式取消了刀柄中的编码环，使刀柄结构大为简化，但在自动换刀过程中必须将用过的刀具放回原来的刀座中，增加了换刀的动作。刀座编码方式的突出优点是刀具在加工过程中可以重复使用。

③编码附件方式。编码附件方式可分为编码钥匙、编码卡片、编码杆和编码盘方式等。应用最多的是编码钥匙。这种方式是先给刀具缚上一把表示该刀具号的编码钥匙，当把刀具放入刀库中时，识别装置可以通过识别刀具上的号码来选取该钥匙旁边的刀具。从刀座中取出刀具时，刀座中的编码钥匙也取出，刀库中原来编码随之消失。因此，这种方式具有更大的灵活性。采用这种编码方式用过的刀具不必放回原来的刀座。

（3）刀具交换装置

它是用来实现刀库和机床主轴之间的传递与装卸刀具的装置。一般常用的有以下两种。

1）利用刀库与机床主轴的相对运动实现刀具交换。通过刀库和主轴箱的配合动作来完成换刀，适用于刀库中刀具位置与主轴上刀具位置一致的情况。一般是采用把盘式刀库设置在主轴箱可以运动到的位置，或整个刀库能移动到主轴箱可以到达的位置。换刀时，主轴运动到刀库上的换刀位置，由主轴直接取走或放回刀具。这种刀具交换装置多用于采用 40 号以下刀柄的中小型加工中心。

2）采用机械手进行刀具交换。由刀库选刀，再由机械手完成换刀动作。采用机械手换刀灵活、动作快，而且结构简单，因此加工中心普遍采用这种形式。具体换刀原理参考 §7—2 节内容。

**四、液压与气动系统**

液压与气动系统在现代数控机床中占有很重要的位置，是辅助实现整机的自动运行功能的主要装置。数控机床所用的液压与气动装置结构紧凑，工作可靠，易于控制和调节。

液压与气动系统在数控机床中一般具有如下辅助功能：

1. 自动换刀所需的动作。如机械手的伸缩、回转和摆动，刀具的松开和夹紧等。

2. 主轴箱的平衡，主轴箱齿轮的变挡以及回转工作台的夹紧等。

3. 机床润滑与冷却。

4. 工件、刀具定位面和交换工作台的自动吹屑，清理定位基准面等功能。

5. 机床安全防护门的开关。

### 五、排屑装置

数控机床的自动加工效率高、排屑量大，需要及时将切屑从加工区域收集起来并输送出去，以保证机床正常运行。

排屑装置是一种具有独立功能的附件。数控机床排屑装置的结构和工作形式，应根据机床的种类、规格、加工工艺特点、工件的材质和使用的切削液种类等来选择。常见的排屑装置有平板链式排屑装置、刮板式排屑装置和螺旋式排屑装置等，如图 7—1—4 所示。

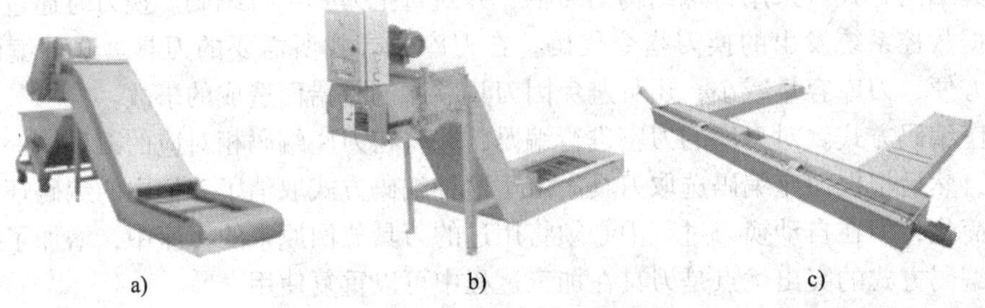

a) b) c)

图 7—1—4 常见的排屑装置

a）平板链式排屑装置 b）刮板式排屑装置 c）螺旋式排屑装置

# §7—2 刀架与冷却、润滑系统电气线路分析与故障检修

## 学习目标

1. 熟悉电动刀架的工作原理。

2. 能够读懂数控车床电动刀架系统电气控制原理图。

3. 能够读懂数控车床冷却与润滑系统电气控制原理图。

4. 能够根据电气控制原理图进行故障分析与诊断。

### 一、数控车床的电动刀架控制系统

电动刀架是数控车床的重要执行机构，是实现数控机床自动换刀的装置。它的换刀过程是通过 PLC 对控制刀架的所有 I/O 信号进行逻辑处理及计算，实现刀架的顺序控制。另外，

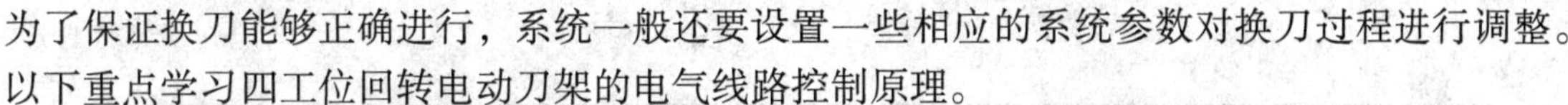


为了保证换刀能够正确进行，系统一般还要设置一些相应的系统参数对换刀过程进行调整。以下重点学习四工位回转电动刀架的电气线路控制原理。

**1. 四工位电动刀架工作原理**

数控车床常用的回转四工位电动刀架，要具有良好的强度和刚度，可以承受粗加工的切削力；同时，要保证回转刀架在每次转位时的重复定位精度。该电动刀架采用蜗杆传动、上下齿盘啮合、螺杆夹紧的工作方式。其工作过程有四个阶段：刀架的抬起、转位、定位和压紧。

（1）刀架抬起

当数控系统发出换刀指令后，通过接口电路使刀架电动机正转，经传动装置驱动蜗杆蜗轮机构，由蜗轮带动丝杠螺母机构逆时针旋转。此时，由于齿盘处于啮合状态，在丝杠螺母机构转动时，使上刀架体产生向上的轴向力，将齿盘松开并抬起，直至两个定位齿盘脱离啮合状态，从而带动上刀架和齿盘产生“上抬”动作。

（2）刀架转位

当刀架抬到一定距离后，上下齿盘完全脱开。这时，与蜗轮丝杠连接的转位套随蜗轮丝杠一起转动。齿盘完全脱开时，球头销在弹簧作用下进入转位套的凹槽中，带动刀架体转位，刀架体转位的同时带动磁钢也转动，并与信号盘（霍尔开关电路板）配合进行刀号的检测。

（3）刀架定位

当系统程序的刀具编号与实际刀架检测的刀具编号一致时，系统输出电动机反转信号，电动刀架反转。这时，球头销从转位套的槽中被挤出，使定位销在弹簧作用下进入粗定位盘的凹槽中进行粗定位。上刀架停止转动，电动机继续反转，使其在该位置落下，通过丝杠螺母机构使上刀架与齿盘重新啮合，实现精确定位。

（4）刀架压紧

刀架精确定位后，电动机继续反转（反转时间由系统 PLC 控制），夹紧刀架。当两个齿盘间夹紧力增大到一定程度，并且刀架反转时间到达预定值后，数控装置发出停止电动机反转的信号，从而完成一次换刀过程。

**2. 电动刀架控制线路分析**

CAK4085di 数控车床电动刀架的电气控制线路，如图 7—2—1a 所示。在手动或自动方式下，如果数控装置有刀具松开指令时，机床 CNC 装置控制 PLC 输出，使 I/O 模块中的 Y2. 1 有效，继电器 KA2 线圈通电、常开触点闭合，使刀架正转接触器 KM4 线圈通电、主触头闭合，电动刀架开始正转并进行选刀处理。刀架在正向旋转的过程中，不停地对刀位输入信号进行检测，如图 7—2—1b 所示，每把刀具各有一个霍尔位置检测开关。各刀具按顺序依次经过发磁体位置产生相应的刀位信号，刀位信号通过 I/O 模块中的 X7. 0、X7. 1、X7. 2 和 X7. 3 反馈到 CNC 装置中去，当产生的刀位信号和目的刀位寄存器中的刀位相一致时，CNC 装置发出关闭刀架电动机正转信号，然后发出反转信号，使 I/O 模块中的 Y2. 2 有效，继电器 KA3 线圈通电、常开触点闭合，使刀架反转接触器 KM5 线圈通电、主触头闭合，刀架电动机开始反转并锁紧，经系统参数里设置的时间后停止反转，换刀结束，然后开始执行下一个指令。

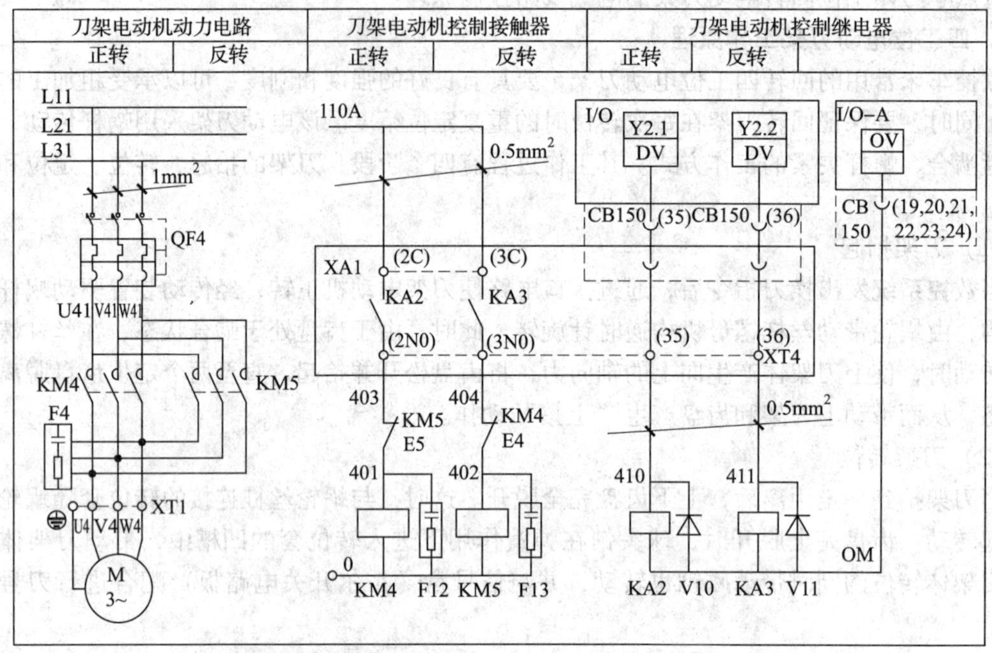


a）

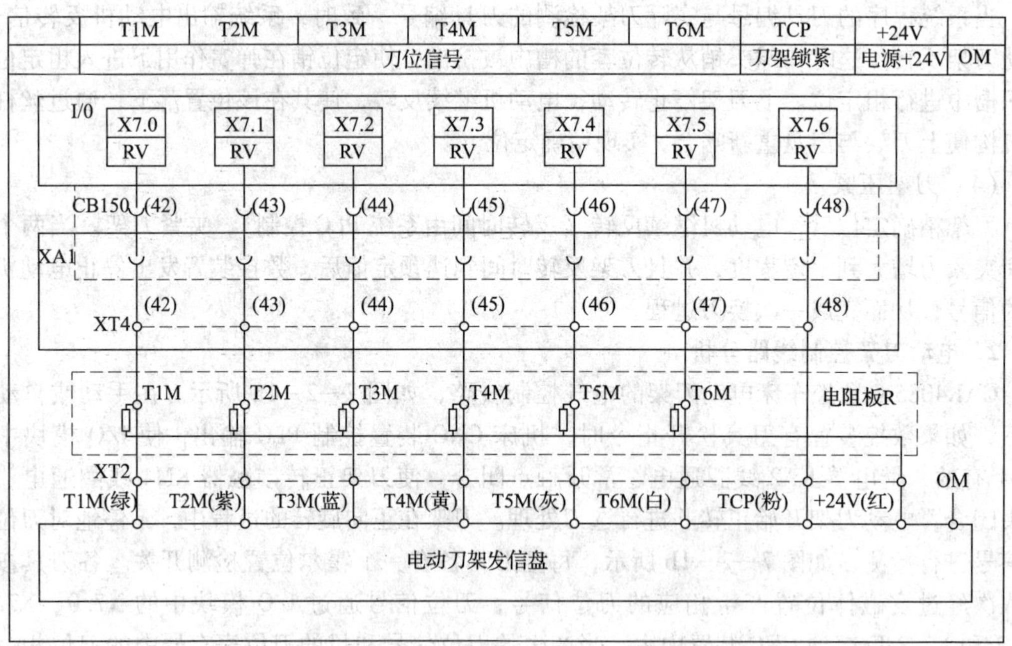


b）

图 7—2—1　电动刀架主控制电路和刀位信号控制电路图

a）主控制电路图　b）刀位信号控制电路图

系统中刀架反转时间参数，如果设定太长容易烧毁电动机或造成电动机过热，空气开关跳闸；如果设定太短则易使刀架锁不紧。该参数在机床出厂时已经设定好了，一般不要随意更改。

**3. 电动刀架常见故障及排除方法**

电动刀架常见故障及排除方法见表 7—2—1。

**表 7—2—1　　电动刀架常见故障及排除方法**

| 故障现象 | 原因分析 | 排除方法 |
| --- | --- | --- |
| 电动机停转，刀架不动 | （1）刀架控制线路有故障<br>（2）电动机相序不对<br>（3）机械出现故障 | （1）检查线路<br>（2）调整电动机相序<br>（3）检查机械故障 |
| 刀架转个不停或在某刀位不停 | （1）磁钢与霍尔元件相碰<br>（2）霍尔元件线路出现故障<br>（3）霍尔元件短路<br>（4）刀位信号接收电路故障 | （1）检查磁钢<br>（2）检查线路<br>（3）更换霍尔元件<br>（4）检查或更换电路板 |
| 刀架换刀不到位或过冲太大 | 发讯盘与磁钢在圆周方向上没有对正 | 调整磁钢与霍尔元件的相对位置 |
| 刀位锁不紧 | （1）反转时间太短<br>（2）机械锁紧机构故障<br>（3）发讯盘位置没对正 | （1）调整参数<br>（2）检查机械锁紧机构<br>（3）调整发讯盘位置 |

## 二、润滑泵控制系统

**1. 数控机床润滑系统的电气控制要求**

（1）首次开机时，自动润滑 15 s。

（2）机床运行时，达到固定间隔时间自动润滑一次，而且润滑间隔时间可由用户通过 PMC 参数进行调整。

（3）加工过程中，可通过机床操作面板上的润滑手动开关控制。

（4）润滑油位过低时，系统出现报警提示，系统不能循环启动。

**2. 润滑系统电气控制线路分析**

CAK4085di 数控车床润滑系统电气控制电路如图 7—2—2 所示。启动机床润滑泵开关，由数控系统 PMC 通过 I/O 模块控制输出接口 Y2. 6 有效时，输出继电器 KA7 线圈通电、常开触点闭合，集中润滑装置（润滑泵）接通 220 V 电源，机床实现润滑控制。SL10 为润滑系统油面下限检测开关，通过 I/O 模块的输入口 X7. 7 输入系统润滑油位过低报警信号。当润滑油位过低时，X7. 7 有效，系统出现报警提示，并通过 PMC 切断机床循环启动回路。

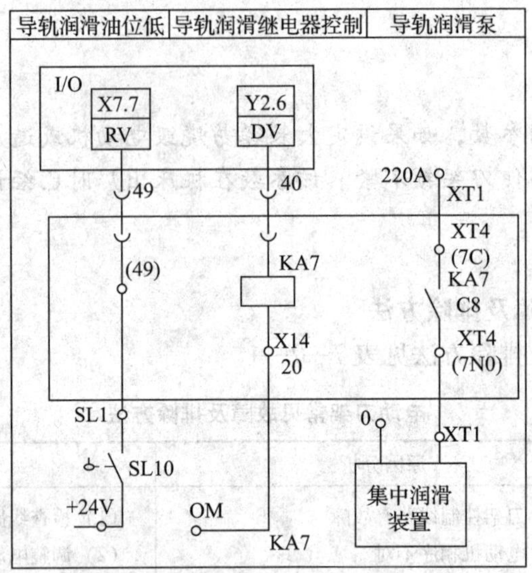


图 7—2—2　数控车床润滑系统电气控制电路图

## 三、冷却泵控制系统

CAK4085di 数控车床冷却泵电气控制系统如图 7—2—3 所示。当有手动或自动冷却指令时，由系统中 PLC 通过 I/O 模块控制输出接口 Y2.0 有效，继电器 KA1 线圈通电、常开触点闭合，交流接触器 KM3 线圈通电，在冷却泵主电路中的交流接触器 KM3 主触点吸合，冷却电动机旋转，带动冷却泵工作。

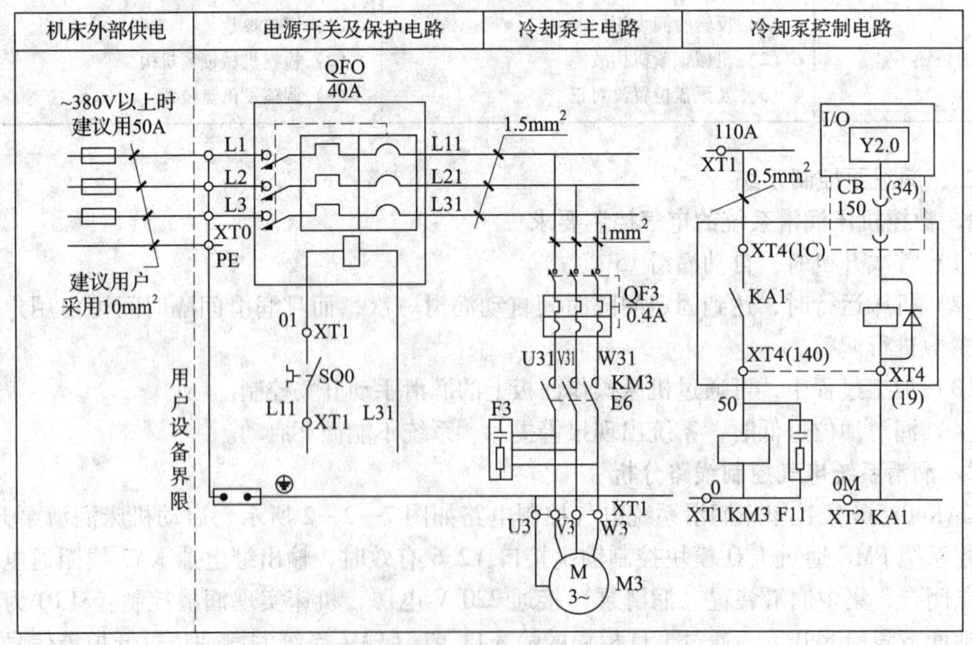


图 7—2—3　数控车床冷却泵电气控制电路图

## 四、典型故障的分析与诊断流程

### 1. 故障一：数控车床刀架不转

故障分析与诊断：当机床发生故障时，首先观察故障具体现象，通过在手动方式下或MDI 方式下输入换刀指令并执行，刀架无反应。出现刀架不转的故障主要涉及机械和电气两部分，维修时依照“先电气后机械，先易后难”的原则进行检查。具体的故障分析与诊断流程如图 7—2—4 所示。

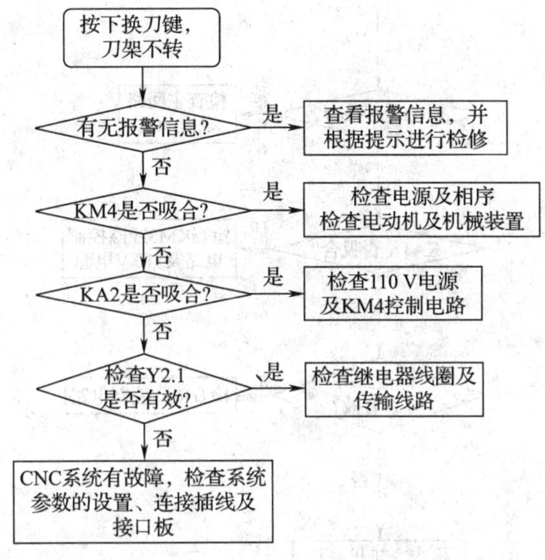


图 7—2—4　数控车床刀架不转的故障分析与诊断流程

### 2. 故障二：数控车床润滑泵不工作

故障分析与诊断：当机床发生故障时，首先观察故障的具体现象。机床通电后，在手动方式下按下润滑启动按钮，润滑泵不工作。根据润滑控制系统工作原理，具体的故障分析与诊断流程如图 7—2—5 所示。

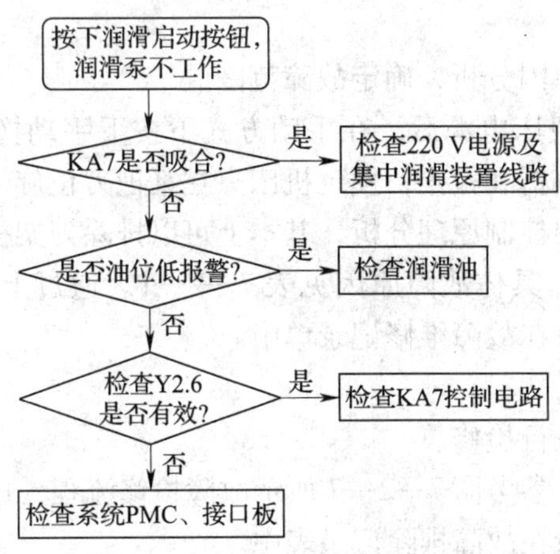


图 7—2—5　数控车床润滑泵不工作的故障分析与诊断流程

### 3. 故障三：数控车床冷却泵不工作

故障分析与诊断：当机床发生故障时，首先观察故障的具体现象。机床通电后，在手动方式下按下冷却泵启动按钮，冷却泵电动机不工作。根据冷却控制系统工作原理，具体的故障分析与诊断流程如图 7—2—6 所示。

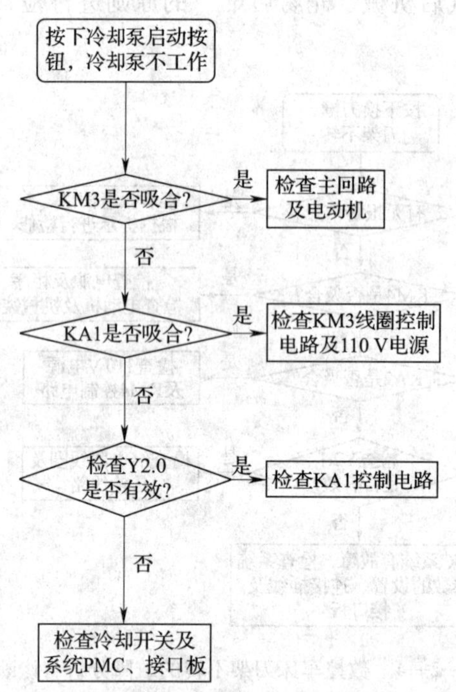


图 7—2—6　冷却泵不工作的故障分析与诊断流程图

## 五、故障检修实例

【故障实例】CAK4085di 数控车床刀架在某把刀位运转不停，其余刀位可以正常转动。

【检修过程】

### 1. 故障分析

根据故障现象，进行原因分析，确定故障范围。

接通 CAK4085di 数控机床电源后，在手动方式下按下手动换刀按钮，刀架运转不停找不到刀号。通过进一步的分析和检查，发现机床只在某把刀位旋转不停，其他刀位可以正常转动。根据这一现象和刀架控制原理分析，基本上可以排除刀架机械故障，因此主要原因可从电气控制方面进行检查，具体故障原因见表 7—2—1。通过上述原因分析，确定故障范围，并把故障原因详细记录在故障维修记录单中。

### 2. 故障检修

根据故障分析，正确进行检修。

根据分析的故障原因，参考图 7—2—7 所示故障检修流程，进行逐一检查与排除，并把故障排除方法和故障点记录在故障排除记录表中。

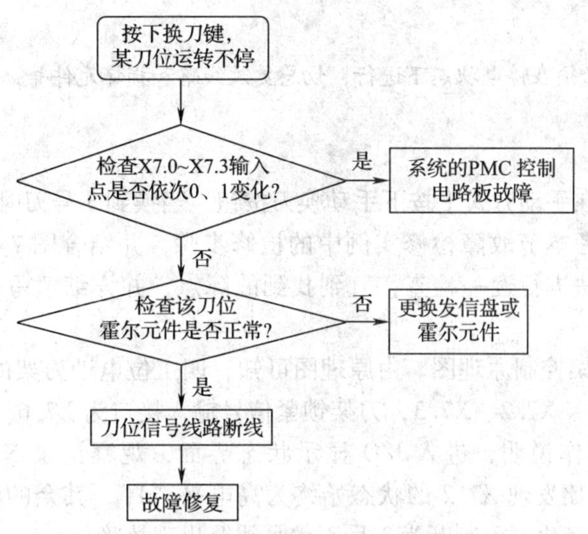


图 7—2—7　数控车床刀架某把刀位运转不停的故障检修流程

# 技能实训 12　数控车床刀架的电气线路故障检修

## 一、实训目的

1. 掌握数控车床电动刀架控制线路故障分析与检修方法。
2. 能够检修数控车床电动刀架常见电气故障。

## 二、设备与工具清单

常用设备与工具清单见表 7—2—2。

**表 7—2—2**　　**常用设备与工具清单**

| 序号 | 设备与工具 | 型号与名称 | 数量 |
|---|---|---|---|
| 1 | 数控车床 | CAK4085di 数控车床 | 1 台 |
| 2 | 电工常用工具 | 自定 | 1 套 |
| 3 | 仪器仪表 | 自定 | 1 套 |
| 4 | 机床说明书和维修说明书 | — | 各 1 本 |

## 三、实训内容与步骤

### 1. 设置故障

设置数控车床电动刀架 3 号刀一直旋转不停的故障。

(1) 由教师或同组学生根据表 7—2—1 中常见故障的原因设置故障，且必须是机床在

使用中的常见故障。

（2）设置故障时必须在停电状态下进行，切忌更改线路和损坏元件等，确保人身和设备安全。

**2. 检修步骤**

当机床通电后，在手动方式下按下手动换刀按钮，当换到3号刀时刀架旋转不停，始终找不到3号刀。可参考本节故障检修实例中的检修步骤，并结合图7—2—7所示的检修流程，采用如下检查方法进行逐一检查，直到找到故障点，并详细填写故障维修记录表（表7—2—3）。

（1）识读电动刀架控制原理图。由原理图可知，四工位电动刀架的1～4号刀位信号输入接口为X7.0、X7.1、X7.2、X7.3，刀架锁紧信号输入接口为X7.6。

（2）根据机床操作说明，进入I/O显示状态界面，观察记录X7.0、X7.1、X7.2和X7.3的I/O状态。对比发现X7.2的状态始终为高电平“1”，其余的信号根据刀架的旋转而产生“1”和“0”变化，可判断为3号刀信号线路出现故障。

（3）检查信号接口DC24 V电源正常后，切断电源，用万用表电阻挡测量I/O接口与发信盘之间的信号线是否断线，若没有断线，需进一步检查发信盘和I/O接口电路故障。

（4）断电后，在CB150接口侧将43、44信号线互换，然后接通电源让刀架旋转，观察记录X7.1、X7.2的状态。若X7.1状态恒为“1”，而X7.2状态随刀架旋转而产生“1”和“0”变化，说明故障在发信盘；反之，故障在系统I/O接口电路（出现I/O接口电路故障，一般应返回厂家修理）。

（5）查出故障并修复，通电试运行。

（6）检修完毕，切断电源，清扫场地。

## 四、故障维修记录表填写

表7—2—3　数控机床电动刀架3号刀运转不停故障检修记录表

| 维修时间 | | | 维修人员 | |
|---|---|---|---|---|
| 设备名称 | 数控车床 | | 设备型号 | |
| 故障现象 | | | | |
| 诊断与维修 | 可能故障部位 | 是否正常 | 排除方法 | 维修用零配件 |
| | | | | |
| | | | | |
| | | | | |
| | | | | |
| 维修小结 | | | | |
| 维修后试运行确认<br>维修结果 | | | | |

## 五、评分标准

完成任务后，学生先按照表7—2—4进行自我测评，再由指导教师评价审核。

表7—2—4　　　　测评表

| 序号 | 项目 | 考核内容及要求 | 配分 | 评分标准 | 扣分 | 得分 |
|---|---|---|---|---|---|---|
| 1 | 材料准备 | 检查工具（5分）、资料（5分）是否准备齐全 | 10 | 1. 工具不齐全，每少一件扣1分<br>2. 资料不齐全，扣5分 | | |
| 2 | 故障现象勘察 | 1. 通电前，检查机床外观、电气元件（5分）<br>2. 正确通电试运行（5分）<br>3. 正确描述故障现象（5分） | 15 | 1. 不能全面检查机床外观、电气元件，每漏检一处扣1分<br>2. 不能正确通电试运行，扣5分<br>3. 不能描述故障现象，扣5分 | | |
| 3 | 故障原因分析 | 1. 故障分析思路正确、清晰（5分）<br>2. 故障原因分析正确、完整（15分）<br>3. 正确查阅资料（5分） | 25 | 1. 思路不清晰或不正确，扣5分<br>2. 不能正确分析故障原因或分析不完整，每错一处扣3分<br>3. 不能查阅资料，扣5分 | | |
| 4 | 故障处理 | 1. 对故障部位进行维修（25分）<br>2. 试运行，对维修效果进行验证（5分） | 30 | 1. 工具使用不正确，扣5分<br>2. 停电不验电，扣5分<br>3. 思路不清晰，扣10分<br>4. 工时控制不合理，扣5分 | | |
| | | | | 1. 不会试运行或维修试运行结果不正确，扣2分<br>2. 不能对维修部位恢复，扣3分 | | |
| 5 | 安全文明生产 | 应符合国家安全文明生产的有关规定 | 10 | 违反安全文明生产有关规定不得分 | | |
| 6 | 实操过程记录 | 填写清晰、准确 | 10 | 填写不准确不得分 | | |
| 指导教师评价 | | | | | 总得分 | |

# §7—3　刀库电气线路分析及故障检修

1. 熟悉数控加工中心换刀原理。
2. 能够理解数控机床与刀库相关的接口定义。

3. 能够读懂数控机床刀库电气控制原理图。

4. 能够根据电气控制原理图进行故障分析与诊断。

## 一、刀库自动换刀原理

数控加工中心是一种备有刀库并能自动更换刀具对工件进行多工序加工的数控机床。工件经一次装夹后，数控系统能控制机床连续完成多工序的加工，工序高度集中。

数控加工中心上带刀库的自动换刀系统由刀库和刀具交换装置组成。自动换刀装置实现刀具交换方式有多种，常采用无机械手换刀和机械手换刀两种。

### 1. 无机械手换刀

无机械手换刀装置一般把刀库放在主轴箱可以运动到的位置，同时，刀库中刀具的存放方向一般与主轴上的装刀方向一致，换刀时利用主轴直接取走或放回刀具。整个换刀控制原理及换刀过程分别如图 7—3—1、图 7—3—2 所示。换刀过程是：CNC 发出换刀指令→气缸

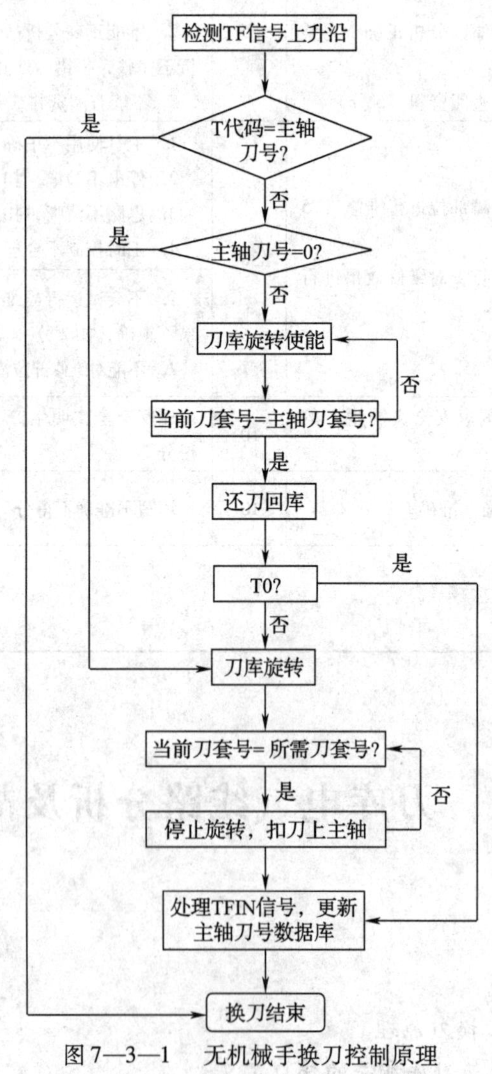


图 7—3—1　无机械手换刀控制原理

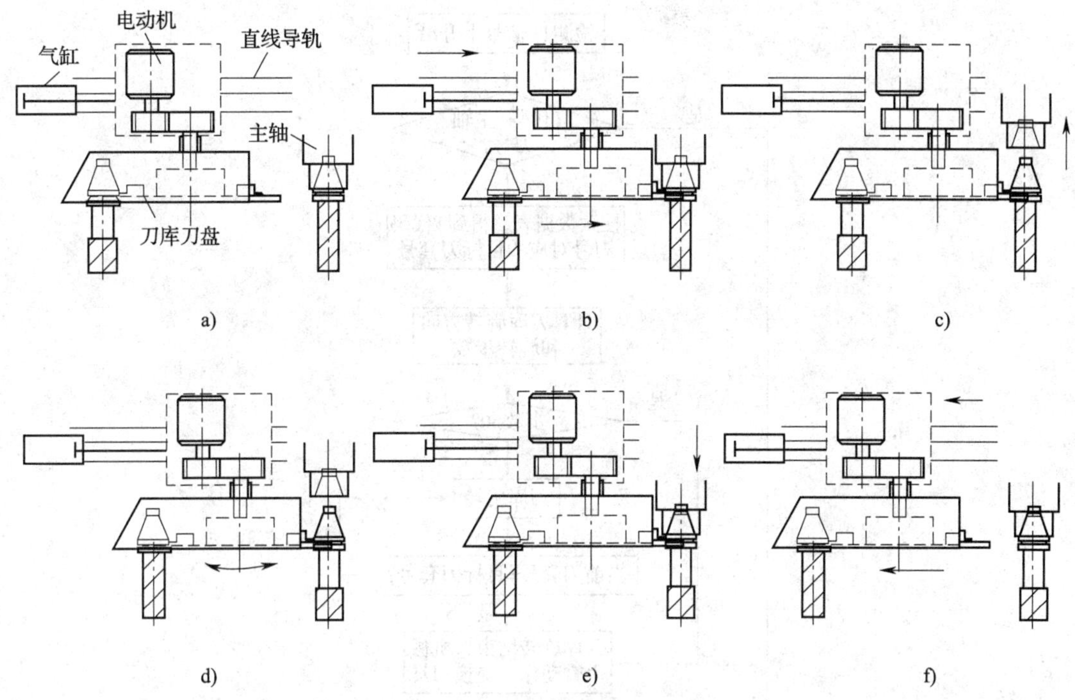


图 7—3—2　无机械手的换刀过程示意图

推动刀库在导轨上水平移动→刀库空缺刀位插入主轴上刀柄凹槽处，刀柄夹紧→主轴刀具松开→主轴箱上移，完成拔刀过程→刀库回转选刀到位→主轴箱下移，完成新刀具夹紧→刀库恢复原位，完成一次换刀。

**2. 机械手换刀**

采用机械手进行刀具交换的方式，应用最为广泛。以下重点介绍采用机械手换刀的圆盘式刀库系统。如图 7—3—3 所示是机械手换刀控制原理。换刀的动作过程如图 7—3—4 所示，当主轴处在准停位置时，CNC 发出换刀指令→刀库的刀套翻下→下降到位→机械手转动→转动减速到位→机械手抓刀（两手分别抓住刀库上和主轴上的刀柄）→主轴刀具自动松开到位→机械手下降并到位→机械手同时将主轴和刀库中的刀具拔出→机械手带着两把刀具转动→转动减速到位→新旧刀具完成交换→机械手上移并到位→主轴插入新刀具，同时将旧刀具插入刀库→刀套翻上→主轴夹紧并到位→机械手旋转→回到原始位置→换刀结束。

## 二、刀库电气线路图的识读

J1HMC40 卧式数控加工中心采用 ATC 换刀手的圆盘式刀库。图 7—3—5 ~ 图 7—3—9 所示为与刀库相关的输出、输入的控制电路图（对于强电电路本书不做介绍）。同时，几幅图中右侧对线路图的功能进行了注释，供识读线路图时参考。

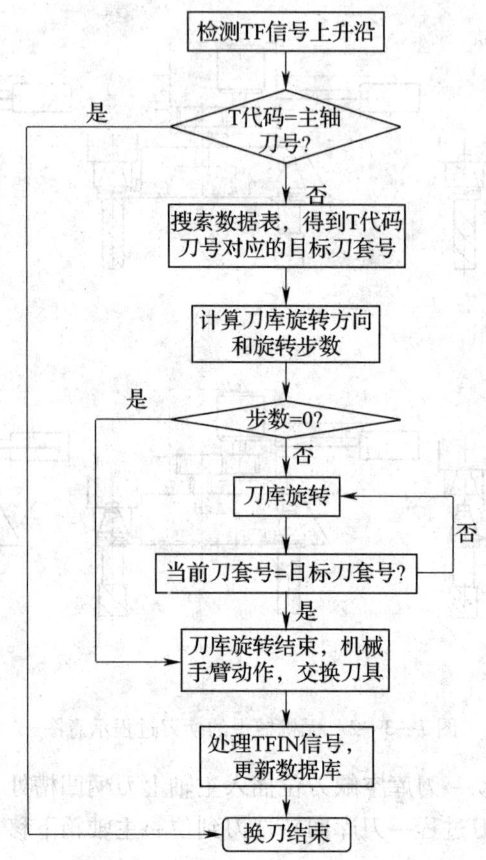


图 7—3—3　机械手换刀控制原理

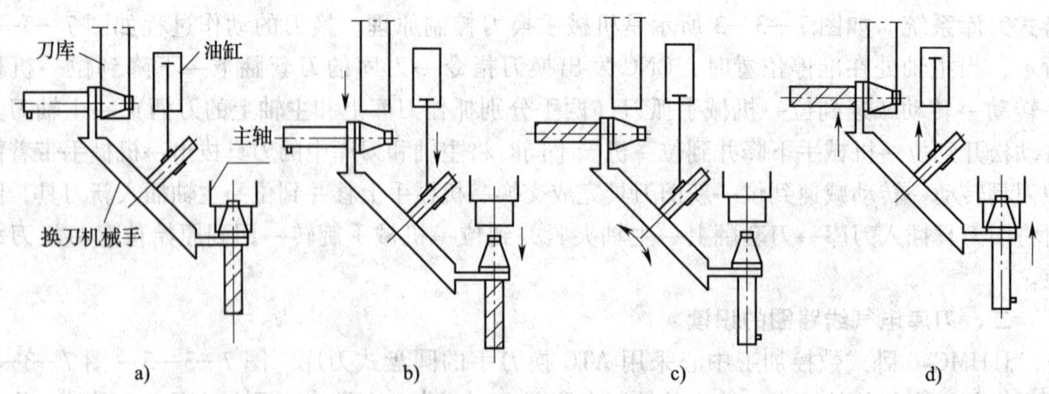


图 7—3—4　机械手换刀的动作过程示意图

a）抓刀　b）拔刀　c）换刀　d）插刀

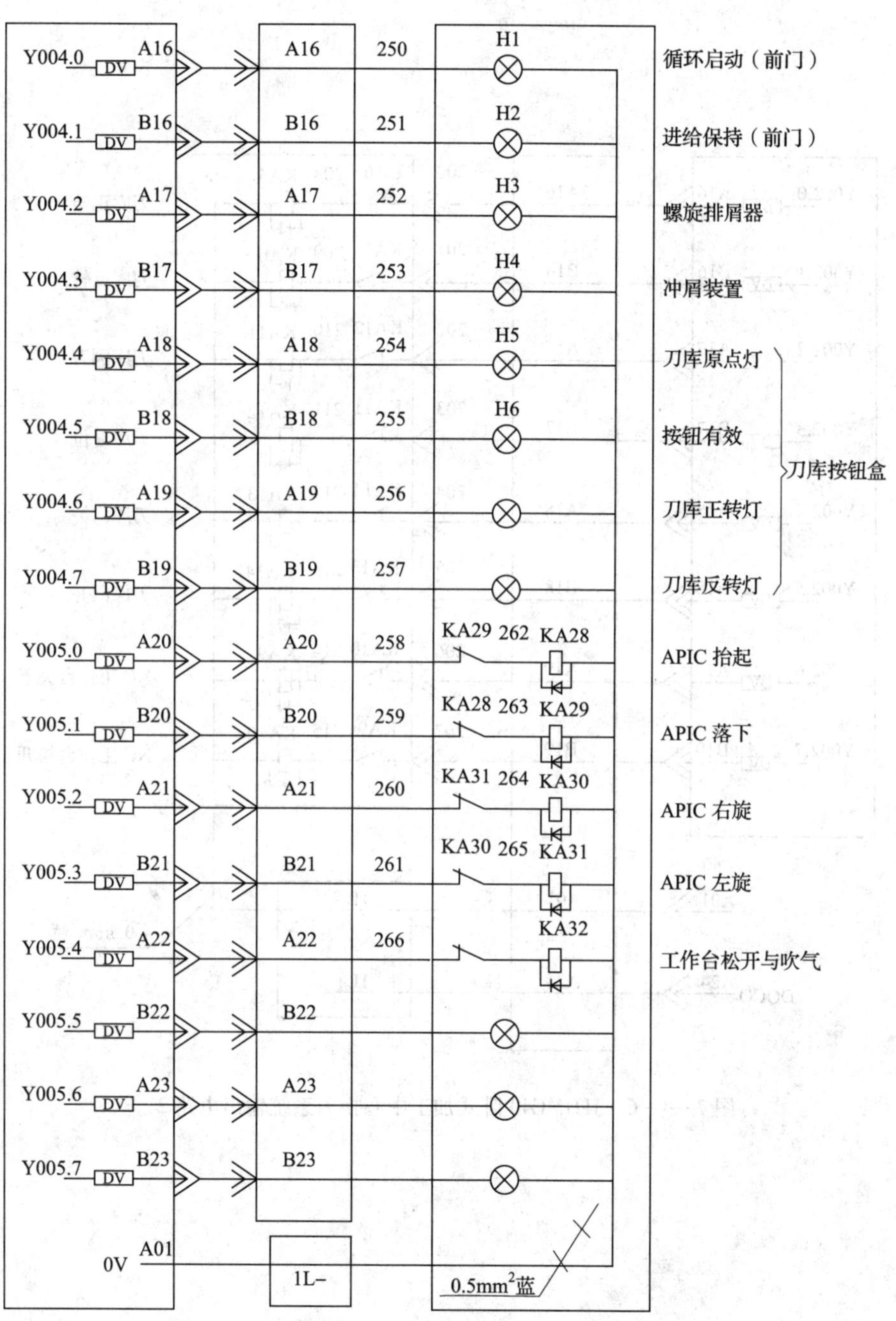


图 7—3—5　J1HMC40 卧式加工中心换刀系统输出电路 1

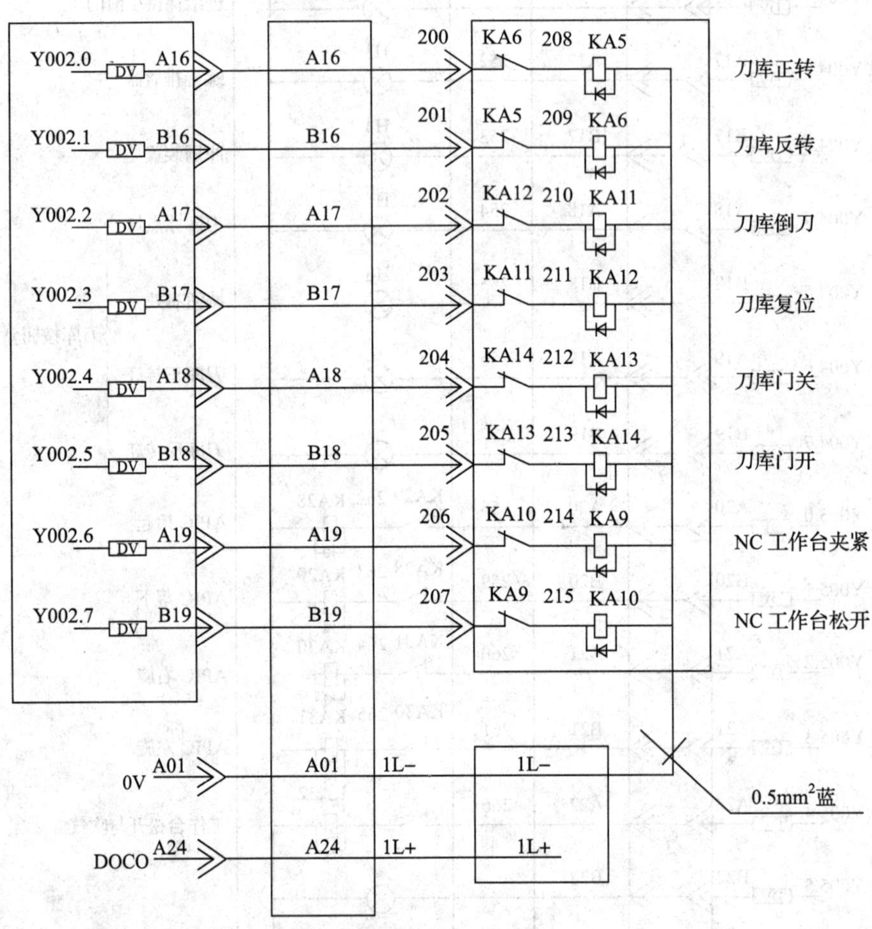


图 7—3—6　J1HMC40 卧式加工中心换刀系统输出电路 2

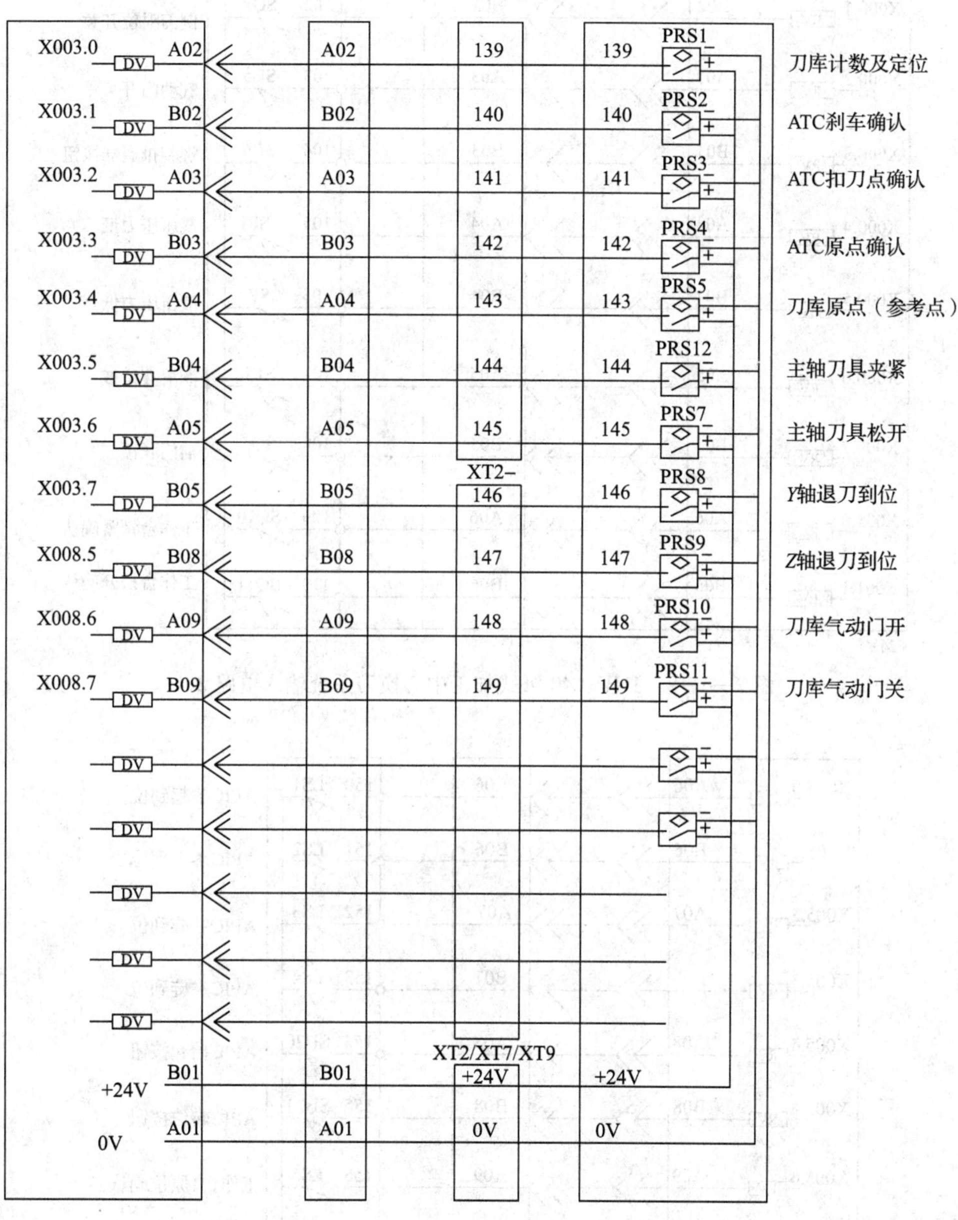


图7—3—7　J1HMC40卧式加工中心换刀系统输入电路1

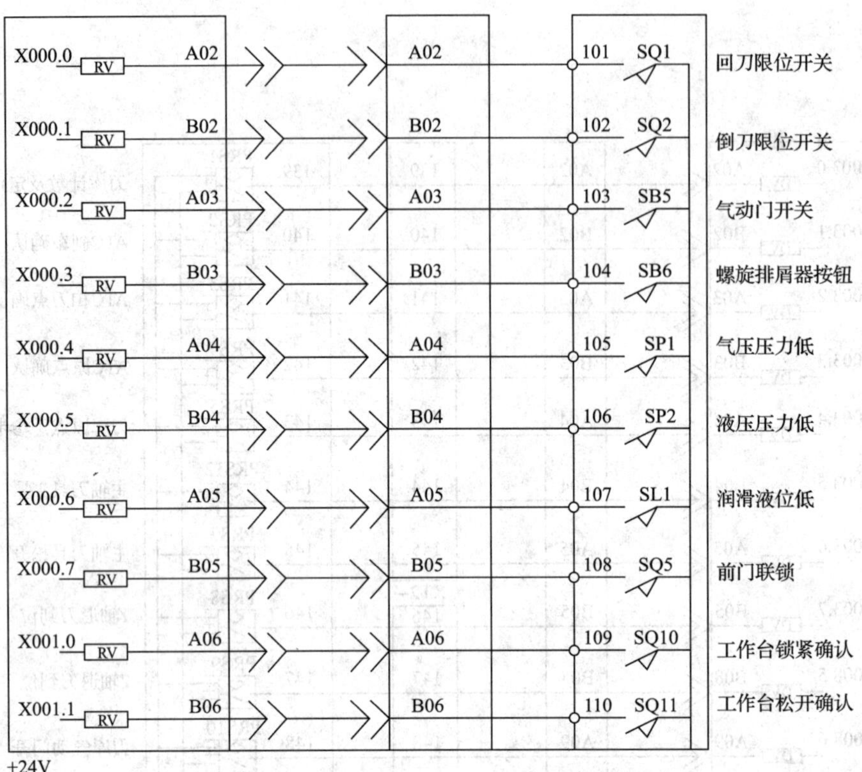


图 7—3—8 J1HMC40 卧式加工中心换刀系统输入电路 2

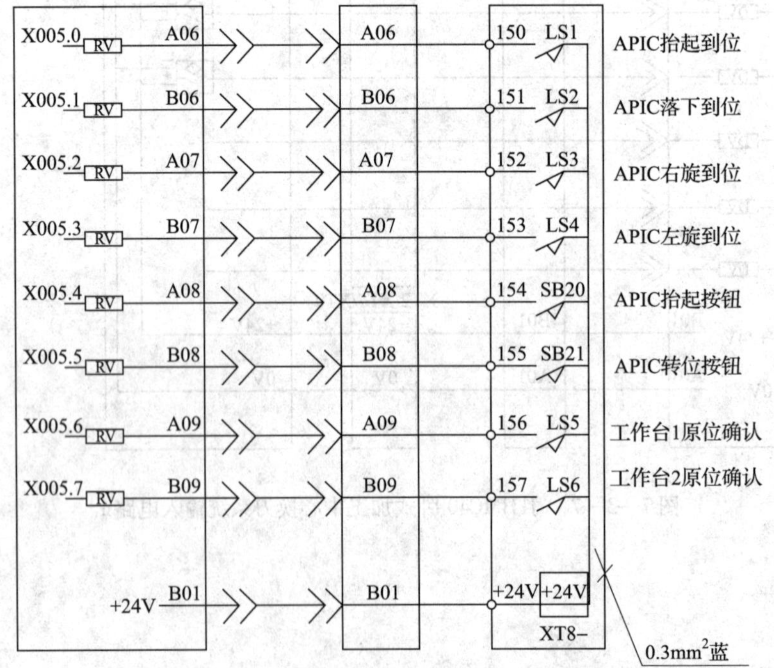


图 7—3—9 J1HMC40 卧式加工中心换刀系统输入电路 3

### 三、自动换刀系统常见故障诊断与处理

自动换刀系统常见故障诊断与处理见表7—3—1。

表7—3—1　　自动换刀系统常见故障诊断与处理

| 故障现象 | 故障原因 | 诊断与处理 |
|---|---|---|
| 刀库不能转动 | 连接电动机轴与蜗杆轴的联轴器松动 | 重新调整与紧固 |
| | PLC无控制输出，可能是接口板中的继电器失效 | 检查与更换继电器 |
| | 机械连接过紧 | 检查与重新调整 |
| | 电网电压过低 | 调整或加装稳压器 |
| 刀库转不到位 | 电动机转动故障 | 检查与更换电动机 |
| | 传动机构误差 | 调整传动机构 |
| 刀套不能夹紧刀具 | 刀套上的调整螺钉松动 | 重新调整螺钉 |
| | 弹簧太松，造成夹紧力不足 | 更换弹簧或重新调整螺母 |
| | 刀具超重 | 更换刀具 |
| 刀套上下不到位 | 装置调整不当或加工误差过大而造成拨叉位置不正确 | 重新对装置进行调整 |
| | 限位开关安装不正确或调整不当而造成反馈信号错误 | 调整或重新安装限位开关 |
| 刀具夹紧后松不开 | 松锁的弹簧压合过紧，卡爪缩不回 | 调松螺母，使最大载荷不超过额定数值 |
| 刀具交换时掉刀 | 换刀时，主轴箱没有回到换刀点或换刀点漂移；机械手抓刀时没有到位就开始拔刀，都会导致换刀时掉刀 | 重新移动主轴箱，使其回到换刀点位置，重新设定换刀点 |

## 刀库及换刀机械手的维护要点

1. 严禁将超重、超长的刀具装入刀库，防止在机械手换刀时掉刀或刀具与工件、夹具等发生碰撞。

2. 顺序选刀方式必须注意刀具放置在刀库中的顺序要正确，其他选刀方式也要注意所换刀具是否与所需刀具一致，防止换错刀具导致事故发生。

3. 用手动方式往刀库上装刀时，要确保装到位，装牢靠，并检查刀座上的锁紧装置是否可靠。

4. 经常检查刀库的回零位置是否正确，检查机床主轴回换刀点位置是否到位，发现问题要及时调整，否则不能完成换刀动作。

5. 要注意保持刀具刀柄和刀套的清洁。

6. 开机时，应先使刀库和机械手空运行，检查各部分工作是否正常，特别是行程开关和电磁阀能否正常动作；检查机械手液压系统的压力是否正常，刀具在机械手上锁紧是否可靠，发现不正常时应及时处理。

### 四、典型故障的分析与诊断流程

故障现象：J1HMC40卧式加工中心换刀不正常。

故障分析与诊断：机床发出换刀指令后，机床出现换刀不正常的故障现象。首先要对机床及换刀系统外观进行检查，其次要明确换刀的流程与动作过程。换刀过程是：当系统发出换刀指令后，先判断主轴上刀号是否和指令刀号相同→如相同则不执行换刀→判断主轴是否是大刀→如果是大刀，刀库先选大刀→进行换刀动作→判断主轴上刀号是否与指令刀号相同→如相同则换刀结束→如不相同，选择目标刀号→进行换刀动作→换刀结束。通过上述换刀的过程逐步分析，具体故障分析与诊断流程如图 7—3—10 所示。

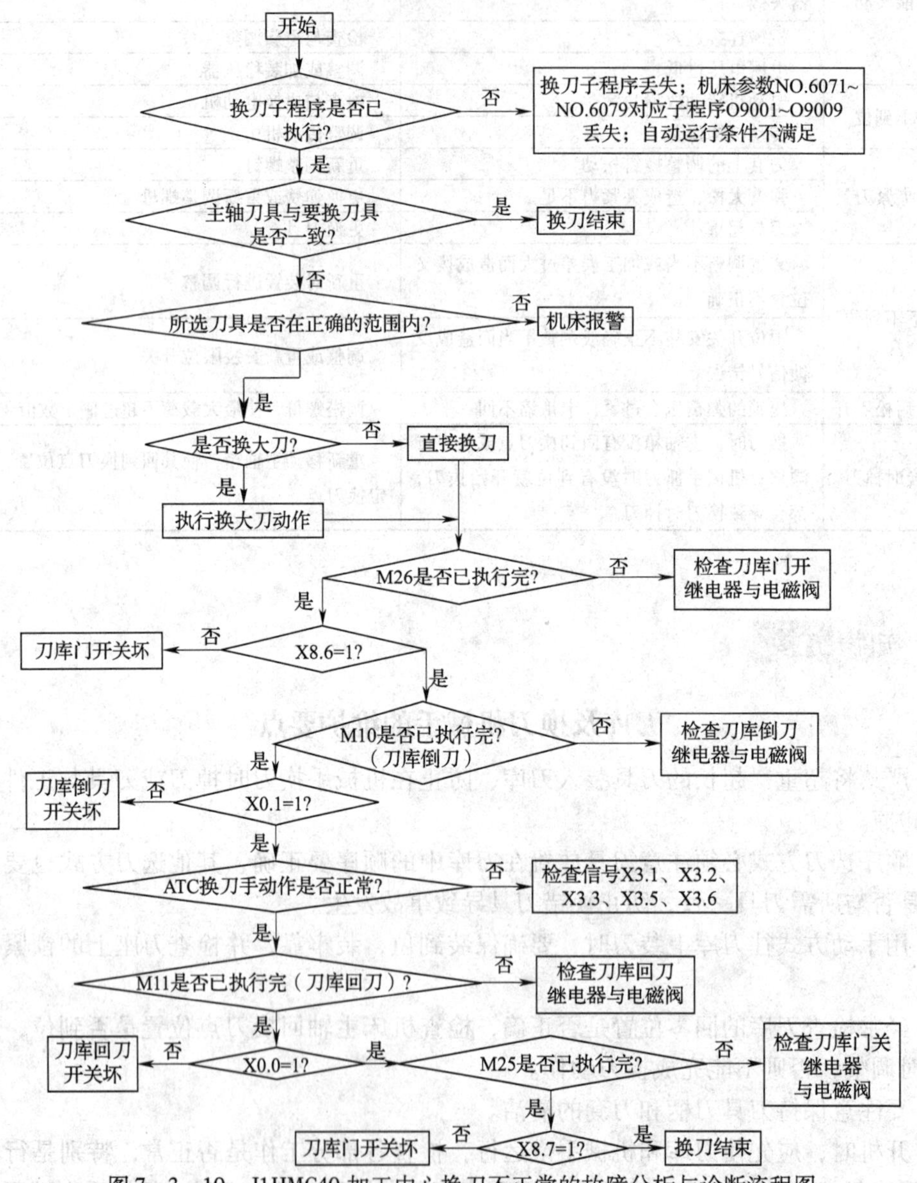

图 7—3—10　J1HMC40 加工中心换刀不正常的故障分析与诊断流程图

## 五、故障检修实例

【故障实例】某加工中心配套 SIEMENS 840D 系统，在自动换刀时刀链运转不到位，刀库就停止运转，机床自动报警。

在实际维修中，当机床出现换刀故障时，应先向操作者询问机床的故障情况。待了解故障的基本现象后，如果需要通过试运行再进一步观察故障现象时，可按照以下步骤进行检修。检修前应悬挂“机床维修中，请勿靠近”等警示牌。

【检修过程】

**1. 故障分析**

根据故障现象，进行原因分析，确定故障范围。

在分析带刀库的自动换刀系统存在换刀故障时，应明确换刀的过程，并重点检查刀库功能是否正常，换刀机械手功能是否正常，主轴拉刀机构功能是否正常三方面。

机床在自动换刀时刀链运转不到位，刀库就停止运转了，机床自动报警。根据报警信息可知是刀库伺服电动机过载故障，结合故障原因，确定故障主要发生在电气方面和机械方面。电气方面主要有电源、伺服电动机控制线路、伺服电动机等，机械传动方面主要有刀库链、减速器及润滑方面等。通过上述原因分析，确定故障范围，并把故障原因详细记录在故障维修记录中。

**2. 故障检修**

根据故障分析，正确进行检修。

根据分析的故障原因，采用正确的检查方法，先对电气方面的输入电源、控制线路等进行逐一检查；然后对机械方面进行检查，检查刀库链或减速器内是否有异物卡住、刀库链上的刀具是否太重和润滑是否不良等；最后检查伺服电动机是否正常。卸下伺服电动机，发现伺服电动机内部有许多切削液，致使线圈短路。观察原因是电动机与减速器连接处的密封圈磨损，从而导致切削液渗入电动机。通过上述逐一检查，把故障排除方法和故障点记录在故障排除记录表中。

## 数控机床自动换刀装置故障维修实例

【故障实例 1】

故障现象：CKD6140 数控车床刀架电动机不转，刀架不动作。

故障分析及处理：一台 CKD6140 数控车床，与之配套的刀架为 LD4 - I 四工位电动刀架。分析该故障产生的原因，可能是电动机相序接反或电源电压偏低，但调整电动机电源线相序及电源电压，故障不能排除。说明故障为机械原因所致。将电动机罩卸下，旋转电动机风叶，发现阻力过大。拆开电动机进一步检查，发现蜗杆轴承损坏，电动机轴与蜗杆离合器质量差，使电动机出现阻力。更换轴承，修复离合器后，故障排除。

【故障实例 2】

故障现象：自动换刀时刀链运转不到位。当进行到自动换刀程序时，刀库开始运转，但是所需要换的刀具没有转动到位，刀库就停止运转，3 min 后机床自动报警。

故障分析及处理：TH42160 龙门加工中心采用的是链式刀库，其配套的 CNC 系统为 SIEMENS 840D。由上述故障查报警信息表知道是换刀时间超出。此时在 MDI 方式中，用手动输入刀库顺时针旋转或逆时针旋转动作指令，刀库均不动作。检查电气控制系统，没有发现什么异常；PLC 输出指示器上的发光二极管点亮，表明 PLC 有输出，那么问题应该发生在机械传动方面。估计故障可能出在减速器上。为此，拆除防护罩，卸下伺服电动机，拆开减速器，发现减速器内一传动轴上的连接键脱落，致使动力传动路线中断，刀库无法旋转。修复减速器后，故障排除。

【故障实例 3】

故障现象：一台 THK46100 卧式加工中心，采用 FANUC 0i - Mate 数控系统。在自动方式加工过程中，出现“1019 RELAY OVERLOAD”报警。

故障分析与诊断：查阅外部报警信息表提示为空开跳闸。打开电气柜发现 QF2 空开已跳闸，以为是电压瞬间波动过大所致。重新合上空开后报警消除，试加工后再次跳闸。经查，发现切削液电动机启动瞬间猛烈跳动，10 s 左右又跳闸。检查电动机已损坏，更换后机床恢复正常。

【故障实例 4】

故障现象：一台配套 SIEMENS SINUMERIK 810 系统的数控磨床，出现故障报警“F31 SPINDLE COOLANT CIRCUIT”，指示主轴冷却系统有问题。

故障分析及处理：检查冷却系统并无问题，查阅 PLC 梯形图，这个故障是由流量检测开关 B9.6 检测出来的。检查发现这个开关已损坏，由于开关问题，导致报警错误。更换新的开关，故障消失。

【故障实例 5】

故障现象：某配套 KND100T 系统的数控机床，在指定 2 号刀位时刀架旋转，直至产生 05 号报警后停止。

故障分析及处理：05 号报警的含义为“换刀时间过长”。从刀架开始正转，经过换刀时间后指定的刀架到达信号仍然没有接收到，故产生报警。因此可适当延长换刀时间的值，但延长后仍然会产生报警。仔细多次观察换刀过程，发现有时 2 号刀位能找到，有时找不到。通过检查发现换刀过程中刀架到位信号找不到，进一步检查发现刀架与刀架控制模块之间接触不好。重新连接后，故障排除。

【故障实例 6】

故障现象：某配套 FANUC 0TC 系统的数控转塔冲床，转塔启动后一直旋转不停，并出现报警“2007 TURRET INDEXING TIME UP”，即：转塔旋转超时。

故障分析及处理：出现故障时，按“RESET”转塔停止旋转，但系统又出现“2031 TURRET NOT CLAMP”（转塔没有卡紧）报警。检查发现转塔没有卡紧的动作，检查 PMC 输出点 Y46.2，证明卡紧的信号已经发出。进一步检查控制卡紧转塔的电磁阀的电源断路器过载，说明电磁阀线路存在短路。更换连接电缆后，机床故障消除。

【故障实例 7】

故障现象：配套 GSK980TDa－V 系统的 CAK5060ni 数控车床，启动刀架电动机就跳闸。

故障分析及处理：由于启动刀架电动机就跳闸，怀疑刀架电动机绕组短路，刀架控制线路有短路等故障。断电后，用万用表检测电动机绕组的三相阻值基本平衡（100 Ω 左右），属于正常。进一步查看线路，发现电动机动力线有一相导线绝缘损坏并与机床相连。恢复绝缘，刀架换刀正常。

【故障实例 8】

故障现象：一台 CAK4085ni 数控车床，系统配置 GSK980TD，按下换刀键后，刀架不转。

故障分析与诊断：开机后在诊断页面对照电气原理图，检查输入/输出信号，没有发现异常，打开电气柜，按下换刀键，刀架正转接触器不吸合。断电后，检查发现刀架反转接触器触头熔焊，由于接触器互锁，致使正转接触器不吸合，更换新接触器后故障排除，刀架换刀正常。

# 技能实训 13　数控机床刀库换刀系统的电气线路故障检修

## 一、实训目的

1. 理解自动换刀原理和换刀过程。
2. 掌握数控机床刀库换刀系统电气线路故障分析与检修方法。
3. 能够对数控机床刀库换刀系统的常见故障进行检修。

## 二、设备与工具清单

常用设备与工具清单见表 7—3—2。

**表 7—3—2　常用设备与工具清单**

| 序号 | 设备与工具 | 型号与名称 | 数量 |
|---|---|---|---|
| 1 | 数控加工中心 | J1HMC40 卧式加工中心 | 1 台 |
| 2 | 电工常用工具 | 自定 | 1 套 |
| 3 | 仪器仪表 | 自定 | 1 套 |
| 4 | 机床说明书 | — | 1 本 |

## 三、实训内容及步骤

### 1. 设置故障

设置数控加工中心换刀不正常故障。

（1）由教师或同组学生设置故障，且必须是机床在使用中的常见故障。

（2）设置故障时必须在停电状态下进行，切忌更改线路和损坏元件等，确保人身和设备安全。

**2．检修步骤**

（1）在教师的指导下，可参考图 7—3—10 所示检修流程图，进行逐项检查，直到找到故障点，并详细填写故障检修记录表（见表 7—3—3）。

（2）故障修复，通电试运行。

（3）检修完毕，切断电源，清扫场地。

1）操作时应切断机床电源，并将拆下的导线进行绝缘处理。排除故障时应注意断电、验电，确保安全。

2）应在指导教师的监督下进行试运行操作，并确保设备正常。

## 四、故障维修记录单填写

**表 7—3—3　　数控加工中心换刀不正常故障检修记录表**

| 维修时间 | | 维修人员 | | |
|---|---|---|---|---|
| 设备名称 | 数控加工中心 | 设备型号 | | |
| 故障现象 | | | | |
| 诊断与维修 | 可能故障部位 | 是否正常 | 排除方法 | 维修用零配件 |
| | | | | |
| | | | | |
| | | | | |
| | | | | |
| 维修小结 | | | | |
| 维修后试运行确认<br>维修结果 | | | | |

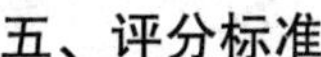

## 五、评分标准

完成任务后，学生先按照表 7—3—4 进行自我测评，再由指导教师评价审核。

**表 7—3—4** **测评表**

| 序号 | 项目 | 考核内容及要求 | 配分 | 评分标准 | 扣分 | 得分 |
|---|---|---|---|---|---|---|
| 1 | 材料准备 | 检查工具（5 分）、资料（5 分）是否准备齐全 | 10 | 1．工具不齐全，每少一件扣 1 分<br>2．资料不齐全，扣 5 分 | | |
| 2 | 故障现象勘察 | 1．通电前，检查机床外观、电气元件（5 分）<br>2．正确通电试运行（5 分）<br>3．正确描述故障现象（5 分） | 15 | 1．不能全面检查机床外观、电气元件，每漏检一处扣 1 分<br>2．不能正确通电试运行，扣 5 分<br>3．不能描述故障现象，扣 5 分 | | |
| 3 | 故障原因分析 | 1．故障分析思路正确、清晰（5 分）<br>2．故障原因分析正确、完整（15 分）<br>3．正确查阅资料（5 分） | 25 | 1．思路不清晰或不正确，扣 5 分<br>2．不能正确分析故障原因或分析不完整，每错一处扣 3 分<br>3．不能查阅资料，扣 5 分 | | |
| 4 | 故障处理 | 1．对故障部位进行维修（25 分）<br>2．试运行，对维修效果进行验证（5 分） | 30 | 1．工具使用不正确，扣 5 分<br>2．停电不验电，扣 5 分<br>3．思路不清晰，扣 10 分<br>4．工时控制不合理，扣 5 分 | | |
| | | | | 1．不会试运行或维修试运行结果不正确，扣 2 分<br>2．不能对维修部位恢复，扣 3 分 | | |
| 5 | 安全文明生产 | 应符合国家安全文明生产的有关规定 | 10 | 违反安全文明生产有关规定不得分 | | |
| 6 | 实操过程记录 | 填写清晰、准确 | 10 | 填写不准确不得分 | | |
| 指导教师评价 | | | | | 总得分 | |